コノー・J・フィッツモーリス／ブライアン・J・ガロー著
監訳：村田武／レイモンド・A・ジュソーム・Jr.

現代アメリカの有機農業とその将来

ニューイングランドの小規模農場

筑波書房

Organic Futures: Struggling for Sustainability on the Small Farm
by Connor J. Fitzmaurice, Brain J. Gareau
© 2016 by Yale University
Originally published in full by Yale University Press

Japanese translation rights arranged with Yale Representation Limited,
London through Tuttle-Mori Agency, Inc., Tokyo

持続可能な有機農業の将来をめざして奮闘する
すべてのニューイングランドの農家に捧げる
ありがとう

【凡　例】
1．原著のイタリック体はゴシック体にした。
2．（　）は原著のままである。
3．原著の本文中に（　　）で示された引用・参考文献は、（著者名、刊行年、ページ）または（法律名、施行年、条項）であって、本書末尾の参考文献表に対応している。なお、たとえば6ページ7行目の（200）は、その直近6行目の（Fligstein 2005）の200ページという意味である。
4．本文中の〔　　　〕をつけた説明は、簡単な訳注である。
5．少々長い説明を要するものについては、番号をつけて各章末に訳注をつけた。

目 次

はじめに vii

序　慣行農業化、二極分化、そして小規模有機農場の社会的諸関係 2
　　有機農業をどう考えるか―慣行農業化か二極分化か 4
　　有機農場における日常的経済行為の理論 8
　　ニューイングランドの有機農業を理解するための私たちのアプローチ ... 12
　　本書のあらまし 17

第Ⅰ部　市場 23
第1章　有機農業をどう理解するか―その略史 24
　　有機における反体制的運動 30
　　主流派による政治的巻き返し 34

第2章　主流になった有機農業 41
　　有機農業を規制する 42
　　有機農業の台頭を恐れる―農業改革から消費者の選択へ― 45
　　主流になった有機農業は何を避けたか 50

第3章　スーパーマーケット有機はなぜ問題なのか 58
　　スーパーマーケット有機の問題 71
　　スーパーだけではない：農務省有機では解決できない社会問題 76
　　二極分化した市場におけるオルタナティブ空間 78

第Ⅱ部　土地 85
まえがき　場はどういう意味をもつか 86

第4章　フダンソウの真ん中で　ニューイングランドの景観の多様性と有機
　　　　農場の実際 100
　　非収益的な作物を育てるという困難な選択 109
　　トマトの胴枯れ病と有機農場の苦境 112

第5章	農業に携わる人たち	130
	農業という天職の陶冶—良好なマッチングと農家のアイデンティティ	135

第6章	茶色バッグの海と有機ラベル—実際の有機販売戦略	149
	CSAを支援する	153
	現場で有機認証を検証する	157
	地域で有機認証が意味を持つのは	162
	有機の価値を試す	165
	社会的関係としての価格	172

第7章	無意味ではない有機農業—環境、健康、そして農業の美学についての変わらぬ議論	180
	ゼロからの作業—生きた有機農業の経験	182
	有機農業のネットワーク	190
	有機的ライフスタイルのバックストーリー —有機市場、制度と歴史	194

結論	現代のオルタナティブ農業	204
	ローカリズム批判との闘い	208
	掘り下げて考える—社会的消費とオルタナティブ農業生産	212
	オルタナティブ農業に望まれる冒険	216
	新しい農業の展望—再帰性的ローカリズム	221
	農業変革の先駆者—動く標的としての有機農業	227

補遺	研究方法とアプローチ	238

監訳者解説	242
訳者あとがき	251
参考文献	253
索引	270

はじめに

　今日では大多数のアメリカ国民に消費されている有機食品ではあるが、1920、30年代そして40年代に、工業的農業の発展に抵抗していた農民には、有機食品など驚くほど知られていなかった。1960年代、70年代の反体制活動家には、今日私たちが買っている大量の有機食品や、さらにそれが生産されている数多くの農場についても理解困難であろう。今日の国民の大半が考える有機は、1980年代の主としてより安全な食料システムを求めた消費者有機運動にはおそらく理解できないであろう。1990年代以来、有機セクターの規模そのものは、有機製品が米国のほほどの食料雑貨店にもみられるほどに成長している。

　有機農業は、本質的にはかつてラッダイト〔機械打ちこわし運動〕、偶像破壊主義、ウルトラ環境主義者、そしてヒッピー族のようなものだとされてきたが（つまり、少なくとも米国の諸大学の学生の間ではこうしたステレオタイプなイメージが一般的である！）、今日ではなんとアメリカ農業システムの恐るべき主流をなすにいたっている。そのように有機農業が注目に値するほど成長したことが、同時に大きな変化をもたらすことになった。有機農業が一連の傍流のオルタナティブな農業生産から、主流農業のなかのニッチ市場だと全国で認められるようになり、多くの研究者や食料運動家が、この運動のエコロジカルで社会的な理想は経済合理主義や単なる農薬忌避に譲歩したではないか、少なくとも企業的有機農業ではと主張するようになった。有機農業は本来、小規模かつエコロジカルな農業であり、それを取り巻く農業景観と調和して、コミュニティを土台にし、コミュニティづくりをめざすものであった。現代の有機農業は農薬の使用に反対するだけのアグロインダストリー、すなわち食料農業産業にすぎないとする主張が少なくないのだが、国民のなかにはまだそれを「運動」として受け入れ続けている人々も結構いるのである。

　多くの評論家が有機農業の工業化を評価してきたのは、それが大面積の農地を有機生産化することによって、数百キログラムもの合成化学肥料や殺虫剤、除草剤を環境から排除させる力があるというところにあった。他方で有機農業の工業化に対する批判は、アグリビジネス企業の有機農業運動への影響が破壊的である

こと、すなわち有機農業基準の引下げや、本来は運動と切り離し難かったコミュニティの価値の喪失を問題にする。第3の新しいグループの主張は、有機に「賛成」か「反対」かの2分法は単純すぎ、農家のなかにはしっかり有機的にやる方法を見つけた農家もあるとする。これらの考えの中心にあるのは、「二極分化」概念である。すなわち、有機農業はますます二つのセクターに分岐しており、ひとつは比較的大規模な農場が機械装備率を高め、アグロインダストリーの高度に資本主義化された在来型農場化への方向をとっていること、もう一つは小規模農場が機械装備や資本主義的経営では低水準であるものの、消費者への直接販売を志向し、利潤をあまり優先的には考えないといった方向である（Constance, Choi, and Lyke-Ho-Gland 2008参照）。

　現代の有機農業に対する評価であれ批判であれ、そのいずれにも見るべきところがあり、もっかの有機農業の構造についての重要な洞察であろう。ただ、少なくとも最新の有機農業システムは、私たちを大いに当惑させるものである。「工業的有機」の時代にあっても、アグロインダストリー有機の枠外で経営するニューイングランド[1]の小規模農家にとって、「有機農業」とはどのようなものなのか。そもそも彼らはどちらをめざすかの判断がむずかしい時代において、有機農業の新しいものと年を経たものとの双方の原理に対して、どう忠実であろうとするのか。これらの農家はその有機農産物のどこにその価値を見出しているのか—それがもたらす利潤にか、それともなにかもっと複雑なものにか。ところで、実際のところ、工業化された有機食料システムの経済的圧力が高まる中で、現実のオルタナティブ農業に取り組んでみようとする小規模農家の生きた経験とは何か。これらの農家は、市場との間で新しい関係をつくりだし実践することで、有機セクターにおける市場の役割について異議を申し立てようというのか。

　これらの疑問に答えるために、私たちは有機農家の市場関係にあって特定の心情的かつ道徳的な底流に注意を払うことで、二極分化概念を広げてもっと複雑な意味をもつものにしたい。経済社会学者が農業・食料研究の範囲を超えて繰り返し指摘してきたのは、市場での取引や手続きを促進するそのような社会的な力がきわめて重要だということである。そうした作業の中心にあるのは、人々は経済問題を彼らの生活スタイルや個人的な、かつ倫理的、道徳的な意味のある関係にマッチさせなければならないことがしばしばだという認識である。社会的な力は

市場でのプロセスを単に規制するだけでなく、積極的にそれを構築することもある。現代の農業経済研究の枠内で、二極分化理論はなるほど今日の有機セクターの構造を説明するのに役立つ。しかしながら、依然として問題になるのは、現代の変化する有機農業の地平においては、社会的関係の力、道徳的義務、さらに疑いのない心情などを別にして、農業の政治経済学で見出される関係にある。同時に、新しい関係経済社会学の古典的事例の多くは、以前には非市場的であった交換に、市場関係や市場論理が問題なく入り込むやり方を問題にしてきたのだが、それは関係者が注意深く対応したおかげであった。しかしながら、有機セクターへの市場の参入には問題があるとみられる場合がある。だが、小規模農家は有機的オルタナティブを生み出すには、新たな市場関係と市場論理を求めている。そうであるならば、私たちが証明しなければならないのは、小規模農家が市場のさまざまな圧力に直面しながらも、積極的に農場を有機的なものにする選択が道理にかなっているということである。

　小規模農家が有機農業にどううまくマッチするかを理解するために、私たちは有機農業がかつて代表していたもの、現段階でのそれ、さらに将来においての可能性についてよく考えてみたい。本書が明らかにしたいもっとも重要なことは、現代の状況のもとで非慣行農業的な小規模有機農家が生計を立てられる「有機農業」とは、現存の農業システムのもとでいかなるものかである。有機農業の主流農業への再編が全体として進んだ現状では、有機農業が私たちの食料システムにおいて持続性を生み出す能力の大半は失われている。すなわち、エコロジカル農業の、またその経済的持続性の、そしてコミュニティの価値は、多くの有機農場では単なる農薬不使用にとって代わられたのである。本書で光を当てたいのは、そうした失敗の意味するところを小規模農家が明らかにしており、同時に彼ら自身の農業実践が明らかにしているということである。

　おそらく有機農業が拡大してアメリカ農業の主流のあなどれない部分になるにともなって、別の利益が得られたということもあろう。しかしながら、現実には有機農産物市場では小規模農家の多くはゲームのルールを決めるチャンスは与えられていない。しかし彼らはプレーを続け、克服しがたいとみえる障害のもとでもオルタナティブとしてがんばっている。本書では、ニューイングランドの少なくない小規模農家が慣行的な有機農業を避けようとしているのをみる。彼らの苦

労は特別のものではない。全米の小規模農家は、エコロジーやコミュニティを利潤の上に置く方法を見つけている。しかしニューイングランドという領域はこの点では主役とはいいがたく、小規模農家にとっての条件としては特異である。そこで一方では、全米の農家の声を含めて地域間の比較をしてみよう。他方では、ニューイングランドの典型的な小規模有機農家——シーニックビュー農園——での生きた経験に焦点を当てよう。この方法こそが慣行化したくないとする農家の日々の実践、関係、責任感を引き出し、理解できるからである。シーニックビュー農園はニューイングランドでは例外的ではなく、ニューイングランドの農家の多くが生き残るために自分自身のことばで有機を再規定している。事例研究では、農家名とその所在地は、個人情報を保護するためにすべて仮名である。非慣行的な有機がしっかりと生き残り、将来も成長する希望があるとするなら、まさにそれは彼らにおいてであろう。ここに有機の将来がある。

訳注

1）ニューイングランド（地方）とは、アメリカ北東部の6州、マサチューセッツ州、コネティカット州、ロードアイランド州、ニューハンプシャー州、メーン州、ヴァーモント州をいう。イギリスからの入植がアメリカ大陸で最も古く、商工業が発達した地域である。はじめは、プリマス、ボストンなどの入植地（コロニー）に、ピューリタン系の人々が入植し、次第にクェーカー教徒やカトリック教徒なども増え始め、コロニーはそれぞれ自治の仕組みを整え、タウン制度を生み出した。タウン制度は、タウン自治体として、一括して土地の交付を受け、教会と集会場を中心に形成された集村形態である。住民はタウン・ミーティングに参加して、自由に発言する直接民主制の自治組織であって、アメリカ民主主義の源泉のひとつといわれる。ニューイングランド地方は、早くから大学の設置や新聞の発行が行われ、ボストンに代表されるように、学術研究の中心としての伝統を形成させた（『ブリタニカ大百科事典』などによる）。

現代アメリカ有機農業とその将来

序
慣行農業化、二極分化、そして小規模有機農場の社会的諸関係

　ニューイングランドの夏も終わりごろ、仕事を終えたばかりの買物客で街の大型量販店「ホールフーズ・マーケット」[1]は大賑わいである。商品がみごとに並べられた通路を買物カートがジグザグに進み、フロアを横切る買物カートの車輪の音に、「ごめんなさい」が入り混じる。

　この喧騒のさなか、飾り立てられた農産物の山は、まるでニューイングランドの恵みであふれかえっているようである。スーツを着てリュックを背負った男女や大学生が、スィートコーンの山の周りをせわしなく動き回っている。舟形の木箱にはあらゆる形、色、大きさの果菜類がいっぱいである。季節の恵みの棚には生産者のサインと写真が表示されている。マーケットには今日も、「有機」農産物があり、「慣行栽培」品もたくさんあるが、買物客には、ラベルや農家の顔写真、有機という漠然とした表記に関する各自の知識が頼りである。「有機」対「慣行栽培」の正確な理解は買物客にはむずかしい。

　数日後の天気のよい午後、街なかのショッピングセンターにあるファーマーズマーケット[2]は、田舎の農場、パン屋、温室などから来た売り子たちでいっぱいである。少し離れた農場で数時間前に収穫され、まだ朝露がついた色とりどりの伝統品種トマトが輝かしいばかりに並んでいる。夕刻のファーマーズマーケットはスーパーよりもずっと穏やかではあるが、それでも人々はさっさと支払いをすませ、バス乗り場に駆け出す。若い夫婦がアメリカ農務省の有機認証シールを示した旗の棚から大きなタイバジルの束を買っている。別の棚では、婦人が満足そうに、鮮やかな紫色のナスの山を眺めている。婦人が「これは間違いなく、有機か」と尋ねると、生産者の張本人が「有機以上の優れものですよ」と答える。というのも農務省認証有機は農場で何を散布したかしか問題にせず、どのような世話をしたかは問わないからである。

　このことからわかるように、農家と農場と農産物との結びつきを理解するには、大型量販店よりもファーマーズマーケットのほうがよい。しかし、このファーマーズマーケットでも、消費者と生産者の一言二言のやりとりでその来歴が語られる

ことはない。このようなマーケットでは、売り手の多くは決まった顧客とちょっとした会話を交わすものの、ジャガイモの出来の良し悪しや、輝くばかりのエアルーム・トマト（伝統品種トマト）の、別のものと比べた長所についてのちょっとした会話では、ある農家が「有機以上の優れもの」といい、また別の農家が有機ラベルを張ったことにどういう意味があるのかを知るのはむずかしい。こうしたさまざまな意味付けを集めて——その他の多数の社会的、道徳的関係と合わせ——、結局、農家がめざそうとする、または避けようとする農場を明確にすることはいっそう困難であろう。

　そうした意味づけや関係性、関わり方、そしてそれらが有機農家の日々の営みの骨組みをつくりあげていること、これらは、本書で詳しく描写する「シーニックビュー農場」の赤い木造納屋の中で明瞭になる。シーニックビュー農場はボストンから車で１時間半ほどの美しい町にある、６エーカーの農地で野菜を有機認証栽培する小さな農場である。ジョンとその妻ケイティが共同経営しており、彼らはその「農場」を「菜園」と呼んでいる。しかし、それは菜園どころではなく、夫婦は６エーカーの農地を５人の雇人と２台のトラクターで耕作し、温室、営業用調理場つきの納屋もある。そうした構成は、この夫婦が自分たちの仕事をどう考えるかにとどまらず、自分たちの事業に受け入れられる農法はどんなものか、そして雇人や顧客との関係をどのように考えるのかまで、深く考えたうえでのものである。たとえば、自分たちの家庭の拡張として農場を設置するのだからと、夫婦は、農薬——農務省の規制で容認されるものまで含めて——の使用に懐疑的であった。レタスの種を播きながら、野生生物を観察したり、収穫のさなかに、つるから豆を摘まんで食べたりする夫婦には、どんな形であれ化学物質の使用に慎重にならざるをえない。病害が発生した時にどうするか——使用が認められた農薬を使うか、他の方法をとるか、ただしっかり観察してぎりぎりまで耐えるか——作物の作況に関するたいへん現実的な経済的関心と並んで、こうした思いや懸念、関係性が重要な役割を演じるのである。

　日々の社会的相互関係や実践、そして自らの経済行為を、自分たちがそうした行為に付与する意味合いと調和させようとする農家の苦闘のなかに、そうした諸々の力が現代の有機農業の実相を深部においてどのように規定するかを見ることができる。これらの決定的に重要な関係性、相互作用、そして個人的な意味づ

けを抜きにしては、―量販店ホールフーズに並ぶ食品であれ、ファーマーズマーケットの棚にあるものでさえも―、有機セクターの規制や市場条件が毎日の農場の仕事にどのように反映しているかを見きわめるのはずっと困難だろう。

有機農業をどう考えるか―慣行農業化か二極分化か

　有機農業についての学術的諸理論もしばしば同様のジレンマに陥ってきた。有機農業は1960年代に社会運動として根づいて以来、大きく変化してきた。変化しつつ成長してきた。今日では、有機ラベル付きのものの大半は慣行農法で生産されたものとほとんど区別がつかないという主張も少なくない。有機に関する多くの文献は、有機農業の政治経済面の考察によってそうした変化を理論化してきた（たとえばGuthman 1998, 2004a, 2004c）。しかしながら、この政治経済学的アプローチで見失われたのは、農家の日常の意思決定やその実践を包み込む複雑な個人的、社会的躊躇であった。農家が「完全な」有機農法を行う際の制約となる経済的諸力の存在を認めつつも、真摯な農家の活動を考慮に入れられるように、有機農業に関する議論を変えていきたい。言い換えれば、強調したいのは、さまざまな意味において対極にある経済の世界で、小規模農家がどのように有機の未来を切り開こうとするかにおいては、経済外的な動機が深い意味を持つ。

　今日の有機農業がますます慣行農業的なアグロインダストリーに類似したものになってきたとか、―おそらくもっと重要なこととして―アグロインダストリーの有機農業への参入がすべての有機農家の活動領域を変化させたといった考えが、慣行農業化テーゼのなかで表明されてきた。慣行農業化に関する研究が明らかにしたのは、有機の基準緩和が、大型の企業的農場が小規模生産者を駆逐できるようにするものだったことである。というのは、有機基準の緩和が、土づくりへの農業エコロジー的な関与や、根底的なエコロジー的、社会的、そして経済的な持続可能性に関わる歴史的問題への配慮を不要にしたからである。慣行農業化アプローチはダニエル・バック、クリスティーナ・ゲッツ、ジュリー・ガスマン（Buck, Getz and Guthman 1997）などによって1990年代後半に農業・食料研究に導入され、ガスマンの多くの研究がそれを代表した（Guthman 1998, 2004a, 2004cを参照）。それ以来、政治経済学に根づいた慣行農業化テーゼとその分析的アプローチは、有機農業・農家に関する一定の解釈における一大勢力となってきた。

慣行農業化テーゼは有機産業における思いがけない不幸なパラドックスに焦点を当てている。規制―多くの場合、産品とサービスの完全性を確保する消費者保護の主要手段とみなされる―こそが、有機基準の希釈を先導したというのだ。農務省の全国有機プログラム（the National Organic Program, NOP）とその規定の焦点は、合成化学投入財の代わりに有機代替品を用いること―有機農業といっても多くの農薬は引き続き許容される―であって、アグロインダストリー農場は禁止合成農薬を許可された代替品に交換すればよいだけである。このことが、有機農法を採用する農場においてさえ、工業的な農法が問題のないものとして放置されることになった（Guthman 2004c）。そのアプローチの中心問題は、新自由主義的ガバナンスが有機農業の真にエコロジカルかつ持続的で社会変革的なものになる潜在的能力を最小限に抑えるように、農業を規制してきたことを確認することにある。

数多くの研究者が、新自由主義の概念を農業に、とくにオルタナティブな農業運動に適用してきた（P. Allen 2004; Gareau 2008, 2013; Gareau and Borrego 2012; Guthman 2008b; McMichael 2010）。新自由主義は一般に以下のような実際的政治経済プロジェクトを含むものとして定義されている―成功の度合いはいろいろだが―「公的な資源と空間の民営化、労働コストの最少化、公的支出の削減、ビジネスに不利な規制の撤廃、そして国民国家からの管理責任の排除である」（Guthman 2008b, 1172）。有機農家への圧力は、農業という産業を今以上に多くの大型プレーヤーに開放する方向に、農業セクターの国際的・国内的規制が変えられることからきているのである。

フードレジーム学派の研究（たとえばButtel 2001; Mascarenhas and Busch 2006; McMichael 2005; Pechlaner and Otero 2008）[3]やカール・ポランニー[4]の考え方と同様に、私たちは、農業における新自由主義を「新しい規制」の一形態であって、字義通りの規制緩和とは理解していない。保護が明らかに嫌われる時代にあって、大規模農家向け連邦政府補助金がなお存続していることが、こうした保護が大型の生産者のための存在であることの証左である。現代農業の「実際に存在する新自由主義」においては、規制緩和は不公正に適用されてきた（Brenner and Theodore 2002）。というよりも、一定の型の規制こそが新自由主義的市場を生み出すために重要なのである。規制緩和は市場を開放し需要を生み

出す助けではあるが、ルールなしに交換をやれと言われても市場参加者は投資拡大に慎重にならざるをえない（Fligstein 2005）。新自由主義の時代には、大型企業関係者が必要な市場規制を作れる不当に大きな力を持っており、それは一部には以下のような理由による。つまり、いつでも彼らは、「民間で運営する管理システムによって契約紛争を解決することもできるし、また望ましい規制がなければ、所有権や管理に関する一般ルールや交換ルールを創出する」ことができるからである（200）。

　農業部門において、連邦政府は、農薬や遺伝子組み換え作物のフードシステムへの導入を許可する新しい規制時代を先導する機能をはたし、おかげで企業型農業のいっそうの集約化が可能になった（Goodman, Sorj, and Wilkenson 1987; Busch, Burkhardt, and Lacy 1992）。このような規制が世界中で小規模農家の経営圧迫となり、まっとうな有機農法とその市場を脅かしてきたのである（Pechlaner and Otero 2008; McMichael 2005）。以下の各章でみるように、合衆国の有機基準が経験してきた独自の新規制は、大規模な工業的農場の企業的経営者が有機セクターに参入できるようにし、他方では小規模な有機農場がアグロエコロジカルな農法で経営的に生き残るのをますます困難にするものであった。

　ガスマン（Guthman 2004c）は、有機農家を慣行農業との類似性を強めている農法に押しやる主要な要因を3つ挙げている。それは、規制の焦点を栽培過程でなく投入財に合わせること、大型農場が規模の経済や価格下落で利益を得られること、そして利益幅の低下に際し農家が安易な道を選ぶ傾向がみられることである。ガスマンの理論はカリフォルニア州の状況にもとづいて展開されたものである（そして彼女はカリフォルニア州の農業経済が例外的な性格を持つことを認識している）が、彼女が特徴づけたメカニズムは米国の農産物市場全体に影響を与える。カリフォルニア州農産物（慣行農業的産品か否かを問わず）が大西洋岸から太平洋岸まで、つまり全国の食料雑貨店で売られている現実からすると、カリフォルニア州の大規模農場による価格引下げは、市場を通じて多くの農業者に影響を与えるのである。慣行農業化の影響はカリフォルニア州のようなところではおそらくより明確であるとしても、従来型の食料雑貨店が消費者の有機産品購入のもっとも一般的な場所であるという時代においては、慣行農業化された工業的有機の影響は、地域的視点からだけの考察では不十分である（Dimitri and

Greene 2002, iii)。

　有機食料の生産が爆発的に成長したことは、現代的な有機栽培がかつてない規模で出現したことを意味している。多くの人々にとって、これは否定しがたい進歩である。有害とみられる農薬なしにより多くの土地が耕作され、消費者は有機食品を新たに入手できるようになり（しかも低価格で）、さらに市場拡大の見込みもある。工業的規模の有機農業の持続可能性に疑問を呈する批判的研究者も、現代の有機農業—たとえそれが慣行農業化されたものでも—が建設的な変化を促せるのではないかとしてきた。たとえば一部の研究者は、有機農業の慣行農業化にともなって環境面での貢献が損なわれるとしても、有機産品の環境にやさしい消費が環境意識や社会運動の高まりを促す力はあるのではないかとした（P. Allen and Kovach 2000参照）。しかしながら、こうした潜在的利益がありうるにしても、現実には有機農業の社会運動の根源にある信条の多くが、少なくとも今日の有機農業のより工業化した諸形態においては打ち捨てられたままである。

　その結果、もっかの市場拡大や競争、その結果としての価格低迷をみて、農業・食料研究者には、今日の有機農場はどこでも慣行農業化が避けられないのかどうかが大きな問題となってきたのである。多くの議論では、慣行農業化テーゼの論調は控えめにみても経済主義的で決定論的すぎるとされている（Coombes and Campbell 1998）。これらの論者の認識では、今日の有機生産の一部は慣行的な工業化された農業にだんだん近づいているものの、すべての有機農場が有機運動の主義を放棄しているわけではないし、経済圧力に屈して営農システムを慣行農業化しているわけではない。つまり、有機農業は二極分化してきたのである。

　大規模な企業的有機農場は、歴史的に（代替資材への依存以上に）長く有機農法に関わり、消費者への直売を行う小規模農場とならんで存在している（Constance, Choi, and Lyke-Ho-Gland 2008; Coombes and Campbell 1998を見られたい）。一部では、二極分化は慣行農業化の一部分だと主張されてきたが（Buck, Getz, and Guthman 1997）、慣行農業化モデルは不可避のものとは言い切れないと主張する研究者もいるのである（Campbell and Liepens 2001）。つまり、工業的有機と有機運動はまったく別の領域で活動し、異なる市場のニーズや別個の消費者の欲求と需要を満たすのである。もっとも重要なことは、小規模有機農家は消費者への直売と特殊産品向けニッチ市場の充足で、慣行農業化の大きな圧力か

ら逃れられることである（Constance, Choi, and Lyke-Ho-Gland 2008）。

有機農場における日常的経済行為の理論

　慣行農業化か二極分化かの論争は、有機農業・食料研究にとって重要であるが、本書は、多少異なる視点からの有機農業研究を試みる。そこには、有機農業を支配する経済的・法的関係があり、慣行農業化論と二極分化論がめざしたのは、これらの関係の影響を説明し、解明することであった。私たちは、二極分化テーゼの支持者と同様に、有機農家が住む世界は収支計算がすべてを決するとか、経済競争の論理による理想主義の希釈は避けがたいといったことを信頼していない。私たちは、自分自身の人生からいっても、倫理的な関心や価値観、希望、そして夢が、経済的に合理的な自己利益に反する行動をとらせることもあることを知っている。これらの経済外的な問題は、明らかに必然的な方向で「経済活動」の妨げとなることがある。また、工業的有機農業が盛んであることによって、イデオロギー的には動機があるその他の農家が影響を受けないような、隔離された有機市場は存在しない。ファーマーズマーケットや食品生協だけでなく、最寄りの大規模小売店からでも、現代的有機農業の歴史上かつてない低コストで有機産品が入手できるという事実は、すべての有機消費者と有機生産者にとってもたいへん重大な事態である。これらは、有機運動に参加し、エコロジカルな原理を堅持する零細な有機農家のライフスタイルにさえ影響を及ぼす現実世界の経済的圧力となる。

　しかしながら、こうした経済的現実にもかかわらず、有機農法をめざす法的な市場本位の力—より広い政治経済における有機農業の位置に根ざす—は、他の社会現象から孤立したものではない。市場や規制力の解明は、日々の経済行為のなかで、これらの力がどのように作用しているのかの理解にかかっている（Swedberg 2003）。実際のところ、多数の社会的諸関係—制度、規範、政治、象徴、そして意味づけといった—が、行為者をして経済的、法的に戦略的意義を持つと信じるものを行わせるのである（Edelman and Stryker 2005; Edelman, Uggen, and Erlanger 1999; Macaulay 1963）。有機農業研究において慣行農業化テーゼが批判されてきたのは、有機農業の社会的関係を「ただの市場」関係であると誤解し、規制力や経済的な力を過度に決定論的にみる見解であり、多くの経

済生活の分析に影響力を持つものであったことによる（Zelizer 2010）。したがって、慣行農業化テーゼに問題があるのは、経済的な領域と社会生活の他の領域とを別々に機能すると論じているからである。ヴィビアナ・ゼリザーは以下のように説明している。「領域が別だということでは、合理的な経済活動の領域と人間関係の領域という別個の領域があり、一方は計算と効率性の領域であり、他方は心情と連帯の領域だとみているのである」（Zelizer 2007, 1059）。

しかしながら、市場関係と市場の圧力が、その他の社会的価値と対立して両立しないということはめったにない。社会人類学者は、経済的交換が相互利益、心情、そして信頼のネットワークに根拠を持つものとずっと理解してきた（Mauss 1954）。有機生産者の農業での立ち位置の選択は、人間関係的、文化的、そして道徳的諸関係の網の目のなかの場によって選択されるのであって、単に経済的な関係によるものではない。

他方で二極分化アプローチは、工業的有機という主流の外に何とか留まっている農場が存在することを認めるが、慣行農業化テーゼと同様に二極分化アプローチの焦点は有機農場の市場関係に置かれる傾向があった。慣行農業化していない有機農場が成功する場合は、これらの農場の構造的な位置のおかげで、市場圧力に対して自衛できるとか、企業買収の対象から免れるといった具合に説明される。

その結果、二極分化アプローチも同様に批判されるのは、経済外的要因に注意を払わず、農家が求められる対価とどう折り合いをつけるかといった政治経済を強調しすぎているからである（Rosin and Campbell 2009）。私たちの調査結果によれば、実際のところ、有機農家が小規模農業に留まるかどうかを決断する場合、社会的、そして倫理的な考慮が重要な役割を担っている。その結果、慣行農業化アプローチも二極分化アプローチもともに重要ではあるが、いずれも現代の有機市場の説明としては部分的にすぎ。有機市場がまさに経済的・法的関係によって支配されるように、同等の重みをもって**社会的かつ道徳的**関係によるものである。このような異なった種類の諸関係が、いかに積極的に有機農業の形成に関わっているかは、これまでの研究では十分注目されてこなかったのである。

有機農業セクターは、社会的、道徳的関係がどのように実際の経済生活をつくりだすかを明らかにするうえでもってこいの場である。有機農場は、農場の社会的、経済的な在りようによって規定される交換関係の集中する場である。それだ

けでなく有機農業がイデオロギー的に推進された社会運動のルーツをもつことで、有機農場は人々の道徳的価値観が経済決定の営みに入り込んでくる場でもあり、また社会的関係と経済的関係がしばしば折り重なって現れる場でもある。さらに、有機農業は、農場がオルタナティブなものとして存続するのがますます困難になっていることの——それが有機市場における競争圧力によるか、寛大な連邦政府規制による有機農業の意義の希釈によるかはともかく——強固な証拠を提供する点でも、ユニークなケースである（Buck, Getz, and Guthman 1997; Guthman 1998, 2004a）。その結果、有機農業は、社会的、道徳的関係がどのようにして経済的実践を生み出し、放っておけば市場の力がそれを掘り崩してしまうような環境でも、その実践に意味を吹き込むのかといった問題に答える重要な場となる。

　政治経済学に限った有機理解の限界に対応して、研究者のなかには農業者が明確な実践に到達する方法の説明に別の理論的用語の使用しようとしてきた者もいる。その1例は、従来型理論を使って、すなわち社会的価値が交換をつうじて評価される際の基準を人々はいかにして用意するのかに焦点を当てる社会学的接近法である（Rosin and Campbell 2009）。しかしながら、多くの有機農業研究者がもっとしっかり認識すべきだとしたのは、市場が特定の事情のもとで出現する社会的に埋め込まれたシステムであることだ（DuPuis and Gillon 2009; Hinrichs 2000を参照）。マーク・グラノヴェッターの先駆的研究（Granovetter 1985）を援用すると、農業の代替的システムを生み出す社会的、政治的行動、及び新しいシステムを生み出す協同とネットワークづくりのミクロ・ポリティックス〔狭い範囲での政治的駆け引き〕に注目すべきだというのである。デュピィとジロンの主張は、「日々のプロセス、すなわち日常ベースで自身を再生産するプロセスとしての他性創出〔オルタナティブな相互作用モデルの創出〕に関する経験的でミクロ・ポリティカルな問いかけを発すべきだ」というところにある（DuPuis and Gillon 2009, 44）。

　最近の経済社会学の発展は、市場を単に「社会的に埋め込まれた」ものとみる見方にとどまらず、市場が規範、価値、そして人間相互間の社会関係のネットワークからなる社会文化的に構成されたものだとする見方になっている（Healy 2006, Zelizer 1988, 2010）。したがって、ローカルな有機市場を埋め込まれた経済システムだと理解しようとすれば、「いずれの市場も、継続的に交渉された意味深長

序　慣行農業化、二極分化、そして小規模有機農場の社会的諸関係　　11

な人間関係に依存することを認識することによって、市場類似的な取引か、さほど市場類似的なものでないかの識別を超えて、進むべきである」(Zelizer 2007, 1060)。市場は単に社会関係のネットワークに埋め込まれているだけでなく、一実際のところ社会関係の産物である。かくして、心情と関係が、社会経済的現実とならんで、意思決定の基盤として真剣に受け止められるべきである。有機市場を社会的に埋め込まれたシステムとして認識することは、なるほど経済主義的説明の修正にはつながるが、それは、埋め込み論アプローチが社会的諸力を、他の点では「合理的」で「非社会的」な経済の領域への侵害とみなすからである。一部の市場がいかに合理的に見えようとも、それらは、そうした行為に導く規範や価値観、心情、関係に基づいて、社会的に構成された現象である。

　こうした識見が、経済的交換の理解に向けた新しい関係論的アプローチを生み出したのであって、私たちは、それは有機農家は含蓄に富んだ社会的関係をつうじて自らの経済生活をどのように理解するかについての有意義な洞察に役立つアプローチであると確信する。市場を社会的に埋め込まれたものとする理解から得られた洞察は、逆説的だが経済社会学者を「市場それ自体を当たり前のものとみなさ」せることになる (Krippner 2001, 776)。というよりも私たちに必要なのは、市場をつくりあげる社会的結合の中身を真剣に受け止めること、つまり、市場という舞台装置における相互作用の鋳型となる文化的信念の転移に関する「政治的」論議をつうじてそれぞれの市場の経済活動が生み出されていくという見地である (801)。社会的結合によってつくりだされるシステムとして市場をみる標準的な見方とは異なり、市場と経済生活は相互作用をつうじて到達されるべき成果物として再構成されるとみるべきである (Bandelj 2012, 177)。「関係づくり」が経済的結果の理解を可能とする媒介環を通じて一つのメカニズムとなる。

　経済生活における関係づくりは、経済的成果ないし交換—参加者の力の非対称性によるものが少なくないが—を容易にするために取られる意図的な社会的活動として理解できる。「経済活動において交換されるものは、資本市場における金銭的資源や労働市場における人的資源だけでなく、心情的資源でもある」(Bandelj 2012, 181) のだから、関係づくりは経済的成果を上げるうえで重要である。その結果、経済取引において中核をなす心情的な資源、意味づけ、そして関係性の取扱いが、しっかりと検討されなければならない。現代の有機農家の実践の転

換を説明するうえであまり注意されてこなかったのが、まさにこのような類の社会的関係である。

ニューイングランドの有機農業を理解するための私たちのアプローチ

本書では、関係づくり、経済取引のただなかの心情、そして「良好なマッチング」といったコンセプトを、経済社会学から、現代の有機農業をめぐる慣行農業化と二極分化に関する議論に持ち込む。そうすることで、有機農家を理解するための慣行農業化論を補足し、慣行農業化したものか小規模農業か、企業的か運動か、市場主導かイデオロギー主導かといった二元論に訴える必要のない表現を用意する。慣行農業化論にもとづく研究が有機セクター内における多様な制度的評価基準に傾注されてきたのに対して（Rosin and Campbell 2009参照）、私たちは、有機農家がいかに個人的に意義深い社会的、経済的関係をもつのか—そうした関係の心情面、認識面、そして行動面の構成要素、および彼らが農業実践に付与する意味づけを含む—に焦点を合わせる（Bandelj 2012）。これらのコンセプトは、以下で見るように、小規模有機農業をニューイングランド農家の人生や暮らしにおいて有意義なものにできる関係づくりの理解に役立つ。ここで、二極分化した市場における経済的ニッチを明らかにするだけでなく、これらの農家の暮らしの構造を明らかにし、そこでは経済は多くの側面のほんの一面に過ぎないものであることを説明する。

私たちのいう「経済生活」とは、一連の愛と金銭とのどちらをとるかとか、有機農家の暮らしでもない。経済的な動機と心情的な動機とは常に混じり合い、私たちは、重要な関係性と自らの仕事に付与する意味づけを維持しながら、日常生活の経済活動ではほとんど両立しないそれら二つのものの良好なマッチングを常に何とか達成するのである（Zelizer 2007）。有機農家の暮らしと実践とを切り離して、多かれ少なかれ市場類似的な関係の世界に投げ込むことはできない。しかしながらそうした混ぜ合わせは、しばしば道徳的、経済的、そして関係上のあいまいさを生み出す。「良好なマッチング」はこうしたあいまいさを処理するひとつの特殊な関係づくりである（Zelizer 2010）。

個々人は経済活動を、社会的な関係や心情的な愛着、そして何が適切かという判断とマッチさせようとする。そしてそれは、経済的交換関係にともなう意味づ

けと心情と行為の間に注意深く折り合いをつけることによる（Zelizer 2012）。経済生活への関係論的アプローチからすれば、この「互恵的プロセス」においては、そうしたマッチングが決定的に重要である。というのも「参加者の間におけるいかなる期待のずれであれ、解釈の違いであれ、不確実性とあいまいさをひどくする」からである（Bandelj 2012, 194）。このような理論的見方からすれば、小規模有機農家は、二極分化した有機市場において、慣行農業化への道をたどることも、狭い隠れ家に逃げ込む必要もない。それどころか、両者を備えたものとみなすことができる。すなわち、経済的な問題、倫理的関心、エコロジカルな価値観、社会的義務、そして心の奥深くに抱かれたライフスタイルの選択、これらのおそらくは相互に矛盾したものの間で実行可能なマッチングを実現しようと意思決定する農家である。

　有機農業に関するもっかの議論では、民族誌の方法論で良好なマッチングについて考察したり、関係論的に支えとなるものを明らかにしたりすることによって、私たちは、自らの実践の唯一の、さらには主要な決定因子として、有機「市場」ないし有機「運動」のいずれかに立ち戻るのではなく、小規模農家が、いかにして有機産業における否定しがたい変化を、彼ら自身の営農上の抱負とバランスさせるのかを理解できるようになる。良好なマッチング概念が生産的に適用された他の事例にみられるように、農家はさまざまな関係の経済的、社会的、そして文化的に意味のある内容のバランスをとろうと奮闘していることがわかる。時に、そうした努力は有機農業という決断が一見矛盾しているように見えるかもしれない。（後に見るように、農家のなかには一部の産物を収支トントンで売ろうとする場合があるが、それは愚かさの産物であったりビジネス感覚が乏しかったりするからではなく、この行為が、彼らの価値観に適合し、自らが埋め込まれ好ましいと感じるローカル・ネットワークにマッチするからである。）また別の舞台、すなわち経済活動、情緒的な愛着、そしてイデオロギー的な関心が交錯し、良好なマッチングという概念が理論的に有用であるような環境では、良好なマッチングをとることにともなう社会的コストと文化的交渉は、農家がその農地で被覆作物〔主に土壌浸食防止や雑草抑制、緑肥効果などを目的に、休閑地や畦畔の露出地面を被覆するための作物。間作とも言い、冬に植えるクローバやライ麦が代表

的〕を選ぶか化学物質を選ぶかよりもずっと大きな困難をはらんでいる。したがって、私たちの評価が一見して「あいまいであること」を不都合とは考えない。小規模農場で持続性と経済的生き残りとのバランスを取ることはやっかいである——とくにそうした努力に対する支援がほとんどないような農業の状況ではそうである。しかしながら、そうした農家が複雑な経済状況のなかでどのようにして進路を決定するかを理解することで、アグロインダストリー的有機食料生産の時代における意味深い持続的農業を実践する可能性を提示したいのである。

　このような理論的な枠組みのもとで、良好なマッチングがなされ、実行されている現場における小規模有機農家の決定と実践を検討することにした。まず真っ先に、本書では、ひとつの有機農場——シーニックビュー農園——、つまり良好なマッチングがなされている農場の圃場における関係者の観察を基本として、民族誌的ケーススタディをおこなう。それに加えて、15戸のニューイングランドの農家に聞き取り調査し、あわせて全国の農家の身の上話を描写することで、その他の小規模農家の声を取り入れる。そうすることで、シーニックビュー以外の農家生活において社会的、道徳的関係のネットワークが持つ意味をより深くつかむことができるだろう。私たちの目標は1地域のケーススタディを示すことではない。そうではなくて、1農場に密着して研究することで——つまり農家といっしょに働くことで——良好なマッチングのもとにある相互作用、ネットワーク、そして社会的関係に注意を払うことができる。私たちの研究方法の詳細は、本書末尾の補遺を参照されたい。

　現代の有機市場の圧力を考えると、私たちがいっしょに働き議論した農家の毎日の活動は、彼ら自身のきわめて個人的な生き方、彼らが農場や圃場で培おうとする一定の社会的、経済的関係、そして自らの仕事に付与する意味づけ、これらと注意深くマッチングさせられなければならない。さらに、これらこそ持続可能な未来を指向するマッチングであることを示すことにする。そうすることで、過度に経済決定論的な、慣行農業化する農業界に絡み取られたものとして現代の有機農家を考える見方を押しのけ、彼らを新たなやり方で叙述する方法をはっきりと示したい。同時に、有機産業への道を拒否し、自らの農場に関わる有意義な決断を通じて抵抗の前線基地を切り開いたり、戦略的見地からやがては大規模有機が取り組むべき空間を占拠したりすることによって、「二極分化した」市場の一

方となった小規模有機農家の現実の世界を理解するための枠組みを提供したい。

　こうした意味において、私たちは有機農業に関する先行研究の足取りをたどる。レスリー・デュラム（Duram 2005）の全米の有機農家に関する研究は、さまざまな規模の有機農家が、有機農業の作業をいかにして自らに役立つものにしているかを示すことで、有機農業に関する多くの理論が持つ問題点をうまく回避している。農村社会学者のマイケル・ベル（Bell 2004）は、アイオワ州における持続型農業の見事な地域ケーススタディで、持続型農業を採用する農家があるなかで、一部の農家はなぜそうしないのかを理解するために、「農業の現象学」として議論した。ベルのアプローチは、農家が行う仕事に関して当然のものとされてきた前提を検証することによって、さまざまな意味において暗黙の裡に「ただ市場だけ」とか「分割された活動範囲」といった誤った議論を超えるものになっている。こうした前提には、農産物市場に関するものだけでなく、家族やコミュニティ、エコロジーに関するものも含まれる。その結果、ベルの持続型農業に関する見方は、慣行化された有機産業への対応―もしくは関わり合いの拒否―に関するものよりも、むしろ別の認識方法、すなわち農業とはどのようなものか、どのようなものでありうるかという新しい考え方を掘り起こすものとなっている。私たちもまた、現代の有機農家に関して当然のものとされてきた前提―環境や彼らのコミュニティ、家族、そして彼ら自身への思い入れに関する暗黙知―を検証するが、それを今度はニューイングランドでである。

　ひとつの農場の実践に焦点を当て、現代の有機農業の観察者の注意を集めている議論の外側から、経済行動を理解するための言葉を紡ぎだすことで、私たちは今日の有機農家の囲場で何が起こっているかを考える新しい方法を提案する。ケーススタディの力は、一般の社会的諸力が、いかにしてローカルレベルの行動や結果を形成するかをトレースする能力である（Walton 1992, 122）。そうすることで、これらの力がどのように農家の生き方や関心にマッチした特殊な農業実践を生みだすかについての理論的議論を引き出すことができる。有機農家にとっていかなるタイプのマッチングができるかは、農家自身が置かれた独特の社会的、構造的、そして文化的な立場によるものであることを示そう。本書で紹介する農家のほとんどは、人種、階級的背景、そして文化資本からすると恵まれた人々である。ニューイングランドの農家で共通するのは、私たちの情報提供者のほとん

どは白人で、多くは家族の援助が得られ、家族の土地を持っており、大多数が大学教育を受けている。したがって、彼らの経験は全米の小規模な有機生産者を代表するものではない。農家の社会的位置が異なれば——たとえば、南部農村の黒人農家や西海岸のラテンアメリカ系農家のように——、良好なマッチングをするうえで、同じような選択の自由やチャンスは与えられていない（P. Allen 1993, 2004; Gilbert, Sharp, and Felin 2002; Pilgeram 2011; Wood and Gilbert 2000)。しかしながら、私たちの調査結果は、すべての農家が、自らが個人的に関わる社会的、文化的、そして道徳的経済活動に加えて、現代の農業セクターの政治経済的営みとどのように関わり合うのかを、一般理論化する必要性を明らかにしている。さらに、私たちの調査標本は、主に優越した権利を持ち、少なからず相互交流している白人の農業経営者と農業労働者からなるが、これらの空間は、反人種差別主義が主張される場、連帯の場、そして社会的、環境的正義の実現をめざす組織的活動が行われる場と同じだと確認されている（Alkon and McCullen 2011)。そうした農家はいかにして、また何故に、そのような生き方を選択し維持するのかを理解できれば、広範囲にわたる影響を持つことになろう。

　さらに、私たちがニューイングランドで観察したさまざまな種類の良好なマッチングは、諸個人からなる集団（彼ら自身の特別な事情により、またそれに対応した）が、一見矛盾にみちた現代の有機農業の現実を乗り切るための努力を象徴するものとして重要である。それは、自身にとっては当然と思われるやり方であったり、自らが最善と考えることを実行していると知って夜の眠りにつけるようなやり方であったりするが、また、慣行農業の巨大企業以上に小規模農家（優越した権利をもっていようといなかろうと）が報われることの少ない世界において行われるのである。私たちが研究した農家はたいていの場合、自らの価値観とビジネスを両立させるマッチングを生みだすことができた。経験的にいって、そうしたマッチングを生み出すための関係づくり——そして、いかなる類の農場と農家がそうしたマッチングを達成できるのか——を理解するには、現代の有機セクターについてより深い理解が求められる。同時に、観察で見出した持続可能とみえるやり方が、農家にとって存立可能な選択の形となるために必要な条件を理解することも、現代の農業経済における持続的農業を拡大するうえで決定的に重要である。

序　慣行農業化、二極分化、そして小規模有機農場の社会的諸関係　　17

本書のあらまし

　これまで有機はどのように変化してきたのか。本書の第Ⅰ部「市場」では、有機生産分野の歴史をサーベイする。そこでは、周辺的な社会運動のひとつから主流産業のひとつとなった有機農業の転換を検証し、この大きな転換を農業の政治経済学で説明する慣行農業化と二極分化に関する理論に立ち帰る。「有機をどう理解するか」で始まる第Ⅰ部は、運動の初期の発展をトレースすることで、かつて、有機農業がそれを実施し、また支持した人々にとって何を意味したのかを明らかにする。次いで、第２章「主流になった有機農業」では、安定した市場範疇として有機農業を確立する─産業が登場する道を開く─法制化の過程を検証する。このような変遷の歴史は複雑であって、そこでは、州、企業、そして社会運動といった多様な行為者によって、しばしば競合した概念規定が主張された。連邦有機法への変遷を分析した研究では、その最終的調整過程で農家の声がひどく排除されたと指摘されている（DuPuis and Gillon 2009参照）。確かに有機農家と非政府組織の運動はともに連邦法における有機農業の概念化の過程に貢献し、また抵抗したのであるが、私たちは有機ラベルの慣行農業化につながる歴史的な諸力の説明に焦点を絞った。このラベルに現代の農家はそれぞれのやり方で対応せざるを得ないからである。最後に、第３章「スーパーマーケット有機はなぜ問題なのか」では、有機食料が慣行的食料市場において多くの食料品の中のひとつの選択肢となってくるにつれて失われていった価値観について論じる。

　第Ⅱ部は「土地」に焦点をあてる。ここは全体をつうじて、大半の現代有機産業の背後において、経済的合理性がいかにして推進力となったのか、そして、二極分化した市場において、多様な合理性（環境や社会や家族といった関心事）によって動機づけられた有機農業ビジョンがいかにして、多かれ少なかれ小規模農家に限定されるようになったのかを見る。マイケル・ベルによれば、「農家もまた、私たちみんなが直面する現代のアメリカ的生活の基本問題、つまり経営合理化、経済競争のエスカレート、何をしようにも時間が足りないという感覚の広がり、働くなかでの家庭関係の衝突、差異を和解させるための軋轢、コミュニティの喪失、そしてその結果としての自分とアイデンティティへの脅威、等々に直面する」。しかし農家は、これらの問題に対して、彼らの仕事や農村という場に特有の形で

遭遇する（Bell 2004, 33）。現代の小規模有機農家もこの点では同じである。

　第Ⅰ部で示されたきわめて現実的な経済的課題に直面して、小規模有機農家はいかにして、これらの構造的現実、自分の農場の特殊な条件、そして自身の信念や価値観の間でうまく機能する良好なマッチングを行うのかを考察する。この第Ⅰ部では、シーニックビュー農園のケーススタディをベースに、インタビューで得られたデータや評価によって補完しつつ、有機農家がいかにして広範な経済環境の中で自分たちの日々の営みを意味あるものにしようと闘っているか、そして、最終的には、どうしたらどうにかこうにかそれらの営みを機能させることができるのかを明らかにする。オルタナティブなままで生き残るために闘う小農場にとって、「市場」と「土地」は相いれないものではない。これらの農家は、その他の多数の農家と同様に、市場と土地の両方の世界に住み、両者の論理にしたがって生きている。

　第Ⅱ部は「場はどういう意味をもつか」から始まるが、小規模農業という大きな文脈のなかに私たちのケーススタディを位置づける。シーニックビュー農園はユニークであるが、同時にきわめて典型的である。ニューイングランド中の数多くの農場や全米の無数の農場が、同様の課題に直面し、よく似た実践を行っている。第4章「フダンソウの真ん中で」で、私たちは、雑草を抜き、フダンソウの畝を立てる小規模有機農場の日常生活の現実を突きつけられる。この章は、作物の成育期のひどい長雨、害虫の多発、作物病害の脅威にさらされた農園の苦闘と勝利の喜びを示している。次いで、第5章「農業に携わる人たち」では、シーニックビュー農園の多様な有機実践にとってのきわめて個人的な動機のいくつかを簡単に見る。次の章「茶色バッグの海と有機ラベル」では、小さな有機農場の販売活動を一瞥する。そうした農場のコミュニティに支えられた農業プログラム、すなわちCSA向けに100個もの茶色バッグに袋詰めするといったありふれた仕事から、小規模農場が直面する経済的課題―中流階級になりたいという農家の願望から工業的フードシステムとの競争という課題にいたるまでの―を探っていこう。最後に第7章「無意味ではない有機農業」では、シーニックビュー農園の観察結果から、環境、健康、そして産品の品質に関する信頼が、今日の小規模有機農家のさまざまな関係をつくりだす日常的な関心事や経済的現実のなかで確固たるものになっていく道筋を考察する。これらの諸章全体をつうじて、良好なマッチン

グを得ようとする努力がシーニックビュー農園に限ったものではないことを示すために、ニューイングランドのその他の農家のインタビューや全国の小農家の経験を引き合いに出す。そうすることで、小規模農家がいかにして有機セクターの慣行農業化を免れるかを理解するうえでの、「良好なマッチング」概念の説明能力を示したい。また、ケーススタディで取り上げる農家の経験に即しながら、どうしたらより持続可能なマッチングが可能かを探求する。

　本書の結論である「現代のオルタナティブ農業」は、現代の有機市場という広い枠組みのなかで、シーニックビューや類似の農場について考察するものである。そうした小規模有機農業は、農業の工業化に対する真のオルタナティブとなる可能性をもつ農業の持続的なビジョンを代表するものとなりえるであろうか。私たちのケーススタディは、工業並みの利潤や大型小売店並みの大衆受けが追求されるなかで、かつての有機運動を構成していたものすべてが失われたわけではないことを示す点で、かすかな希望の光である。しかしそれはかすかな光でしかない。オルタナティブであり続けるということは、慣行的市場の枠組みのなかにある農場にとって、不断に進化し続けようと苦闘することである。コミュニティに支えられた農業が、真摯なコミュニティの支援を欠いた新しい消費形態の一つに退化することが少なくなく、そこでは、労働の強化と浪費の踏み車から一度は逃れ出た小農家に対し、元に戻そうとする不断の圧力が生じる。つまり、有機農業システムのなかに、より持続的な生活や生活手段を求めて最大限努力する小農家の生存能力を脅かす圧力が存在することである。もし良好なマッチングを実現するために常に的確な対応が求められるとするなら、そうした対応がもっとも困難な場所を示そう。

　かくして再び、経済取引についての関係論的アプローチがきわめて重要になってくる。本書は主として有機セクターの、また有機産品が土地から獲得されテーブルに乗せられるまでのプロセス、およびその間のすべてのステップの、生産サイドを取り扱う。しかしながら、経済生活に関する関係論的アプローチは、取引におけるすべての経済的行為者——消費者を含む——が、取引の意味付けやその取引関係が求める社会的、倫理的、経済的関心事をめぐる対応において、重要な役割をどのように演じるのかを照らしだす。仮に、「関係づくり」が関連する諸行為を通じて包括と排除の境界を取り決めることによる「結合を目標とする一つのプ

ロセス」であるとすれば（Bandelj 2012, 182)、その概念には、オルタナティブな有機農家とその土地だけでなく、農家がその土地で行う経済活動の意義を認めるオルタネティブな消費者との間に生み出される絆も含まれる。有機農場において持続的な関係の実現機会を活かすには、有機農業システムに対する消費者の関わり方の変化が必要なのである。

　オルタナティブな農業運動—ファーマーズマーケットからCSAプログラムにいたるまで—は、その根拠を取引関係のネットワークに置くことが少なくない。たとえば、ジュリエット・ショアとクレイグ・トムソンは、オルタナティブな経済取引形態やオルタナティブな消費生活スタイルが、「人々が、ショッピングモール、大規模小売店や専門サービスを避けながら、自分の要求を満たすという新たなやり方をつくりだす」(Schor and Thompson 2014, 3) ことを発見した。そうしたオルタナティブな消費者は、ローカル経済においてローカルな連携を構築したり、生産に直接参加したりすることによって、財やサービスの生産にもっと関わることを望んでいる。「自分でやる」気風とコミュニティを焦点にした「いっしょにやる」気風とは、彼らが呼ぶところの「プレンティチュード〔満ち足りた暮らしぶり〕の実践者」であることを証明するものである。「自分の食べる食料を栽培し、自分の飲む牛乳を供給する農家のことを知り」たいという消費者の希望が強まるにつれて、「顔の見える、つまり人格を尊重する経済取引」が「単なる経済的な生き残り手段にとどまらず、自分自身の望む条件としても」高く評価される経験として再浮上しつつある (14)。

　私たちは、正当な形の意味づけや情緒や関係性をこうした人格を尊重する経済取引の新たな形態にマッチングさせる関係づくりに携わるものとして、主要なケーススタディのフィールドであるシーニックビュー農園を支持する消費者と並んで、より一般的に「プレンティチュードの実践者」を思い浮かべることができる。トムソンとコスクナー・バリは以下のように説明している。「ローカルな食料運動のオルタナティブなイデオロギー的枠組みとそれに対応する共同体的消費の経験は、CSAの消費者が、非慣行的な需要、及びこの対抗的市場システムによって、便益の社会的見返りとして課される取引コストを知覚できるようにする」(Thompson and Coskuner-Balli; 2007a, 137)。より持続的でローカルな人格を尊重する経済を求める消費者の数が増えるのにともなって、多くの場合、彼らは自

分のライフスタイルや価値観を、食料雑貨店で簡単に用を済ませるのではなく、より多くの時間と肉体的、精神的エネルギーを必要とする一連の消費行動にマッチさせるようになるに違いない。さらに、ローカルな農家が消費者とともに育もうとする関係の多くは、そうした投資いかんにかかっている。しかしながら、多くの場合、農家は、自分の思い描くオルタナティブな食料システムが必要とするコミュニティの支援を得るのに苦労してきた（DeLind 1999, 2011参照）。したがって、より有機的な将来を構想するには、—「プレンティチュードの実践者」によって生み出されるような—すなわち、コミュニティにおける投資が、新たな農業のあり方を求めて苦闘する農場や農家に、単なる資本以上のものとなるコミュニティの投資を促すことのできる新たな種類の良好なマッチングの掘り起こしを考えていくことが必要であろう。この種のマッチングを容易にし、助長するならば、それは、より持続的で、より公正で、より有機的な将来に向けた絶好のチャンスになるだろう。

訳注
1) ホールフーズ・マーケット（Whole Foods Market）は、全米で多店舗展開する自然・有機食品専門の高級スーパーマーケット（本社・テキサス州オースチン）。インターネット通販大手アマゾン・ドットコムが2017年6月16日に137億ドルで買収すると発表した。
2) ファーマーズマーケット（Farmers' Market）は、主にその地域の農家が自分の農場産の農産物を、消費者に直接販売する市場である。多くの都市で、毎日ないし曜日を決めて開設されている。とくに有機農産物にとっては重要な販売市場になっている。
3) フードレジーム論（Food Regime theory）は、アメリカの農村社会学者であるH・フリードマン（H. Friedmann）やP・マクマイケル（P. McMichael）が提唱した概念で、国際的な農業・食料システムの変化を歴史的観点から説明しようとする枠組みである（Friedmann, H. /P. McMichael, *Agriculture and the State System: The rise and Decline of National Agriculture*, 1989参照）。

現在までに3つのレジーム（体制）があったとされ、第1レジーム（1870～1914年）はイギリスが基軸の農産物貿易、第2レジーム（1945～73年）はアメリカに基軸が移動したとされ、現在は先進諸国の多国籍企業が主導的役割を果たす第3レジームへの移行期（すなわち「ポスト第2レジーム」期）とされる。詳細は、磯田宏『アグロフュエル・ブーム下の米国エタノール産業と穀作農業の構造変化』筑波書房、2016年を参照されたい。

4）ウィーン生まれの経済学者（1886～1964年）で、経済人類学の理論を構築した。人間は人間と自然との間の制度化した相互作用によって生活し、自然環境と仲間たちに依存する。この過程が経済であって、その経済過程に秩序を与え、社会を統合するパターンとして、互酬（義務としての贈与、相互扶助）、再配分（権力の中心に対する義務的支払いと中心からの払い戻し）、交換（市場における財の移動）の3つがあるとした。主著は、*The Great Transformation*（1944）（邦訳：野口建彦・栖原学訳『「新訳」大転換―市場社会の形成と崩壊』東洋経済新報社、2009年）。

第Ⅰ部

市　場

第 1 章
有機農業をどう理解するか──その略史

　シーニックビュー農園を開設して 3 年後の2001年、ジョンは米国農務省が全国有機プログラムで新たに導入した認証を取得することにした。同じ年、街のいたるところに進出しているスターバックスのコーヒーショップでは、飲み物を注文するときの選択肢に有機牛乳が追加された。おそらく本書の読者は、この新しい選択肢を初めて選んだときのことを、覚えているのではないだろうか。「トールサイズ、ホイップクリームなしのカボチャ風味のスパイス入りカフェラテを、有機牛乳入りで」と言い間違えずに注文できた人は少ないだろう。しかし、スターバックスはもう有機牛乳をメニューには載せていない。同社は、2008年に合成ホルモン剤不使用の牛乳を全店で導入するかわりに、有機牛乳の取扱いは中止した。しかし、この 7 年間は、アメリカ人は全米の無数のスターバックス店で有機乳製品を買えたのである。

　スターバックスが有機牛乳をメニューに加え、シーニックビュー農園が有機認証を取得したとき、ジョンの耕作面積はわずか 2 エーカーであった。スターバックスのような企業に供給できる規模の有機農場の経営と、シーニックビューのような農場とは比較にならないのであって、二重構造の併存という難問がある。有機農業──かつては反体制派による周縁的な運動だった──は、今日ではアメリカ人の食に対する意識のなかで重要な意味を持っている。このことは、工業的な食品製造業者にも、ジョンのような小規模農家にも影響する。

　スターバックスによる有機牛乳の提供とその中止は、単にヤッピー〔"yuppie"、young urban professionalsの頭字語。1940年代後半から50年代前半生まれの都会派エリート層〕の運動としての有機食品ブームの限界を示すに過ぎないという人もいるだろう。しかし、スターバックスが有機牛乳を提供したことは事実だ。私たちの周りには、有機製品があふれている。マクドナルドが有機栽培コーヒーを提供し、ウォルマートも大々的に有機食品ビジネスに参入した。クラフトも人気商品「ブルー・ボックス」入りのチーズ・マカロニに有機食品版を投入した。このように、私たちの消費文化の中でますます有機食品の存在感が高まっているが、

そこにはいくつもの疑問が残る。こうした有機食品とその収益性の爆発的な成長は、有機農産物を生産している農園にどのような影響を与えたのだろうか。また、より基本的な問題として、「今夜何を食べようか」というよくある問いに答える人びとにとって、「有機食品」という概念はあいまいであって、それに健康食品から持続可能食品にいたるまで実に幅広い意味がある。

農務省によると、「有機農業とは、生物多様性、生態系のサイクル、および土壌の生物学的活性を促進・強化するエコロジカルな生産管理システムである。」また、有機農業は、農外からの資源の投入を最小限にし、エコロジカルな調和を回復・維持・強化する営みである（Gold 2007）。これは、有機農業の哲学的核心に関するたいへん適切な定義である。しかし、この概念を現実の規制や実践に反映させるのはなかなかむずかしい課題だ。往々にして米国農務省は、単に化学肥料、殺虫剤、除草剤、殺菌剤、その他の化学的投入材を用いずに生産した食品を有機食品とみなしている。しかし、私たちの議論はより進んでいる。農務省が有機農業の規制に乗り出すずっと前から、有機農業に関する議論や定義は行われてきたからだ。

私たちが継承してきた有機農業運動や有機農業の定義に関する議論は、アメリカ人の生活や食卓が工業化によって浸食されていることに気づき、この流れを押し戻そうと努力してきた人びとを抜きにしては語れない。有機運動の歴史はひとつの抵抗の歴史である。農務省は農業のやり方に変化を起こそうとしているが、有機農業とはこのような一政府機関の単なる思いつきによるものではない。有機農業の発展の背景には、環境、健康、および自らの生き方についてはっきりと懸念する人びとの存在がある。「有機」とは何であったのか、そして何であるのか、それがどのようにアメリカの食産業の中で最も急速に成長する分野になったのかを理解するためには、まずこの発展を促した人々や社会的経緯について理解すべきである。

もっとも早く有機農業がオルタナティブな農業システムとして概念化されたのは、数人の農家が、工業的な農法の急速な拡大に異議を唱え始めた頃だった。それは、イギリス農村部でエンクロージャー〔囲い込み運動〕が行われた頃にまで遡るのであって、近代農業の歴史のきわめて大きな変化に対する反応であった。18世紀から19世紀にピークを迎えたイギリスのエンクロージャーは、共有の牧草

地を私有地に変えた（Polanyi 1957）。このエンクロージャーは、きわめて重大な変化をもたらすものであった。私的土地所有が認められた地主は、その所有地で集約的農業を開始し、やがて機械を利用するようになった。ピーター・ラインバウの著書『マグナカルタ宣言』によると、エンクロージャーとそのやっかいな随伴者、すなわち奴隷的身分（新たな集約的農業経営のために生み出された不払い労働者）は、「近代世界に産業資本主義をもたらした」（Linebaugh 2008, 94）。

　もちろん、エンクロージャーの影響は一定方向だけに作用したのではない。むしろ、農業史家が指摘しているのは、エンクロージャーによって、たとえば過剰生産危機と穀物市場価格の劇的な暴落が生じ、オルタナティブな農業のあり方が必要になったという点である。新たに生み出された穀物の余剰はその価格を押し下げたため、イギリスの多くの農家は穀物生産高を高めるわけにはいかず、青色染料の植物性原料であるホソバタイセイのような新たな作物を生産し始めた。歴史家のジョアン・サースクによれば、「当時の変化をより的確に概括するならば……土地利用に新たに柔軟性が持ち込まれた。耕作地と牧草地の区別がそれなりに固定されていたのだが、耕作地でのかなりしっかりした冬穀物、春作物、休閑という作物交替を維持するのではなく、古い耕地を牧草地にしたり、それをまた耕地に戻したりするようになった。」（Thirsk 1997, 24）それでも、エンクロージャーと農地の私有化は農地の疲弊をともなうことが少なくなかったが、急増する工業就業人口を養うために集約的な生産を可能にした。「集約的に管理されている農地というのは、実際、私的に所有されている農地であり」、エンクロージャー運動の間に、「小土地所有者や土地のない人々は皆痛手をこうむり……そして、私有化された農地は環境上の質の低下にさらされかねなかった」（Netting 1993, 326）。エンクロージャーは、農地の私有化を通じて集約的農業への投資を促し、農業はますます合理化されていった。

　農業が「合理化」され、生業ではなく経済性を追求する職業になるにしたがって、「科学」としての農業研究が始まった。19世紀前半、エンクロージャーがほぼ完了する頃、ハンフリー・デービー卿とユストゥス・フォン・リービッヒらの科学者が植物栄養分野の研究を開始した。彼らは、植物に必要なのは堆肥ではなく、堆肥に含まれるミネラルであることに気づいた。実際、彼らは「堆肥は無機化学肥料に置き換えることができ、農業を科学の対象にできる」ことに気づいた

のである（Kristiansen, Taji, and Reganold 2006, 4）。1850年代当時、土壌の肥沃度の低下は大きな問題であった。当時ヨーロッパは「自然肥料を世界中で探し回っていた」のだが、まずはイギリスの、そして海外の増加する人口を養うために、化学肥料の開発の道を選んだ（Foster 2002, 155-157）。最初の有機農家が抵抗しようと闘ったのは、間違いなくこの新しい科学の合理性であった。

　経済が急速に発展するときには、いつでも敗者が生まれる。工業化された農業が発達すると、敗者は離農を迫られる。有機農業は、20世紀初頭にとくにイギリスで起きたフードシステムの工業化によって生じた問題に対する、地域密着型で環境に配慮した農家ベースの対応として始まった。資本主義を批判したカール・マルクスや後のカール・カウツキー（Kautsky 1988）が土壌の肥沃度の低下と拡大を続ける農業システムの関係に言及して、このシステムは「人間によって消費された土壌の栄養分が土壌に戻されることを妨げている」と述べた（Marx 1977, 637）。1924年にオーストリアの哲学者ルドルフ・シュタイナーが、「バイオダイナミック農法」と彼が呼んだ農業に関する一連の講義で、社会運動としての「有機」農業の観念について最初に意見を述べる以前から、このように議論はあったのである（Lockie 他 2006, 7）。

　人智学[1]の生みの親であるシュタイナーは不思議な人だった。哲学者であり、神秘的な聖職者でもあったシュタイナーの哲学的考えはたいへん奇妙で、彼の伝記を書いたコリン・ウィルソンをして出版を躊躇させるものであった。ウィルソンは、シュタイナーの主張が「『最も偏見のない読者でも』すぐに『いやになって愛想をつかす』ほどに苛立たせる」ことを懸念したのだ（Lachman 2007, 3）。しかし、シュタイナーの複雑でスピリチュアルな世界観は、まさしく彼の農業に対する見方に影響を与えるものであった。彼にとって農業は、生命あるシステムとして理解すべきものであり、単に施肥すればよいのではなく、育み養う場であった（Lockie 他 2006, 7）。このような見方は、工業的農業のための新たな科学に直接に挑戦するものであった。

　シュタイナーが、農業システムを総体として見ようとしない農法に精神的・哲学的疑問を投げかけた頃、イギリスの農学者アルバート・ハワード卿の、1920年代から1940年代にかけての人生の一時期は、現代の有機食品運動の基礎を築くことに捧げられた。ハワードは専門的訓練を受けた科学者であったので、新しい化

学肥料の画期的役割は知っていたが、「幼少期を過ごしたシュロプシャー州〔イギリス中西部の州〕の農場を見て、この農法にはきわめて懐疑的になった」(Kristiansen, Taji, and Reganold 2006, 4)。インドの農業試験場での勤務中に、ハワードは現地の農業技術を観察し、家畜の健康状態は飼料の生産方法との関係が深いことに気づいた（ibid.）。これらの発見と彼の個人的な経験から、彼は新しい合理的農業の英知に疑問を抱くようになったのである。

　ハワードは、彼が農業に対する近視眼的アプローチと見なしたものに抵抗した。近代農法を科学的工業に転換する過程で、農家の施肥は作物だけを対象とし、土壌に対するものではなかった。ハワードにとっては、土壌の健康こそが最終的に人類を健康にするものであり、化学肥料の発達は農業システムの健全性を損なうと考えていた（Fromartz 2006, 6-10）。1940年に出版された『農業聖典』（*An Agricultural Testament*）の中で、ハワードは「人工的堆肥は、不可避的に不自然な栄養、不自然な食品、不自然な家畜をもたらし、最終的に人間自体も不自然になってしまう」として、化学肥料を公然と非難した（Fromartz 2006, 9）。そうこうするうちに、近代農業の土壌保全における失敗を明白にしたのは、1930年代のアメリカの砂嵐（the American Dust Bowl）であった。そして、土壌侵食に対する懸念は、農業にエコロジーの考えを適用した初期の取り組みにつながり、多くの「著名なニューディール擁護者たちは、計画的で永続的な農業によって混乱を回避し、アメリカ文明の未来を守るという着想と現実に力を注ぐことになった」(Beeman and Pritchard 2001, 11)。

　エコロジーに配慮した農法を擁護した初期の学者らによる知的探求のもとに、農家のなかにはこうした考えを実践する者も現れた。それは、新しい近代農法で生活と生産性の向上が可能だという考えに挑戦することでもあった。1930年代後半に、J・I・ロデイルは、有機農業の技術開発とその改良のために、ペンシルベニア州エメイアスに農業試験場を開設した。彼とアルベルト・ハワード卿とのつながりは明白である。1942年にロデイルが雑誌『有機農業と有機園芸』（*Organic Farming and Gardening*）の発行を開始する際に、ハワードを顧問編集者のリストに加えている（Francis 2009, 7）。ロデイルの業績は、有機農法を開発したことだけではなく、その経験を印刷物で広めたことである。

　1939年に、イギリスのイヴリン・バルフォア卿夫人もまた、工業的農業と新た

に生み出された有機農法を比較する一連の実験を開始し、有機農業の考え方を実践し始めた。バルフォア卿夫人の父は土地所有ジェントリーで、彼女に教育の機会を与えるとともに、サフォーク州〔イギリス東部の州〕で荒廃していた農場を購入した。彼女はこの農場で、有機農業と慣行農業が土壌、作物、および家畜の健康に与える影響を比較するための長期的な研究を開始した（Inhetveen 1998）。ハフリー実験〔ハフリーはサフォーク州にある村の名称〕と呼ばれたバルフォア卿夫人の試みは、1960年代にかけて続けられ、初期の有機農業運動を育てるうえで大きな役割を果たした（Francis 2009, 6; Kristiansen, Taji, and Reganold 2006, 5）。

バルフォア卿夫人の研究は、まったく科学的に計画されたものであった。彼女は記している。「一つの抜け穴もあってはならない。異なる土壌処理以外のどのような要因も」圃場実験から「得られる結果に影響してはならない」（Reed 2001, 138）。しかし、ルドルフ・シュタイナーと同様に、バルフォア卿夫人もニューエイジ[2]の精神性や新興のエコロジーの考えから影響を受けていた。実際、彼女はベストセラーになった著書の題名を『生きている土』（*The Living Soil*）とし、有機農業の実践は「生命力」を育むことだと話していた。その結果、バルフォア卿夫人は、無作為抽出法（農学においては現在でも支配的な方法である）を採用することを拒んだ。それは不完全な方法であり、総体として機能している生物学的相互依存性に光を当てることを不可能にする方法だとみたからである。その代りに、自分の農場で閉鎖的な農業システムをいくつも作り、「土壌、作物、および家畜の相互依存性とその累積的な効果が現れる」ようにした（Balfour 1977）。これらの研究がもととなって、1946年には土壌協会が設立されたのであるが、この協会は今日でもイギリスの有機農業に影響を与え続けており、この国最大の有機農産物認証団体でもある（Soil Association Certification 2013）。ロデイルとバルフォア、さらにその他の人々が、初期の化学肥料に関する批判を実践に移すことで実証したのは、成長を続ける農業の工業化システムに対抗することは可能だということであった。

有機農業運動の初期のパイオニアたちは、概して保守的勢力に属していた。彼らは、極右政党に属していることも少なくなかったし、彼らの土壌の健全性と人間の健康の関係についての見方は、人種決定論や優生学の考えと結びついていることも多かった（Lockie 他 2006, 2）。彼らの有機農業への傾倒は、社会的な孤

立状態から生まれたものではなかった。むしろ、彼らの関心は、農業生産に工業と科学がたゆみなく浸透することに対する闘いによるものであった。しかし、彼らは進歩を続ける世界にあって、時代遅れの農法にこだわっていたわけではない。彼らは進歩を望んでいたが、「進歩」が向かおうとする方向に懐疑的だったのだ。

有機における反体制的運動

　健全な土壌に対する関心に変化はなかったが、有機農業運動の保守的傾向は1960年代になって変わり始めた。農家や市民が環境問題という新しい動きに抵抗するようになった。有機農業運動のルーツは、食料生産の工業化による問題に対する初期の対応であったが、その運動が花開いたのは1960年代後半から1970年代の反体制文化運動[3]の時期だった。たとえば、1970〜80年代にかけて、一般の食品小売店に対してオルタナティブなファーマーズマーケットが劇的に増加した。「いくつかの州では、ファーマーズマーケットの数は10倍になり、全国では500%に近い増加になったとみられている」(Brown 2001, 655)。このようなファーマーズマーケットの成長は有機農業運動の劇的な変化を示しているが、この「新たな」有機農業のパイオニアの関心も、化学肥料の浸透と闘った彼らの先達と同じ問題に再び集中することになる。

　1950年代末には、有機農業運動が「農業の方向性に関する第二次世界大戦後の議論を見失っていた」のは明らかだった(Kristiansen, Taji, and Reganold 2006, 6)。戦争によって加速した化学技術の発展により、工業的農業が規範となっていた。「科学者は、戦時中に爆薬を作るために使われた窒素含有化学薬品が、農業用の化学肥料に用途変更できることを発見した」(Beavan 2009, 124)。この爆弾成分の「用途変更」は、一見すると「ウィン-ウィン」の状況にみえる。工廠はお役御免になることを免れ、農家は近代的肥料の安定的供給を受けられるのだ。有機農法といえば、それはむしろ1920〜40年代に採用されていた時代遅れの農法にみえた。結局、化学肥料はアメリカの農園の救世主とみなされた。バリー・コモナーは、その著書『閉鎖的循環』(*The Closing Circle*)の中でこう述べている。「この新技術はたいへん成功している。これにより、農場経営は古い農業計画から脱し、新たに『アグリビジネス』と名付けるにふさわしい形態に移行している」

(Commoner 1971, 147-148)。結果として、1960年代に興った環境破壊的な農法に対する闘いが有機農業運動に新たな命を吹き込むことになった。

レイチェル・カーソンの『沈黙の春』(*Silent Spring*, 1962) によって、DDTのような化学物質による深刻な環境破壊がアメリカや世界の市民の知られるところとなった。そして、農業システム全体の健全性が重要だとする農業へのエコロジカルなアプローチが広く普及することになった。土壌の健全性についての有機農業の視点が注目されたのは、もはや、その肥沃度を「人工的な」物質を用いて改良することに対する哲学的懸念だけからではなかった。むしろ、「人工的な」物質が身の回りで与えそうな影響に立ち向かい、抵抗を始めた諸個人に注目されるようになったのである。

私たちは相対的に穏健な「ホールフーズ[マーケット]の時代」から有機農業運動をふり返っているので、この時期の抵抗がどれほど急進的だったのかを正確に想像することは容易でない。反体制文化運動の中で拡大した有機農業運動は、単に土壌と食の健全性を問う視点をも乗り越えていった。むしろ、この運動は「単にオルタナティブな生産方法（化学物質を使わない農法）だけでなく、オルタナティブな流通システム（反資本主義的な食料協同組合）、ついにはオルタナティブな消費（反体制的調理）をも」育んだのである (Pollan 2006, 143)。1960年代の有機農業運動の活動家たちは、全国の農場で環境破壊を引き起こしている農法と、有毒な化学物質を大量に売りさばくことを既得権益としている企業の関係に注目していた。農法を変えるだけでは不十分で、企業による工業化された農業システム自体をなくさなければならなかったのである。

環境に配慮しない企業型食システムに抵抗する人々のなかにはディガーズ〔もともとはイングランドの急進派ピューリタン〕として、1960年代半ばのサンフランシスコのヘイトアッシュベリー地区[4]で無料の食料を配り、その考えを広めた人々もいた。彼らの目標は、「共同の社会的意識と社会的行動を促すために食を使う」ことだった (Belasco 2007, 17)。彼らにとって、食は「芽生える環境意識に根ざした活動計画の中心を占めて」いた (18)。有機運動における抵抗に参加したその他の運動として重要なものには、ロビン・フッド公園委員会がある。1969年にカリフォルニア州バークレーで、この農業活動家のグループは空き地を占拠して野菜の種を蒔き、そこを人民の公園と名づけた。詩人のゲーリー・スナ

イダーは、人民の公園を「『交渉の余地のない地球の要求』を代表したゲリラ攻撃」と呼んだ（Belasco 2007, 21）。反体制文化騒動のなかで、食はつねに「食」以上の存在だった。1960年代後半から70年代の有機運動は、家庭の食卓にも環境的かつ政治的な行動計画を持ち込んだ。

　実際、1960年代から70年代の騒動において、食はさまざまな政治的闘争に関わる中心問題になった。たとえば、BPP〔ブラックパンサー党〕は、1968年9月にカリフォルニア州オークランドで、教会とは別に、学童向けの無償朝食プログラムを設立した。BPP元代表のイレーヌ・ブラウンは、この朝食プログラムの設立についてこう述べている。「私たちはあまりにも資本主義社会に慣れてしまったため、私たちが食べるという人権を有していることを忘れている。もしあなたが食事を摂らなければ、あなたは死ぬでしょう。難しいことではありません。ですから、もし食べることに値札がつけられるなら、あなたもそうなります。食べるのに十分なお金を持たなくなった瞬間、あなたは死に向かう候補者名簿に名を連ねるのです」（Heynen 2009, 411）。社会における食の地位は試練にさらされており、それは社会的正義の問題となった。そして、健全な食の入手は、基本的人権の問題として組み立てなおされることになった。BPPの朝食プログラムは、ディガーズによる栄養戦略を超える大きな成果に発展した。プログラム開始からわずか1年後、BPPの全米45地区の支部組織で、このプログラムが義務化されたのである。数千人の学童が、このプログラムを通じて栄養のある食事を得ることができた。このことは、全米の児童に無償もしくは低価格の学校給食（朝食）を支給するために予算を組むよう、連邦議会に圧力をかけることになった（Heynen 2009）。

　1960年代から70年代にかけて、健全な食の入手機会が拡大し、保証されるようになるなかで、この運動は農家に基礎を置く抵抗運動から、幅広い社会運動に発展した。これにより、有機農業運動は過去の姿を脱し、影響力のある存在になった。たとえば、J・I ロデイルは、彼を崇拝する信奉者たちを得た。1971年、ニューヨーク・タイムズ紙は、ロデイルについて、「有機カルトの導師」と題する記事を掲載した。この記事の中でロデイルは、有機農業運動が急速に社会運動として発展したことについて、こう述べている。「私はたいへん喜んでいます。昔は、ご存知のようによく酷評されたり、侮辱されたりしたものです。栄養不足に陥っ

たときは体調にも影響が出ましたが、私は耐えました。私には、神経のビタミンであるビタミンBが豊富にあったからです」(W. Greene 1971)。ロデイルにとって、抵抗は報われるものだった。ビタミンB群が彼を支えたのかもしれないが、社会における奉仕活動が彼を強く支えたのだろう。

　1970年代は、あらゆる社会運動が盛んになる急進的な社会変革の時代であった。実際、ロデイルに関する記事を書いたニューヨーク・タイムズ紙の記者は、こうした時代の心情に触れて、こう述べている。「有機食品の支持者は、この時代における運動といえば有機運動だと言う」(W. Greene 1971)。「この時代」とは何だろう。それは、社会が、戦争、帝国主義、人種差別主義、資本主義、男女格差、環境破壊に反対して結集した時代だ。ロデイルの抵抗が大部分報われたというのは、1920年代、30年代、40年代の有機農業運動が、反体制文化運動というより普遍化された社会的反抗に合流したという意味においてである。社会は動いていたし、「体制」の病に対峙して結集していた。有機運動もこの流れに乗っていたのだ。

　こうして振り返ることにより、なぜ1971年のロデイルが、それより30年前に比べて相当満足していたのかがわかる。反体制文化色の製品を宣伝するための人気フォーラム「全地球カタログ」は、ロデイルの雑誌『有機園芸』(*Organic Gardening*) を、「この国でもっとも反乱分子といえる出版物」に挙げた (W. Greene 1971)。この雑誌は、1942年にロデイルが『有機農業と有機園芸』として創刊した雑誌である。かれこれ30年かかったが、ロデイルの自然栽培野菜に関する定期刊行物が、幅広い反体制文化支持者の間で革命的と見なされるようになったのだ。その結果、主流派の支配層はまもなく有機運動の密かな監視を開始することになった。

　ひとつの園芸手引書がどのように反乱分子的となり、危険とさえ見なされるようになったのだろうか。トマトやキュウリ、ナスはただの食べ物だ。しかし、それらの野菜が農薬や化学肥料を使わず、自然なプロセスで栽培されたとき、それらは食べ物以上のものになった。農業コミュニティにおける少数派として30年近くもとぼとぼ歩いてきたロデイルは、それほど革命的な人物ではなかった。彼はただ、人生のほとんどをかけて追い求めてきた目標――土壌の健全性を育むことで、人類の健康を育むこと――を追求した。確かに彼は、アメリカの農業界の景色を一変させるという考えを持っていたが、先見の明があることと革命的であること

同一線上のものではない。

　真に革命的であったのは、反体制文化が社会全体の病理と思しきものに抵抗するために、既存の諸運動を結集させることになったその方法だった。トマトは、魔法や自然肥料の施用によって革命的となったわけではない。牛糞堆肥は、化学肥料よりも社会システムを本質的に不安定化させるものではもはやなくなった。このように再構築されることで、トマトは革命的な存在になるのである。あなたがシャベル、フォーク、スプーンを使って投票行動をすれば、すなわち食べることや育てることを通じて、現状を変えることは可能なのだ。

主流派による政治的巻き返し

　反体制文化運動がアメリカの消費者の個人的な食品選択を政治化する（大衆的な反体制文化の表現を使えば）ことに成功したという事実が、有機農業を農業の主流派にしたわけではない。1970年代末まで、有機農業は幅広い支持を得てきたが、その実践はまだかなり懐疑的な見方をされていた。ロデイルやその他の有機農業支持者らは、まだ知識人からはひどい評価を受けていたし、個人的な侮辱の対象にもなっていたのだが、今ではもっと相手が増えた。侮辱のいくつかはアグリビジネスのエリート集団からも浴びることになったのである。たとえば、H・J・ハインツ社のヘンリー・J・ハインツ2世は、拡大する有機運動を非難してこう述べた。アメリカは「栄養学に無知な国だ。フード・ファディズム（食品流行かぶれ）が唱えたのは、たくさんの人たちにこの愚かで高コストの食習慣を受け入れなさいということだった」(Jacobson 1972, 33)。ハインツによるこの非難は、意外にも、有機運動が食料産業を非難したやり方に似ている。1970年代の動乱期において、この議論は両刃の剣だったのだ。

　侮辱のやり方はさまざまであった。運動に対する文化的批判もあった。たとえば、1974年5月に、シカゴ・トリビューン紙に掲載された書評は、有機産品の消費者をけなして、ニンジンジュースをちびちび飲む「アナクリングス"anachlings"」、すなわち権威だけでなく、大衆社会一般を恐れるアナキストとして描いた(Petersen 1974)。書評の対象となったのは、食品の自然らしさを表示しようという反体制文化運動を茶化した『たわごと　その要因』(*The B. S. Factor*)という本である。人間が作った食品さえ「自然」だとしていることから、これは「た

わごと」だというのだ。評者は同書を賞賛して、なぜ有機食品の支持者たちが「こんなに退屈な人」なのかが今、理解できたと述べた（Petersen 1974, 16）。

　有機運動は、こうしたアグリビジネスのエリート層や「アナクリングス」といった奇抜な造語を用いた論者からの攻撃をはねのけようとした。ところが、より重大な挑戦を連邦政府から受けることになった。ニクソン政権下の農務長官アール・バッツは、米国農政に衝撃を与えた人物だった。いろいろな意味において、彼はアメリカ農業の擁護者だった。ニューヨーク・タイムズ紙は、彼について「農業ベルトで物事を回した」人物だと表現した（Duscha 1972）。そして、実際に彼はいろいろな意味でそうしたのである。食料価格が上昇して政権内から強い批判が上がったのに対して、彼はこの価格上昇を擁護した。バッツの確信は、農家は生産物に対してより多くを受け取るべきだということにあった。

　バッツは、彼に向けられた数々の批判について、次のように思い出を語った。「ニクソン大統領が私にワシントンに来るように言ったとき、彼は農業のしっかりした代弁者が欲しいと言った。私は宣誓して任務に就いたとき、彼に言いましたよ。『大統領閣下、あなたはご自身が望んだよりもしっかりした代弁者を得たかもしれませんよ』とね」（Duscha 1972）。ところが、バッツ長官はある特定の種類の農業、すなわち大規模生産される商品作物を中心とする農業—とくにトウモロコシ—の精力的な代弁者だった。実際、専門教育を受けた農業経済学者であったバッツは、今ではしばしばネガティブな意味で使われる「アグリビジネス」という用語を社会に広めることに貢献した（ibid.）。バッツ長官は、他にもいくつかの表現で私たちの記憶に残っている。「垣根から垣根までいっぱい」植えろ、「大型になるか、廃業するか」、「受け入れるか、死ぬか」といった表現がそれである（ibid.; Pollan 2006, 52）。つまり、彼にとっては有機農業の擁護者は明らかな愚か者にすぎなかった。

　1972年8月に、バッツ長官は有機農業に関する政府の評価を発表した。彼によれば、「これはすばらしい発想かもしれない。もし、私たちが5千万人のアメリカ人を飢えさせようとしていることを理解するならばだが」（DeVault 2009; Jacobson 1972）であった。有機運動は成長していたもののまだ周縁部に留まっており、アメリカ農業の主流からはかなり外側にあったのだ。コミュニティガーデン[5]が空き地に作られ、食料協同組合が有機食品を売り、園芸雑誌が反乱分

子のものだと見なされるようになった。有機はひとつの運動だったが、ほとんどのアメリカ人にとってその運動は、ひどい嘲笑の対象とまではいかないが、相当懐疑的に見られていた。そして、その運動の支持者らにとって、有機農業は抵抗の一形態であり続けた。

　環境破壊に対する懸念は、有機運動を大いにアピールすることになったが、それでも有機運動はアメリカ社会の周縁部のままであった。自らの行動を変えるために環境保護主義の概念を引き合いに出すほどの人は少なかった。食は私たちの文化のきわめて重要な側面であり、いろいろな意味で私たちの味覚は自分が価値を置くものを体現している。環境保護主義だけでは、こうした私たちの根底にある価値観を変えるのに十分な力は持ってはいない。有機運動が反体制文化の世界から抜け出し、アメリカ人の食生活意識の中心に位置するようになるには、抵抗のもう一波が必要だったのだろう。

　この最後の一押しは、1980年代にやってきた。前の世代が農業の工業化の初期段階や大規模な環境破壊に抵抗するために有機農業を支持したのに対して、最終的に有機農業を全米の注目の的にしたのは、食の安全性に対する懸念だった。その結果として生じた有機食品生産の拡大は、まさに「爆発的」としか表現しようがない。食への懸念を持つ市民は、慣行的食品産業が提供する安全でない食品に抵抗するための手段として、有機農業を支持したのである。

　1980年代から90年代初頭にかけて、食の安全を脅かすパニックの波がいくつも全米を襲った。これにより、食への恐怖が日常茶飯事になった。こうした恐怖の多くは、ニュースで何度も大きく取り上げられたボツリヌス中毒のように、工業的食品加工に由来するものだった。たとえば、1981年5月には、連邦政府は全米30州に対して、ボツリヌス菌汚染のマッシュルーム缶詰を食べないように警告を発した（Associated Press 1981）。その一年後には、アメリカ南部の172人が、メンフィスにあった工場製の牛乳でエルシニア症—強烈な腹部の痛みを引き起こすバクテリア感染症—になった。これは、全米最大のエルシニア症の発生であった（Associated Press 1982）。確かに、この事件は全米を不安に陥れたが、食品加工に由来する食中毒だけが問題ではなかった。

　1980年代半ばまでに、消費者は加工食品にとどまらず、危険とみられるようになった慣行農法自体に疑問を抱くようになった。初期の食への不安を引き起こし

たものとして、EDB（二臭化エチレン真菌燻蒸剤、the fungal fumigant ethylene dibromide）があげられる。フロリダ州が高濃度の発癌性物質を含む26品目の農薬の販売を禁止すると、1983年に連邦環境保護局（EPA）が調査に乗り出した。消費者は問題の製品の安全性を心配したが、「フロリダの市場から締め出された食品を製造する数社は、州政府に対して法的措置を検討し始めた」（Shabecoff 1983）。この発癌性の農薬は柑きつ類にも使われていたため、フロリダ州の柑きつ類生産農家はこの農薬が使用禁止になることを恐れた。一方、市民は、地域の井戸がすでに汚染されていることを聞かされていた（Rosenbaum 1984）。このような経緯から、多くの懐疑的な消費者にわかったのは、慣行の食品産業がその製品の安全性を確保することができなくなったということであった。

　フロリダ州が高濃度のEDBを含む製品の販売を禁止してからわずか3か月後には、全米の買い物客の食の安全性についての不安感が高まった。1984年3月の食品マーケティング研究所の調査によると、「回答者の77％が、殺虫剤や除草剤の残留を重大な危険因子と見なしていた。これに対して、重大な危険因子としてコレステロールをあげた人は45％、塩分をあげた人は37％にとどまった」（Associated Press 1984）。興味深いのは、この調査はEDB論争が始まる前に実施されていたことである。当たり前に使われていた農薬が、全米の問題になったのだ。

　しかし、懸念されたのは農薬だけではない。1984年9月には、「成長促進のために日常的に抗生物質を与えられた牛から、抗生物質に耐性を持つ細菌が広がり、人間の深刻な食中毒を引き起こしている」ことを医師らが「初めて」明らかにした（Haney 1984）。医師らは、南ダコタ州の一群の牛からアメリカ中西部の18人に感染した抗生物質耐性サルモネラ菌の株を特定することに成功した。これらの事例は、昔からある食にまつわる恐怖とは全く異なっている。これらは、事故による汚染や設備の不具合——たとえば、缶詰の具材が適切に加熱されておらず、ボツリヌス中毒を引き起こす——によって生じたのではない。そうではなく、これらは、工業的農業の「最適実践」——人に犠牲を払わせながら、食品を安く効率的に生産するために設計された実践——によって生じたのである。

　1980年代を通じて、食にまつわる恐怖はアメリカの日常生活の一部となった。サルモネラ菌、旋毛虫病、大腸菌、ボツリヌス中毒、農薬といった用語がごく普

通のものになった。1980年代末には、恐慌状態になった。1989年2月に、環境保護局は、アラール（Alar）というブランド名で販売されていた化学物質ダミノジッド［植物成長コントロール剤］が発癌性物質であるとして、市場から撤去する準備を始めた。アラールは、主にリンゴの着色を促進し、均一性を高めるために適用されていた。この化学物質が用いられていたのは、アメリカ産の赤色リンゴのわずか5％にすぎなかったのだが、消費者の反応は空前のものだった。

　天然資源防御協議会（the Natural Resource Defense Council, NRDC）の報告書は、「未就学児がこの発癌性物質を平均的に摂取した場合の発癌リスクは、生涯を通じて曝された場合に環境保護局が許容範囲内としている発癌リスクの240倍以上になる」ことを明らかにした（Oakes 1989）。消費者はパニックに陥った。ニューヨークやロサンゼルスの例に倣って、「アトランタ、サンフランシスコ、シカゴ、およびその他の数十の都市の学校で、リンゴの提供が中止された」（Associated Press 1989a）。農務省はリンゴ価格を支持するために、1,500万ドル相当のリンゴを学校給食、刑務所、食料援助向けに、農家や加工業者から買い取った（Associated Press 1989c）。この農薬を使用していた多くの農家は市場から締め出され、リンゴ加工業者が目の当たりにしたのは、その販売の急速な落ち込みであった。ほんの一夜にして、健康的なおやつだった慣行栽培のリンゴは毒リンゴに変わったのである。

　アメリカの食料供給の安全性が疑問視されるようになってから、有機食品は完璧なオルタナティブとして注目された。化学薬品の投入ではなく、環境に配慮した方法で生産された食品は、残留農薬に対する懸念を引き起こすことがない。その結果、有機食品が初めて、アメリカ人の食に対する意識の本流に登場したのである。安全でない食品が食品小売店のいたるところで見つかったため、消費者はその拡大に抵抗した。かつては因習打破主義者、反資本主義者、ヒッピーらのものだった有機食品は、こうして食の安全性に懸念を持つ親の宝庫になった。有機食品は安全でオルタナティブな食品になったのだ。

　有機食品運動の人気の広がりが明らかなものになった。1989年に行われた全米の調査によると、回答者の84％が選択可能であれば有機食品を購入する、50％近くがより高い価格を支払う意志があると答えた（Associated Press 1989b）。1990年までに、アメリカの有機食品の売上げは10億ドルに達したと推計されている

（Organic Trade Association 2011）。しかし、有機食品はいまだにオルタナティブにとどまっている。1980年代には、安全でないとされた慣行食品に対する新たな抵抗運動の波が起き、幅広い消費者に支持されたのであるが、食品企業はまだ変革を求める声に対して敵対的な姿勢を崩していなかった。EDBの事例が明らかにしたように、アグリビジネスは自らのやり方が安全性を欠いていたことを認めるのではなく、告訴する道を選んだ。アラールによる恐怖は、同時に化学産業側からの対抗的措置を誘発した（Oakes 1989）。企業側がこの化学物質を断念したのは、消費者の抵抗がきわめて大きくなったからにすぎない。有機食品はまだ現状に対する挑戦だったが、その状態もそれほど長いものではなかった。

　有機農業が始まった1920年代から、盛んになった1960年代にかけて、有機農業は農場や食卓における工業の地位に攻撃を加えるものであった。確かに、有機運動はダイナミックな歴史変革の一部だった。初期の有機農業のパイオニアは社会的には保守層だったが、土壌だけでなく社会を汚染する化学肥料に抵抗した。反体制文化運動の時期の有機運動は、理論的には環境保護運動に属していた。この頃、化学合成農業資材の環境への影響はあまりにも明らかだったからである。最後に、1980年代を通じて、アメリカ人が安全性に問題がある食品群に抵抗しようと、食卓のあり方を変え始めたなかで有機運動が拡大した。こうした変化にもかかわらず、有機運動はやはり基本的には野党的地位に甘んじている。

　有機運動はこのように展開してきたが、それはどのような存在になったのだろうか。自らをオルタナティブと定義してきた運動は、どのようにして慣行食料システムの一部となり、アグリビジネスのまさにもう一つの要素となったのか。どのように「有機」は「主流」になったのだろうか。

訳注

1）人智学（anthroposophy）は、ルドルフ・シュタイナー（1861〜1925年）が唱えた神秘学。その母体となった神智学は、宇宙の構造とそのなかの人間の存在意義を神の意志の実現と考えた。シュタイナーは、この神智学から決別して、その精神世界をベースに、より理論的な体系をもった人智学を掲げた。藤原辰史『ナチス・ドイツの有機農業』（柏書房、2012年新装版）参照。
2）ニューエイジ（New Age）は、1960年代にアメリカ西海岸を中心に広がった霊（霊性・スピリチュアリティ）の進化を唱えた思想。旧来の物質文明が終わりを告げ、新たな霊的文明が勃興するという考えで、ヒッピーと呼ばれた若者に流行した。

3）反体制文化運動とは、現代の社会的規範と意識的にぶつかる新しい文化のことで、とくに伝統的な既成文化を拒否した1960〜70年代の若者文化をいう（『広辞苑』第5版、岩波書店、1998年）。
4）ヘイトアッシュベリー地区は、伝統や制度などの既成の価値観に縛られた人間生活を否定し、文明以前の野生生活への回帰を提唱する若者のヒッピー運動が、1960年代後半に発祥したとされるサンフランシスコの地区のひとつ。
5）コミュニティガーデンは、ニューヨークで1970年代に始まり、80年代に全米規模で盛んになった活動で、都市の空き地を利用した園芸活動を通じて、働く機会を非行少年に与えたり、周囲の貧困家庭に安全な食料を供給するなど、さまざまな形態がある。

第2章
主流になった有機農業

　有機運動のもっとも重要な出来事のなかでも、1990年は画期的な年だった。それは、有機運動の歴史全体が旋回した年だった。言い換えれば、この年は有機運動の隆盛の年とも、墜落の年とも言えるのである。1920年代にさかのぼる有機運動は、1990年まで約70年間続いてきた。数十年も続いてきた抵抗の歴史は、いかにしてわずか1年の出来事によって隆盛または墜落となったのだろうか。

　もちろん、1990年を有機運動の一大転機と断定するには、その年に起こったことだけでは完全とはいいがたい。忘れてはいけないのは、1990年には数十年続いてきた活発な活動と抵抗が頂点に達するとともに、アグロインダストリーが成長し、企業が有機運動のアイデアを吸収する動きが最高潮に達したことである。いずれにしろ、有機運動に関する本書では、1990年はきわめて重要なポイントである。祝福とも呪いとも受け取れるが、この年は有機食品運動が主流になる決定的な瞬間だった。1990年にアメリカ有機食品生産法（the U.S. Organic Foods Production Act, OFPA）が可決されたことで、有機食品はアメリカ農業経済の周縁部から、連邦政府によって認知されるとともに規制されるものになった。

　この過程で、有機運動を担ってきたNGOや活動家も議論のテーブルにつき、連邦政府の基準に有機農業の原理や実践を認知させようと闘った。それでも、多くの研究者が強調するのは、議論のテーブルについていたもう一つの主体——アグリビジネスの利益と呼ぼう——の相対的に強力なパワーが、有機農業の意味と実践を吸収するかたちで影響したことである（DuPuis and Gillon 2009; Guthman 2003; Jaffee and Howard 2010; Johnston, Biro, and MacKendrick 2009）。これが示しているのは、企業が連邦政府の有機基準を乗っ取る陰謀をめぐらせたとか、この基準が有機運動の主体に一杯食わせたということではない。実際、調整の過程で連邦政府の基準は、有機農業コミュニティのメンバーから支持され、受け入れられたのである。それにもかかわらず研究者が明らかにしたのは、最終的に施行された連邦政府の有機基準が、運動の声をしばしば抑え込んでしまったこと（DuPuis and Gillon 2009）、そして、工業的農業の主体が有機部門への進出と支

配を強めることで、アメリカの有機農業の構造を根本から変えてしまったことである（DeLind 2000; Guthman 2004c）。ここでの私たちの主要な関心は、この一連の変化と——有機市場の変化に影響を与える不均衡なパワーを持っていた主体——である。この変化は、有機市場の構造の二極分化を生み出すことにつながった。その結果、この変化は、今日の有機農家が良好なマッチングに成功するためには懸命にならざるをえないという状況を生み出した。

結果はともかく、有機食品生産法だけをとってみれば、それは相対的に有益にみえる。連邦議会がこの法律を承認した意図はたいへん分かりやすい。すなわち、有機食品を統治する国の基準を作り、有機食品が首尾一貫した基準に合致していることを消費者に保証し、有機的に生産された生鮮または加工食品の州間の取引を促進することである（OFPA 1990, Title XXI, 2102）。しかしながら、この法律の登場は、有機運動の内と外で活動するさまざまな強力な社会的勢力の働きかけによるものだと解釈することもできる。

何をもってOFPAが、それほど強力に有機農業を「主流」食料生産システムに編入したといえるのだろうか。考えてみると、私たちの生活のほとんどの場面は何らかの方法で規制されている。私たちが運転する道路、服用する薬、食事をするレストランはすべて規制されている。私たちの生活で、政府の管理から逃れる道はないようだ。政府の規制と関わらないために自宅に閉じこもったとしても、この試みは失敗する運命にある。自宅さえも、居住性に関する規制を受けているからだ。有機食品生産法の重要な意義を理解するためには、有機運動に一大転機をもたらした過程と圧力、およびそれ以来、私たちがどこにたどり着いたのかを検証する必要がある。

有機農業を規制する

有機農業の歴史における1990年の重要な意義は、この年に連邦政府が「有機農業」とはどのようなものかについて明確な立場をとったことである。OFPAは、有機運動を規制したのではない。そうではなく、この法律は「州間の取引」を促進するために、「首尾一貫した基準」に基づく狭義の有機農業について規定したのである（OFPA 1990, Title XXI, 2102）。このような基準が必要だと思われたのは、その時まで有機農業は「不安定」とも呼べる市場のもとにあったからだ。「不

安定な」というのは、有機食品の分類、価格、および共通性について明確な定義がなされていなかったからだ。すでに見たように、有機運動は保守派からリベラル派、ラッダイト運動参加者から環境終末論者まで、幅広い哲学的立場の人々によって担われてきた。このような有機農業に対する理解の哲学的な幅の広さが、経済的取引に必要な共通性を有機食品に与えることをむずかしくしていた。

物事を単純化する人たちは見誤っているが、有機食品生産法は連邦政府による最初の有機農業関連政策ではなかった。それどころか政府による有機運動への関与は、反体制文化運動や食への恐怖によって高まった有機食品への消費者の関心の波を受けて、1980年代初頭に始まっていた。政府が有機農業について最初の包括的な検討を行ったのは、1990年の一大転機から10年前の1980年に、農務省の『有機農業に関する報告および勧告』が発表された時である。

この報告書の序文で、農務長官ボブ・バーグランドは、連邦政府が有機農業に関心を持つ背景となった社会的影響力について語っている。彼によれば、「有機農法に関する情報とアドバイスが農務省にますます要請されている。エネルギー不足、食の安全性、環境問題により、有機農業の技術に関するより包括的な情報を求める声が高まっているのだ」（USDA 1980, iii）。換言すれば、高まる有機農業の正当性をけん引した力の多くは、運動の外部にあった社会問題と関係があった。というよりも、このような力によって有機運動はますます全米の政治的かつ経済的な注目を浴びるようになったのである。

この1980年の報告書は、有機農業の投入材よりも生産過程に着目して、包括的な定義を行った。報告書の目的に照らして、有機農業は以下のようなシステムとして定義された。すなわち、有機農業システムは、輪作、作物残渣、家畜堆肥、マメ科植物、緑肥、農場外の有機廃棄物、機械耕作、ミネラル類を含む鉱物、生物学的病害虫管理の利用を可能な限り行って、土壌の生産性と表土を維持し、作物に養分を与え、昆虫、雑草、およびその他の病害を管理するものである（USDA 1980, xii）。主として初期有機農業のパイオニアの意見に依拠した結果、この定義は作物だけでなく、農業システム全体に栄養を与え、補給する行為を強調している。さらにこの報告書は、有機運動が多様な解釈を受け入れる幅広い哲学とともに受け継がれてきたのだとしている。

このように有機農業生産システムを生産過程をベースに認識した結果、有機農

業は「実践、姿勢、および哲学の領域」の問題だとされた（USDA 1980, xii）。実際、この1980年の報告書は、有機農業を**アプリオリ**に定義することからは始めていない。その代りに、報告書を執筆した研究者らは、調査に協力した69戸の農家からの「聞き取りで、有機農業の農学的に重要な要素や有機農業技術の特徴を明らかにしたい」と考えたのである（Youngberg and DeMuth 2013, 303）。したがって、限られた量ではあるが農薬や化学肥料を使っており、今日では有機農業認証を受けられない農家も、この報告書の定義では有機農家とされている。

　1980年に農務省がこの報告書を発表した当時は、有機農業に明確な定義を与えることはむずかしかった。実際、この定義は常に難しい問題だったのである。1946年にアルバート・ハワード卿は、農薬や化学肥料の使用をしっかり禁止しないことを懸念して、土壌協会への参加を断っている（Reed 2001）。さらに、1980年の報告書の目的は、有機農業に唯一の定義を与えることよりも、はるかに広範囲にわたっていた。農務省は報告書に対して、「どのようにすれば有機農業の実践を慣行農業生産システムに組み入れることができるか、可能な限りの検討」を求めた。それによって、「アメリカ農業を悩ませ始めたいくつかの問題の緩和をめざした」のである（Youngberg and DeMuth 2013, 303）。実際、「有機」という言葉の意味はたいへん幅広いものであった。それでも、エコロジカルなシステムとしての農場の持続性や良好な管理といった有機運動の原理は、共通性に乏しい実践にまとまった形を与えるものだと理解されたのである。

　1980年の農務省の報告書は、オルタナティブな農業システムとして有機農業の正当性が高まったことを反映していたが、有機の市場をどう定義するかにはほとんど貢献しなかった。それでもこの有機農業の正当性は、少なくとも連邦政府の中では長続きしなかった。ミネソタ州の農家生まれのバーグランド長官は、彼の近隣の1,500エーカーの有機農場が成功したことに影響を受けていたが、1981年にレーガン政権が誕生すると新しい農務長官はジョン・ブロックになった。ブロック新長官は、養豚と穀作の大規模農家で、1980年の農務省報告書そのものに反対であった（Youngberg and DeMuth 2013）。ブロック長官の指揮下で、「農務省の新指導部はこの報告書を農務省発表のものとせず、『有機農業』という用語は公的には（再び）タブーとなった」（Lipson 1997）。多くの人が、この報告書は、有機農業に対する農務省のアプローチが変化する契機になるものと期待していた

のだが、報告書は、「環境に対する責任という『イデオロギー』」を問題にし、また「『ホリスティックな』研究や教育」が必要だとして、ただ批判をあおるだけに終わったのである（ibid.）。

　1980年の報告書に携わった農務省職員もまた、レーガン政権下では配置転換された。農務省の有機農業研究チームのリーダーとして報告書を執筆したガース・ヤングバーグは、報告書の所見を受けて新設された役職である農務省有機農業コーディネーターに任命されていた。そのわずか1年後に、レーガン政権の下で、彼は1980年の報告書に関連した仕事に従事できる時間を就業時間の半分に減らされた。さらにその1年後、ヤングバーグは解任され、その役職も廃止された（Youngberg and DeMuth 2013）。

有機農業の台頭を恐れる―農業改革から消費者の選択へ―

　『有機農業に関する報告および勧告』の発表からちょうど2年後の1982年に、合衆国下院で「1982年有機農業法」案が提案された。この法案には、農家が有機農業に関する知識を得られるように、全米各地6か所の研究センターの設立が盛り込まれていた。しかし、農務省はそのような研究センターの予算は確保できないとして、この法案を支持しなかった（League of Conservation Voters 1983, 19-20）。森林・家族農業・エネルギー小委員会に先立って行われた連邦議会の聴取に際して、農務省管轄下の米国農業研究部（USDA's Agricultural Research Service）のテリー・キニー博士は、農務省は法案の提案内容に「共感して」いたのだと証言している。しかし、法案質疑においては、幾人もの上院議員が疑念を抱いた。たとえば、カリフォルニア州選出のジョージ・ブラウン議員はこう述べている。1980年の『有機農業に関する報告および勧告』によって有機農法に対する慎重ではあったが積極的な評価がなされたことで、「有機農業に対する反発も生まれることになったことに当惑している」（U.S. Congress 1982, 14）。続いてブラウンはキニー博士に対して、1980年の報告書を破棄しようという意図がありえたこと、また、有機農業に関する好意的な研究を農務省が抑制したというキニー陳述について質問した。

　この聴取を通じて、農務省内の有機農業をめぐる緊張が高まった。たとえば、サウスダコタ州選出のトム・ダシュル議員は、『農業コンサルタント』誌の記事

に言及した。この記事では、ブロック農務長官が「現政権では、この見通しのないタイプの研究をフォローアップするようなことはない」ことを保証すると述べたことが引き合いに出されている。ここで言う「見通しのない」とは、有機農業の研究のことである（U.S. Congress 1982, 14）。キニー博士は、ブロック長官のそうした保証は法案に「共感」していた農務省の公式の立場と相いれないと主張したのだが、ダシュル議員が主張したのは、ブロック長官の考えがキニー博士の証言とまったく矛盾がないということであった。農務省は、わずか2年前に有益であると報告された農法に予算を付けることを渋っていた。ダシュル議員は、「あなたが我々に対して主張している内容と、あなたが一連の質問に対して答えている内容はまったく違っているではないか」と断定した（ibid. 16）。

　レーガン政権による政変により、有機農業に対する連邦政府の取組みは劇的に変化した。1980年の農務省の報告書がめざしたのは、アメリカ中の農業セクターで行われていた環境破壊的な農法を抑え、主流農業に有機農業の原則を組み込むことを可能にするために、有機農業原理についての研究と支援を拡大することであった。レーガン政権下で1980年の報告書は拒絶され、有機農業に関する議論はニッチ市場の設置が必要だといった限られた問題に移った。このような転換は、この時代に始まった幅広い新自由主義的農業計画と完全に一致するものであった。

　レーガン政権下における農業一般の目標は、「生産に関する決定と市場価格についての政府の影響を弱め、農業における市場メカニズムを束縛から解放する」ことだった（Winders 2009, 160）。それがめざしたのは、1980年の報告書が提示したアメリカ農業システム全体のための新しい基準の創設ではなかったのだ（Youngberg and DeMuth 2013, 303）。レーガン政権が推進したのは1980年の報告書で描かれた有機の取組みを否定し、市場による問題解決と選択肢を増やすという「消費者主権」強化政策優位の計画であった。ニッチ市場として再構築されることで、有機はプレミア価格を支払う意思と能力を持ち合わせた消費者に対するオルタナティブとなった。同時に、一般の消費者は規制の少ない慣行食料システムに取り残された（Guthman 2011）。農業財政支出削減というレーガン政権の試みは、みじめな失敗であったが（実際のところ、1986年には過去最高の260億ドル近くに達した）、工業にやさしい「有機」の定義を押し出すことで、アグロインダストリー企業のために新しい高収益市場を創造することでは成功した。

1982年の議会聴取では、有機運動のNGOさえ、有機農業を投入材のいかんによって狭く限定して定義することがさしあたり必要だと考えていた。たとえば、カリフォルニア州農場管理協会のデビー・ウェクスラーはこう証言した。「おそらく、唯一可能な定義は、『有機農業』は化学肥料や農薬といった合成化学物質を用いないということだろう。『慣行農業』も輪作、マメ科植物による窒素固定、家畜糞尿、農業用石灰などを、他の利用できる技術とともに使ってきたし、これからも使い続けるだろう。このように有機農業と慣行農業の間に技術上の連続性があるなかで、有機農業を他の生産方法とイデオロギー的に区別する線引きをどこですればよいというのか」(U.S. Congress 1982, 118)。

　ウェクスラーの証言は、1980年の農務省報告書で指摘されたほとんどすべての有機農業の特徴を問題にしていた。有機農業を理解するための生産過程ベースのモデル——それはまさに運動のなかで形成されたモデルだった——では、農業産業にまともな市場を創出することができなかった。そのモデルはあまりにもイデオロギーが強すぎ、あまりにも多様なやり方があった。ウェクスラーが言うように、「飼料用のマメ科アルファルファを輪作に組み込むかどうかは、イデオロギーとは関わりがない」(U.S. Congress 1982, 119)。連邦政府の支援——とくに協同改良普及センター[1]を通じた研究とオルタナティブな農業プログラム——を受けるためには、有機農法の具体的な定義が必要だということを、多くの有機運動関係者も認識していた。

　かくして1980年の議論と規制の失敗をふまえて、1990年の有機食品生産法という画期的な展開にいたる基礎がつくられた。1980年代を通じて、いくつもの要因があって有機農業は拡大し続けた。第1に、1970年代の反体制文化運動が、前の世代の有機運動を再活性化し、現代の文化的意義に新たな命を吹き込んだ。さらに、エネルギー不足や化学的投入材の価格上昇といった経済的条件により、小規模な慣行農場の利益率はさらに減少していた。同時に、有機食品の市場は、消費者の環境問題への関心の高まりや、健康や慣行食品の安全性に関する不安から、爆発的に拡大していった。

　このような急成長はあったものの、有機市場はまだ基本的に不安定な状態だった。それは、有機運動の生産過程ベースの定義が、より広範な農業市場の中で取引できる共通性を持った有機商品を生み出すことに、あまり貢献しなかったこと

による。いまだに有機食品の基準が、有機運動の主体によって生み出された各地域独自の基準の寄せ集めの状態だったために、基準が一貫性を欠いていたのである。したがって、1990年の画期的な法律は、哲学的想定にもとづく生産過程ベースの漠然とした基準を、首尾一貫した合理的な基準に置き換え、市場を安定化するという連邦政府の試みだったと見なすことができる。デリンドの言うように、「アグリビジネスのリーダー、環境保護主義者、消費者、加工業者、そして有機農家自身が」、連邦政府の基準を支持するために行動した。彼らは、「基準がいろいろあり過ぎて、有機産業内部の流動性も消費者に与える混乱も大きすぎた」と信じていた（DeLind 2000, 199）。この状態を変えるため、連邦政府の基準は、生産と消費のオルタナティブなシステムを主流農業内部のニッチ市場にする手段になった。

1990年に策定・施行されたOFPAは、有機農業が「実践、姿勢、および哲学の領域」（USDA 1980, xii）だとする見解は採用せず、明確に投入材ベースのアプローチで有機農業を定義した。そして、NGOや有機農家の多くが努力したのは連邦政府の基準に合致することであったが、一部の人びとは有機農業をやる権利を剥奪されたと感じるようになった。たとえば、デリンドはある有機農家の言い分を紹介している。「この『新しい』農業関連法が制定され、全米対象の有機認証プログラムが導入されたとき、有機農家はこれは自分たちの勝利だと受け止めたが、残念ながら私が有機運動に別れを告げたのも同じ時であった」（DeLind 2000, 199）。OFPAで有機と認定されるためには、「合成化学物質を使用せずに生産され、処理された」食品でなければならない（OFPA 1990, Title XXI, ss2105）。こうなると、有機運動がもっていたニュアンス、つまり微妙な差異は単に化学物質を避けるという点に還元されてしまう―すなわち、有機にあった哲学、反体制文化的価値観、ライフスタイルの選択、コミュニティへの関心といったことは、すべて付随的なものになってしまう―と主張する者もいる（DeLind 2000; Guthman 2004c）。もちろん、哲学的背景を持つ農法でも、合成化学物質を使用しないことも可能である。しかし、そうでない場合もある。正にそこが問題なのだ。議論はこう続く。プロセスの多様性によって経済的共通性が希薄になるのに対して、化学投入材の使用を排除するという視点は、市場に有機運動の「最小公約数」をもたらすものとなった（Howard 2009, 14）。

1990年の有機食品生産法の全条文の中で、有機農業についての生産過程ベースの領域の定義が1回だけ登場する。それが、「有機計画」という比較的小さな項目である。この条文によると、農家は、土壌肥沃度の維持、堆肥利用ガイドライン、家畜への配慮、有機の規範を確実に実行するための取扱措置、さらに雑草管理について、詳細な計画書を作成しなければならない（OFPA 1990, Title XXI, §2113）。しかし、計画策定者のための具体的なガイドラインについては、一切記述がない。1982年の議論についてみたように、有機農業のプロセスは本来、慣行農法と矛盾する。農法の背景にあるイデオロギー——すなわち農業に対するホリスティックでアグロエコロジカルなアプローチ——は、歴史的に有機農業と慣行農業を区別するものだった。ところが、「有機計画」が認定に必要な条件を満たすためには、有機食品生産法と矛盾する行為をしなければよいということになった。つまり、どうぞ化学物質は使わないでください、ということになる（ibid. §2102）。

繰り返しになるが、有機農業を主流農業に組み入れるために、投入材の話になったのだ。その結果、有機食品生産法では、有機生産に使用可能な物質と不可能な物質を決定するためのプロセスが定められた。首尾一貫した基準策定のために、農務省は全米共通の使用許可・禁止物質リストを作成する役割を担うことになった。このリスト作成の目的は、使用許可・禁止物質を指定することで正当な有機について定めることで、推量による曖昧さを排することだった（OFPA 1990, Title XXI, §2118）。このリストの作成で、有機農業の認定におけるリトマス試験紙が出来上がった。禁止化学物質を使用していなければ、有機農家として認定されることになったのである。

もう一度言うが、この基準は、有機農家やより幅広い有機運動が目標としたものと本質的に食い違っているわけではない。これらの団体は、連邦政府の有機基準が必要だと主張してきた。また、1990年までに40の州と地域で有機認証プログラムを策定するために努力してきた（Jaffee and Howard 2010）。確かに、「有機農家は、彼らの農法や農産物の規準を保証する基準が必要だとずっと考えてきたのである」（DeLind 2000, 198）。しかし、1990年の有機食品生産法がしだいに施行されていくと、有機運動に携わる人たちの多くは、これは底辺に向かう競争になると感じて、反対することになる。

主流になった有機農業は何を避けたか

　1990年のOFPAの立法は、オルタナティブなライフスタイルから台頭する産業への移行プロセスにあった有機農業システムを先取りして規制するための取組みであった。そもそも、この法律は何をもって「有機」とするかを定義した最後の法律ではなかった。その後の展開のなかで新たな規制が作られるとき、再び「生産過程」が議論の俎上に上った。たとえば、1995年に全国有機基準委員会（the National Organic Standards Board, NOSB）は、有機農業を「生物多様性、生物学的サイクル、土壌の生物活動を促進・強化するエコロジカルな生産管理システム」と定義した（Gold 2007）。しかし、規制案が起草されてすぐに明らかになったのは、表現は変えられていても、その裏側には、有機農業を投入材ベースでみる見方が生きていたことである。

　投入材ベースのアプローチが採用されたといっても、連邦政府の有機基準の策定過程は、「有機」という用語の意味が希薄化するよう企業が影響を与えた話にすぎないと見るべきではない。有機運動の活動家や研究者の多くにとってはそのような結果に見えたのだが。ジョアン・ガソウ—1996年から2001年にかけて、全国有機基準委員会で顧問と消費者・公益の代弁者を務めた—は、「持続可能な農業を定義することはできないが、有機農業は定義されようとしている。その定義とは、農業食品産業にとって有益な定義である」と述べた（DeLind 2000, 199に引用）。それでも、この連邦政府の有機基準の策定過程は議論を呼ぶことになった。そして、活動家、農家、および消費者は、—ある程度—その基準づくりの方向性を変えることにも貢献した。農務省が起案し、1997年12月16日に公布された基準に対する消費者の抵抗はきわめて明確であった。

　農務省が起草した基準では、有機農家は「腐敗やバクテリア汚染をコントロールするための食品への放射線照射、土壌改良剤としての下水ヘドロ、遺伝子組み換え作物」を利用することができるというものであった。この基準は他の多くの点でも、有機運動に携わる多くの者が、拡大する有機セクターが連邦政府の管理と規制により守られることが望ましいと考える原理から逸脱していた（DeLind 2000, 199）。消費者、農家、および有機運動NGOの反応は、前例のないものだった。公告とパブリックコメントの期間に、27万5,000を超える意見が寄せられた。こ

の集中的な批判を受けて、農務省は提案した基準を取り下げることになった。

　どのように有機農業を定義するかについて国民の抵抗が起きたとき、農務省の前副長官であったキャスリーン・メリガンが重要な役割を果たした。メリガンは、パトリック・リーヒィ上院議員の下でOFPAの起草と、農務省農産物販売部（the USDA Agricultural Marketing Service）の担当者としてOFPAの基準の改定と施行の双方に責任を負っていた。その結果、メリガンは「この仕事をうまくやり遂げたことから、よく『全米有機プログラムの助産師』と呼ばれた」（Lohr 2009, 2）。全米有機基準が施行された後でさえ、2009年にオバマ大統領がメリガンを農務省副長官に任命したことにより、農務省の有機食品に対する一面的な考えにひびを入れることができるのではないかと活動家は期待したのである（ibid.）。このことは、有機基準の改定に際して、有機農業のイデオロギーと実践からひどい逸脱をさせないという点で、彼女の影響力が続いていたことを示す証拠である。

　農務省が1990年法で義務化した有機基準がようやく施行されたのは、2000年になってからだった。メリガンが監督して改定したこともあって、基準は最終的により受け入れやすい形態になった。それでも、農務省によって最終的に採用された規制農産物が連邦政府によって有機と認められるには、全米共通の使用許可・禁止物質リスト（the National List of Allowed and Prohibited Substances）によらねばならなかった。1990年のOFPAにより義務化された全国リストは、新しい主流の有機農業にとっての境界線として機能するよう意図されていた。しかし、最終的な規則が2000年に施行されるまで、多くの合成物質が規制を免れていた。多くの合成物質の免除の狙いは、施肥と病害管理を容易にする、もしくは十分な量の有機原料を確保できないとか、全国流通には保存が問題であるといった事情に有機食品の製造業者が対応できるようにすることであった。

　農業経営のための規制減免の一部は、比較的有益で実践的にみえる。たとえば、カラーや光沢のあるインクを使っていない新聞紙をマルチとして利用することなどである（OFPA 1990, Title VII, ss205.601）。しかし、その他の使用を許可された物質には問題がある。たとえば、全国リストでは硫酸銅をバクテリアや菌類による病害に有効だとして、規制から除外している。環境庁は硫酸銅を高い毒性があるとして、第1級の農薬に分類しているが（Extension Toxicology Network

1996)、全国有機プログラムは「土壌中の銅の蓄積を最小限にする方法であれば、その使用は」受け入れられるとしている（OFPA 1990, Title VII, §205.601）。

硫酸銅の毒性は、土壌中の蓄積で問題が大きいとされるが、見たところ全国リストは、その使用を農家の判断に任せている。全国リストが硫酸銅の使用を禁止していない—したがって硫酸銅を使用しても有機になる—ということは、有機農業が他の化学殺菌剤を使用する慣行農業よりも安全だとはいいがたいということになる。銅散布はミツバチに有害なことがわかっているが、硫酸銅の流出によって魚類や水生無脊椎動物にも「きわめて有毒」なものになる（Caldwell 他 2005, 91-92）。土壌中の銅の蓄積による深刻な危険性を考慮して、毒性学の報告書は「果樹園に銅を含む殺菌剤を大量に施用すると、ミミズなどの大型の土壌微生物を含むほとんどの動物は生きられない」と注意している（Extension Toxicology Network 1996）。

農場で使用が認められている多様な化学物質に加えて、有機食品の加工用に認められているその他の化学物質を考慮すると、有機の今日的意味はますます複雑になる。たとえば、非有機ホップの有機ビール醸造への利用は公式に認められている（OFPA 1990, Title VII, §205.606）。これは、ホップが1本のビールの5%未満の原材料であり、製品中の含有量がごくわずかだからである。ホップの事例は長らく注目を集めたが、それは、「全国リスト容認のその他の含有量が少ない原材料は、食品製造の主要な原材料というより、食品由来の有機でない香料や食用着色料（ニンジン由来のアナート色素など）である傾向があった」からだ（DuPuis and Gillon 2009, 51）。その他の重要な事例としては、ソーセージの皮にする腸、トルコ・ベイリーフ〔ローリエ、乾燥させたゲッケイジュの葉〕、チポトレ・トウガラシ〔メキシコ料理で使われる燻製のチリトウガラシ〕、冷凍レモングラス、および国産コーンスターチがある（205.606）。このような規制を免れた農産物以外にも、44種類の合成化学物質が正式に全国リストで使用を認められており、それらを使用した製品には有機認証ラベルが許されているのである。

有機運動の多くの支持者にすれば、これが慣行のアグリビジネスにとって好都合だったことはあまりにも明らかだった。有機運動のメッセージが、農業システムのあり方ではなくて禁止化学物質のリストに矮小化されただけでなく、多くの化学物質が主流の有機農産物に持ち込まれたのである。さらに、もしチポトレ・

第2章　主流になった有機農業　53

トウガラシ、ソーセージの皮にする腸、および国産コーンスターチのような原料—それらはいずれも有機的に生産できる—が、有機食品の製造に使われたら、有機ラベルはいったい何を意味するのか。さらに連邦政府が有機食品用に使用を許可している合成化学物質44種を問題にすれば、この疑問への答えはさらに内容のないものになる。

　確かに、こうした例外は「副成分」だけに認められたものであるし、対象となる非有機の原料用農産物は、「商業的に有機のものが入手」できない場合に限って許可されるものだ（OFPA 1990, Title VII, §205.606）。しかし、この論理はかなりいいかげんで手前勝手であろう。有機の冷凍レモングラス、トウガラシ、および国産コーンスターチが、商業的に入手できないといった理由はどこにもない。もし有機食品の製造に有機栽培原料のみの使用が許可されるならば、それは有機栽培原料の市場を創出することになるのではないか。多くの人が主張しているように、逆にこのような例外を設けることで、オルタナティブとしての有機の価値は弱められてしまう。例外を設ければ、有機栽培原料は商業的に利益が上がるものにはならず、したがって入手も可能にならないからだ（DuPuis and Gillon 2009）。ホップの場合、「以前は小規模な醸造所が有機ビール原料に有機ホップを使っていたが、もはやその必要はなくなった」（ibid. 51）。法律による有機農業の「主流化」は、有機農業を周縁的なオルタナティブの実践から、連邦政府に認知された主流農業の中のニッチ市場に移行させただけではない。主流の農法—および主流の農産物—を有機ラベルの枠内に組み入れることを積極的に追求したものだったのだ。

　メイン州で認証を取得した有機ブルーベリー農家アーサー・ハーヴェイは、2002年に消費者として農務省を告訴した。彼は、農務省が採用した有機基準が、1990年のOFPAの明確な趣旨と矛盾していると主張したのである（DuPuis and Gillon 2009, 47）。もし1990年法がいずれの点でも明確であったなら、有機ラベルを付したものに合成物質を用いることはできないはずだ。最初、ハーヴェイは敗訴したが、上訴して3つの訴因で勝訴した。ニューヨーク・タイムズ紙が報じたところによると、「この決定は多くの有機食品メーカーの背筋を震え上がらせるものだった」（Warner 2005）。いずれにしろ、この決定は新しい分野の市場を創出することが、いかに議論を巻き起こすかを示すものであった。イデオロギー

の範疇にあるものを経済的に利益の上がるものに作り変えるのは、決して自動的にできるものではなく、実に骨が折れる仕事なのだ。

　近年、ハーヴェイの事例が研究者から注目されている。デュピィとジロンは、ハーヴェイの事例についてこう述べている。「これは、有機を基準として定義したい勢力と、有機をオルタナティブな統治形態としてより慎重に定義したい勢力の間の市民的葛藤である」(ibid. 48)。彼らは、「慎重に生産過程」を「線引きする」ことによって、有機食品を消費者がプレミア価格で購入したいと思うような商品として維持する必要があると強調している。有機農業の定義をめぐる歴史は、実践という領域にとどまらない。有機の意味の創造とは論争の過程であり、抵抗の過程でもあったのである。

　ハーヴェイの事例は、つまるところ、有機を法律で排他的に定義することに対する挑戦だった。これは、境界線を引く作業の一例であり、また、何が有機のカテゴリーに含まれ、何が含まれないのかを争う共同作業の一例でもあった。ハーヴェイは勝利したが、それは闘いのひとつに過ぎなかった。彼の勝利によって、有機の境界線を決める作業が有機運動の側に開かれたものになったというわけではなかった。農務省は1990年のOFPAと2000年の全国リストが「矛盾する」ことを認めていた。しかし、有機産業のロビー団体である有機トレード協会（the Organic Trade Association, OTA）に誘導されて、連邦議会は2006年の農務省予算案に全国リストの法制化を組み込んだ。それがアーサー・ハーヴェイに提訴させることになったのである。この「矛盾」を解決するために、議会は「ハーヴェイが勝訴した3つ目の訴因を覆して、合成化学物資を有機食品に使用することを認め、『使用例が増えている』有機食品への非有機農産物の添加を正当化した」(DuPuis and Gillon 2009, 50; Jaffee and Howard 2010も参考)。有機トレード協会は、この注目すべき連邦予算案への追加を「思慮のある、かなり控えめな法的行為」だとしている。この追加は、OTA追加条項として知られることになった(DuPuis and Gillon 2009, 49)。

　いくつかの理由から、このOTA追加条項は本書の議論できわめて重要である。第1に、この追加条項は、運動の哲学的核心を共通性のある市場の一部門に安定的に取り込むことで、有機農業を劇的に変化させた。歴史的にみれば、有機農業は主流の食料システムとは異なる選択を行う農家の取組みだった。そしてそれは、

工業化、環境破壊、および安全ではない農法に抵抗する方法だった（Jaffee and Howard 2010）。シュタイナーやハワード以来の有機の支持者は農業問題の解決のために化学的解決策の利用を避けてきたのではあるが、有機農業が意味していたのは特定の化学物質を避けることだけではなかった。有機のパイオニアは、何の疑いもなく近代的農業の成長を受け入れることはしなかった。有機農業は、生産量の増加だけを求める農業発展に対するオルタナティブなビジョンを描くことをめざしていたのである。

しかし、有機トレード協会が連邦議会に対して有機農業の境界線についてロビー活動を行ったとき、協会が主張したのは「市場主導型の成長は、有機農家や有機食品製造業者が一般の農家や食品製造業者と同じ土俵で競争して初めて可能になる」ということであった。（OTA 2005）。OFPAと同様にOTA追加条項によって、有機農業は主流のアグリビジネスが参加できるニッチ市場に鋳直された。この追加条項による再定義は、有機のパイオニアがリードした「工業的農業に対するエコロジカルな視点からの批判」とは基本的に対立する（Jaffee and Howard 2010, 397）。ウォルマートの取締役ブルース・ピーターソンは、後にこう述べている。「有機農業は単にもうひとつの農法だ。より良いものでも、より悪いものでもない」（Warner 2005）。この有機農業の法制化によって、有機農業は、企業にとって都合のよいもの—ユニークな産品だがより良い産品ではない—を消費者に提供する手法に鋳直されたにすぎない。

さらに、OTA追加条項は、有機農業運動のメンバーの農法が「真に」意味するものに影響を与えることで、彼らをますます排除していくことが明らかになった。アイオワ州選出の民主党議員トム・ハーキンは、非公開の委員会でOTA追加条項導入のための予算支出法案を決定した議員を厳しく非難し、上院議会についてこう述べている。「OFPAの改正は、閉ざされた扉の向こうで決定され、議会ではただの一度も議論されなかった。それは、大手食品加工企業の要請によるもので、有機農業コミュニティの利益になるような妥協点を求めるものではなかった。条項の法律への追加を急いだため、法改正は十分審議されず、法律の抜け穴を塞ぐことも、コンセンサスを得ることもできず、結果として全国有機プログラムの規準が浸食されることになった」（DuPuis and Gillon 2009, 49）。農務省を告訴したメイン州のブルーベリー農家ハーヴェイは、改正法の下で有機農家と

しては認定されなかった。さらに連邦議会は、ハーヴェイが争った法廷の決定を無効にしたのである。

　もはや有機運動が何を有機とするかの境界線を設定できないとすると、それは大手企業の利益によって有機運動が押しやられてしまったことによる。ニューヨーク・タイムズ紙の記事によると、「ディーンフーズ社の子会社のホライゾン・オーガニック社やJ・M・スマッカー社、クヌーセン社、さらにサンタクルーズ有機ジュース社オーナーは、有機トレード協会の成果を支持したと発言している」（Warner 2005）。クラフト社の多数株所有主アルトリア社は、この問題を扱っていたロビイストのアビゲイル・ブラント—OTA追加事項が議会を通過した当時の下院の多数派の代表の妻—を雇っていた（ibid.）。有機農業を主流農業に組み込むうえで、彼女ほどアグリビジネスの代理人として適任の人物がいたであろうか。

　有機農業の歴史は、アメリカのアグリビジネスにとって常に変わることのない挑戦のひとつだった。しかし、有機農業の定義を一般的な資材使用禁止制度に固定することで、有機本来の基本理念は脅かされることになった。有機を市場の一部門に転換させたのは、必然的なプロセスではまったくなかった。この変化の基礎になったのは1980年代の議論であり、それがその後の推移の土台を築いたのである。1990年の画期的なOFPAが分岐点であったとはいいがたい。一大転機は、数十年にわたる有機運動とその成長、そして最終的には有機の大規模農業システムへの編入から生まれた。1990年が決定的な瞬間だったとされることが多いが、そうではない。有機食品という市場の一部門を定着させるための努力は、その後何年も続いた。その間にOTA追加条項が議会を通過し、「有機」はアメリカの主流の食料システムにおけるニッチ市場としての役割をますます与えられることになる。

　ともかく投入材ベースの有機食品という共通性のある定義を確立することで、連邦政府は有機市場拡大の道筋をつけた。連邦政府が有機農業を公式に認知したことにより、すべての指標において有機産業はすさまじい成長の時代に突入した。1990年初頭から、有機小売販売額は毎年少なくとも20％の成長を遂げた。2000年以降は、2008年の不況時の低迷を除いて、安定的な成長を続けた。1990年以降、有機農業に向けられた農地面積も急速に拡大した。実際、1992年から97年にかけ

て、有機農業の作付面積は倍増して130万エーカーになった。1994年から99年にかけては、有機乳製品の販売額が500％も増加するなど、有機市場の成長には目を見張るものがあった（Dimitri and Greene 2002, iii）。

　さて、この論争はどこへ向かうのだろうか。論者のなかには、次のように主張する者も現れた。すなわち、有機農業の新たな時代、ウォルマートやホールフーズ、あるいは近所のどのスーパーマーケットでもスーパーマーケット有機が買える時代が来たのだと。

訳注
1) アメリカ合衆国の州の発展に寄与することを目的に連邦政府から付与された土地を資産として設立された「ランドグラント大学」（土地付与大学 Land Grant University）には、1862年に農業試験場（Agricultural Experimental Station）の設置が定められ、1914年のスミス・レーバー法で農務省とランドグラント大学が協同して協同普及事業（Cooperative Extension）を行うことになった。各州のすべてのカウンティ（郡）にこの事業にもとづく協同改良普及センターが設置され、農業専門家が配置されて農業改良普及事業が行われている（都市部では、農業に限らず、保健衛生の専門家が配置されている）。

第3章
スーパーマーケット有機はなぜ問題なのか

　アメリカ農務省のレポートによると、有機産業は2000年に画期的な局面を迎えた。「史上初めて、有機食品がもっとも多く買われるのが一般スーパーになった」というのである（Dimitri and Greene, 2002, iii）。「スーパーマーケット有機」とは、ただ単に、チェーン展開する食品小売業者の陳列棚や青果コーナーに並べる際に、求められる量と規模を有する農業システムで生産される有機食品を指すだけではない。そのようなフードシステムが培う社会関係の総体をも表している。スーパーマーケット有機は、米国の新たな規範となっており、これはきわめて大きな変化である。有機農産物は、今や大多数の米国人にとって、食料品店の陳列棚でよく見かける存在となっているが、それによって助長される社会的・経済的・環境的諸関係は、由緒ある有機運動の優先度からも、オルタナティブな農業像に関わる現代の数多くの小規模農家が抱く信条・実践からも、かけ離れてしまっている。視野がもっと広く、アグロエコロジー的で、コミュニティを基盤とする生産過程よりも、主に使用禁止の化学投入材の観点から有機農業が定義されるようになるにつれて、有機市場の領域は、工業的フードシステムの需要を満たせる大規模有機経営タイプが有利になる形に変わっていった。一部の人からすれば、小さな運動から手に負えない産業へのこうした転換は、より持続可能な有機像など「あまり重視しないか、あるいはないがしろにするような基準を確立・強化するプロセスをもたらすことになった。」（Jaffee and Howard 2010, 397）
　今日に至るまでの有機運動の歴史は、有機の活動家が抱くイデオロギーや倫理、実践が、しだいに変わってきたことを示している。近代有機農業が歩んできた2世紀もの間、有機食品生産に関わる数多くの問題について、歴史的には合意は存在していない。しかし、現代の規制の枠組みは、化学投入材にもっぱら焦点を絞るという点で、これまでにはなかったことである。こうした狭隘な焦点化によってないがしろにされてしまうのは、現代フードシステムの環境的・経済的・社会的な持続可能性についての幅広い関心、つまり、どのような形であれオルタナティブな有機農業像の動機となるような関心である。

現代の有機セクターの領域が推移してきたことについての考察に入る前に、今日の農家や消費者が受け継ぐようになった制度化された狭い有機の定義より視野の広いオルタナティブなフードシステム・イメージについて、それを構成しうるものは何かということを、もう一度検討しておくのが有益であろう。たいていのアグロエコロジストが合意しているのは、真に持続可能なオルタナティブ農業は、ただ単に合成化学資材の不使用だけでは定義できないということである（Altieri 1995）。むしろ、現在の工業的食料生産パラダイムに対するオルタナティブは、少なくとも環境的・経済的・社会的持続可能性についての幅広い関心を取り込んだものでなければならない（Agyeman and Evans 2004; Alkon 2008; Feenstra 2002; Follett 2009; Gillespie他 2007; Gliessman 2006）。持続可能なフードシステムが取り組まなければならない数多くの状況を踏まえれば、持続可能な農業実践を何らかの規範に則って定義するのは不可能であるし、有益ではなかろう（Hinrichs 2010）。しかし、農業における持続可能性のさまざまな側面は、果たしてどのように概念化されるようになったのだろうか。

有機農業を規制によって定義するよりは（たとえば、農務省が1980年に出した『有機農業についての報告と勧告』にみられるように）、まずその性質から捉えようとする見解と軌を一にするように、環境的に持続可能な農業システムに求められるのは、明確に定義された一連の実践よりもむしろアグロエコロジー的アプローチの方である（Pretty 1998）。これは、農業における環境面で持続可能な実践が、「環境への危害や消耗を減らすために、外部投入材をその場にふさわしいアグロエコロジー的生産過程に置き換える」問題として位置づけられてきたということである（Hinrichs 2010）。ジョン・アイカードは、環境的持続可能性のイメージをうまく捉えながら、次のように有機農業を定義した。「有機農法は、自然の生産原理に基づいている。つまり、自然を征服しようとするよりもむしろ自然と調和した農業に基づいているのである。有機における多様な営農は、その多くが作物生産と家畜飼養とを統合したものであるが、太陽エネルギーを捉え、廃棄物を再利用し、土壌の健康と肥沃度を再生するように設計されている。有機農家は、自分を自然の世話人だと思っているのである」（Ikerd 2001）。こうしたアプローチは、投入材の管理に農業を矮小化するのではなく、農業経営を全体論的なエコロジー・システムであると捉えている。残念ながら、有機運動は、農場・農家の

環境的な豊かさの促進に主要な関心を絞ってきたものの（Buttel 2006)、他方では、そのように関心を絞りこむことによって、農業の持続可能性の中でも社会的・経済的側面に対するより全体論的な関心が、少なからずないがしろにされたのである（P. Allen 2004)。

しかし、現代のフードシステムが真に持続可能であるためには、社会的・経済的問題が決定的に重要にならざるをえない（P. Allen 2004; Johnston, Biro, and MacKendrick 2009)。確かに、環境的にもっとも持続可能な選択肢が他の持続可能目標と相容れない時には、真に持続可能なフードシステムに妥協が求められることがあるかもしれない。「持続可能なフードシステムにおける環境的尺度は、農家と消費者との間のより直接的な関係よりも優れているのだろうか。もしそうだとすれば、車で田舎に行き、農家とのつながりを経験できる多くのローカルマーケットや農場をブラブラすることを、考え直す必要が出てくるかもしれない。だが、そのようなことを誰が決めるのだろうか。誰の価値が問題になるのだろうか」(Hinrichs 2010, 25)。たとえ持続可能なフードシステムの取り組むべき条件が変化したり新たに生成したりすることによって、農業の持続可能性達成の厳密なガイドラインが維持できなくなった場合でも、社会的・経済的な持続可能性原則は数多く確認されてきた（Hinrichs 2010；Kirschenmann 2004)。その中には、地域コミュニティの社会的・経済的活力への関心や（Gillespie他 2007; Lyson and Green 1999; Schor 2010)、農場労働者の権利・福祉への関心（P. Allen 2004; Harrison 2011)、現代フードシステムが生み出す人種的・階級的・ジェンダー的不平等の是正（P. Allen 2004; Alkon 2008; Alkon and McCullen 2011; Block 他 2011; Guthman 2008a, 2011; Johnston and Baumann 2010; Johnston and Szabo 2011; Trauger他 2010)、社会的つながりの改善（Feegan and Morris 2009; Gillespie他 2007; Schor 2010)、「市民を基盤とする」フードシステムへの参画機会の開拓が含まれる（Chiffoleau 2009; Johnston, Biro, and MacKendrick 2009; Seyfang 2006)。

こうしたより持続可能な農業経済に向かうための尺度を踏まえておくならば、私たちが受け継いできた有機運動の主流が持続可能な有機の未来を果たして伝承できるかどうかを問いただす議論に入る前に、有機運動がどういう道筋をたどってきたかという歴史を、まずは検討しておくのが有益であろう。確かに、1980年

代から90年代にかけて行われた規制をめぐる論争の中で、有機食品が経済合理性の観点から再定義されるようになり、その結果、2002年施行の全国有機プログラム基準へと至ることになった。このような観点から有機農業が再定義されるようになったことで、より計測可能な基準で有機食品市場を評価できるようになり、経済的価値を高めることになった。農務省の有機産品規制の施行直前にあたる1997年には、有機産業は36億ドルという規模であった（Dimitri and Oberholtzer 2009, iii）。米国内で有機食品の一番の販売先がスーパーになった2000年までに、同産業は78億ドルの規模になった。有機食品が農務省によって完全に規制され、全国のスーパーの定番商品になった2015年には、有機産業の年間販売額は390億ドル超になるという（Dimitri and Greene 2002, 1; OTA 2015）。

　有機は現代では目立つ存在となり、主流からはニッチ市場とみなされるようになった。そのことを最も明確に表しているのは、大規模小売業者が有機セクターに参入するようになったことである。ウォルマートが全国の店舗で有機食品の提供を拡大すると宣言した2006年の春以降、アメリカ人が有機産品を手に取ることが、かつてないくらい認められるようになった。箱入りのマカロニ・アンド・チーズからベビーほうれん草に至るまで、ウォルマートならびにその他の巨大小売業者（コストコ、スーパー・ストップ＆ショップ、ホールフーズ等）は、市販される有機農産物の大半を消費者に提供している。

　工業的規模による有機農業・食品生産の台頭は、ウォルマートが最初ではなかった。より正確には、1990年代初頭からであった。政府の規制によって有機の概念が安定化するようになるとともに、ガーバーやハインツ、ウェルチフーズ、さらにはウォルトディズニー社といった企業が、小規模有機食品会社の買収によって、成長する有機食品生産市場への参入を開始したのが、この時期であった（DeLind 2000; Murphy 1996; Pollan 2006, 154）。『ニューヨーク・タイムズ』は、早くも1996年からこうした買収を詳しく調べており、有機がますます「ビッグビジネス」になったという証拠を挙げながら、A&Pスーパーマーケット・チェーンのような大手小売業者が、ますます多くの売場を有機産品に割くようになっていると報じた（Murphy 1996）。2002年の全国有機基準の導入後には、さらに大きな買収の波が起きるだろうとされた（Howard 2009）。〔食品〕企業は、これまで以上に工業的規模で有機食品の生産を開始するとともに、スーパーが売り出す有機産品

の数量は、有機産品需要が成長し続けるにつれて、右肩上がりの伸びを見せるようになっていった。

　ウォルマートによる有機食品市場への参入の決断は、途方もない影響をもたらした。同社は、巨大小売店として突出しており、スーパーセンターの店舗立地を拡大させた結果、販売量ベースでは2001年に初めて首位の座を占めるに至るといった全米ナンバーワンの食品小売業者だからである（Lichtenstein 2009, 135を参照）。ウォルマートが消費者に有機という新たな選択肢の提供を開始すると宣言した直後ぐらいから、同社の決断がもたらすインパクトを問題視する記事が大手メディアに登場しはじめるようになった（Bhatnagar 2006; Brady 2006; Warner 2006）。同様に、ウォルマートが参入を決断した直後には、工業的有機食品を食べることの価値についての文化的な議論が広がるようになった。

　何十年もの間、オルタナティブ農業の活動家は、有機よりもいい食べ物はないということを米国の大衆に信じてもらおうと、懸命に取り組んできた。こうした取り組みは、大方成功してきた。ウォルマートの宣言前後には、米国人の約4分の1が、少なくとも週に一度は有機産品を購入すると報じられた（Cloud 2007, 1）。しかし、同社の宣言のわずか1年後には、有機食品に関する会話に劇的な変化が生じるようになった。週刊誌『タイム』には、「有機よりもいい食べ物を食べよう」という実に挑発的なタイトルの記事まで登場した。それを書いた記者の主張は、「食の純粋主義者にとって、『ローカル』が新しい『有機』であり、より健康な身体とより健康な地球を約束してくれる新たな理想である」というものであった（ibid.）。有機農業から有機産業へ移行した結果、オルタナティブ農業の新しいローカルな表現が、ますます必要だと思われるようになったのである。このように責任ある食事の模範としての有機食品からの劇的な変化は、ウォルマートが同市場に参入し、同業の小売業者がその後に続いた点から捉えなければならない。確かに、有機イメージの慣行化は、多くの消費者に対してローカルな食の価値を高めるのに拍車をかけることになった。たとえば、いくつかの研究で示されてきたように、「［ローカル食への］好みのシフトは……主に多くの消費者が有機農業の工業化に目を背けるようになった結果である」（Adams and Salois 2010, 336）。同じような変化は、ニューイングランドの消費者についての研究にも表れるようになった（Berlin, Lockeretz, and Bell 2009）。

おそらく、ウォルマートの有機食品市場への参入は、どのようなタイプの有機農業が全国で営まれているのかを正確に示すうえで、何より役立つものである。これまで論じてきたように、米国の有機農業は、運動の歴史を通じて、常に多様な活動家集団による工業的農業へのオルタナティブであり、現状拒否であった。今日の有機農家も、その多くはこうした関心を今でも共有しているし、オルタナティブな農業実践を維持しようと取り組んでいる。しかし、全国のスーパーセンターやスーパーマーケットで提供されている常温保存可能な有機食品のパッケージ商品は、フードシステムにおける対抗文化アプローチとはあまり似つかわしくないものである。むしろ、有機運動の大部分は、支配的なフードシステムに取り込まれてしまい、その結果、オルタナティブなフードシステムを追求するきっかけになるようなタイプの持続可能性を伝えてくれそうなものは、きわめて少ないのである。

　それどころか、今や大多数のアメリカ人がスーパーで購入するようなタイプの有機産品は、現代の工業的フードシステムの欠陥に挑戦する力を見失ってしまったある種体制寄りの主流派有機農業に分類できよう。こうした移行が生じたのは、有機農業に圧力を加えるような法律論争やメディアの中傷キャンペーンを通じてではなかった。むしろ、全国有機プログラムの創設にまつわる法律論争は、合理的・経済的観点から有機を再定義し、文化的主流に有機産品を統合しようとする取り組みを反映したものであった。批判理論の理論家であるヘルベルト・マルクーゼの言葉にあるように、「**二次元的文化**の一掃は、『**文化的価値**』の否定・拒絶を通じて起きるのではなく、既成秩序への無差別の統合、大規模な再生産・誇示を通じて起きるのである」(Marcuse 1964, 57. 強調は原文のまま)。農務省が有機農業を米国のアグリビジネス内部のニッチ市場と再定義したため、消費者は日々の生活を通じてこうした再定義を暗黙のうちに支持するようになった。有機農業は、因習破壊主義者やヒッピーの見かけ倒しだと社会の主流から拒絶されるようなものでは、もはやなくなってしまったのである。実際、有機産品は、どこへ行っても、慣行商品に代わる良い品物であると、もてはやされるようになった。まるで持続可能性と同義語であるかのように、大規模小売店の有機を買ったり売ったり話したりすることを通じて、有機の実践におけるオルタナティブ性は徐々に浸食されていった。慣行的な食品産業による有機生産の取り込みは、工業製品と持

続可能なオルタナティブ製品との差異を曖昧なものにしているのである。

　有機農業は、かつては完全にオルタナティブな農業形態であると考えられていたし、今でも小規模農場の中にはそれに当てはまるものが存在するとはいえ、もはや有機セクター全体に当てはまるものではない。有機農産物は、今では中心街からアメリカ中部に至るまで店舗の棚に置かれているものの、それは有機農業の全体論的実践が規範になったからではない。それどころか、有機農業は、今では慣行農場で使用されるものと同じ農業技術を数多く用いるとともに、経済的・社会的持続可能性にはほとんど関心を払わないアグリビジネスによって大半が担われているのである。こうしたアグリビジネス商品は、持続可能性をめぐって現代のフードシステムが直面している数多くの問題解決に役立つものというよりは、体制に服従する理念と実践を表したものへと、有機食品の生産をますます再編しているのである（Adams and Salois 2010; Johnston, Biro, and MacKendrick 2009）。

　早くから有機農業のアグリビジネス・モデルへの服従がもっとも顕著であったのは、有機レタス生産である。2000年代初頭までに、アースバウンド農園〔1984年にカリフォルニア州で設立された有機農場〕の１社だけで、米国で販売される有機レタスの80％が栽培されるようになった（Pollan 2006, 138）。同社の成功が注目を集め、2013年には、ホワイトウェーブフーズが（以前は巨大食品加工企業ディーンフーズの子会社で、５つの異なる有機ブランドを所有していた）、この農園を買収したことで、有機セクターがいっそう統合されることになった。買収時点で、アースバウンド農園は、ブランド化された野菜サラダパック全体の60％の市場シェアをすでに支配していた（Hennessy 2013）。同じ傾向は、他の多くの有機食品にも見受けられる。たとえば、2000年代半ばまで、ストーニーフィールド農園が、需要増に対応してニュージーランド産粉乳をヨーグルト原料にしたことで、実質有機の製品比率を下げざるを得なかった（Brady 2006, 1）。その間、ホライズンオーガニック乳業（有機牛乳の国内トップ・ブランド）は、乳牛8,000頭の大規模経営を行っていた（3）。オーロラオーガニック乳業は、スーパー・チェーン数社向けに店舗ブランドの有機牛乳を生産していたが、それはわずか２つの「牧場」で飼養される8,400頭の乳牛で需要を満たしていた（4）。「牧場」という言葉にまつわる牧歌的な含意からすれば、このような数千頭もの乳牛を飼

育する経営は、おそらく「工業的有機乳牛工場」と称する方がふさわしいだろう。無数のボイコットや連邦政府の監督官に対する公式の苦情申立を受けて、両社は最近飼育する乳牛の頭数を減らし、牛が牧草地にいる機会を増やすようになった。ところが、ホライズン社が、搾乳回数を1日に2回から4回まで増やしたとの苦情申立が新たに起きるようになった。こうした経営システムでは、高生産牛は、搾乳量が上限に達するまでミルキング・パーラーに閉じ込められ、牧草地に近づけない状態になってしまうのである（Cornucopia News 2014）。このようなやり方では、現代の標準的な慣行農業の実践に挑戦することなど、ほぼ無理であろう。実際、多くの点で、慣行農業の実践との見分けがつかなくなっている。はっきりしているのは、ただひとつである。すなわち、農務省の有機基準が導入されて10年もたたないうちに、北米の食品加工業者の上位20社のうち14社が、有機ブランドを取得・導入するようになったということである（Howard 2009, 26-27）。

ただ単に、慣行的な工業生産基準に適合した「新しい」有機産品が、消費者に提供されるようになったというだけではない。慣行的な食への関心のためにも、こうした有機産品が生産されるようになったのである。たとえば、ウォルマートが有機産業に参入する数年前には、食品小売業の上位数社が、一連の有機産品を売り出そうとしていた。「セーフウェイ、クローガー、スーパーバリュー」といった企業には、「……ネイチャーズ・ベスト・アンド・オー〔オーは、驚き・願望を表す〕といった名称のプライベート・ブランドの有機製品シリーズがあり、有機のブランド製品よりも安い価格で販売している」（Warner 2006, 1）。有機産業は、社会的つながりやより公正な経済を強める対抗文化的な食料生産・流通・消費様式を創り出すどころか、競争相手をますます模倣し始めるようになったのである。

スーパーセンターの棚に並べられた新しい有機産品は、単にこれまでのようなアグリビジネスではなく、遠慮がちな有機農業を表している。それは、運動がもともと有していた慣行化されたフードシステムの改善という使命の多くを、消費者には気付かせないようなものである。有機農業は、食料品店の棚にぴったり合うように、既存の食料品に置き換わるものというよりはむしろ補完するものとして、再び想起されるようになったのである。ウォルマートの生鮮食品販売担当のブルース・ピーターソンは、同社が有機食品を扱う際の判断を述べているが、「有

機食品は、私たちの他の販売計画と同じようなものであり、お客さんが求めるものを提供するということです」と言い切っていた（Warner 2006, 2より引用）。

　さらに、ケロッグの社長が取り組んだのは、「有機」を、持続可能性に乏しい現代フードシステムに対するオルタナティブにするのではなく、好みの商品にすぎないものにするということであった。ケロッグがライスクリスピーの有機シリアル生産を開始した際に、当時のデヴィッド・マッケイ社長は、「われわれは、普通のライスクリスピーが一流のブランドではないかのようなメッセージを送るつもりはない」と断言していた（Warner 2006, 2より引用）。有機農業が台頭したのは、大方、慣行的アグリビジネスの規格品が、何となくあまり大したものではないと思われるようになった結果であった。しかし、変革ではなく利潤を追求する新しい有機は、慣行的食品の邪魔にならない仲間となったのである。

　まさにケロッグの社長が有機ライスクリスピーについて語っていることが、新しい有機製品のもうひとつの性格、つまり企業が有機市場に全力で参入しようとするのに対応する形で登場するようになったものであることを示している。新しい有機製品は、アメリカの消費者の主流がまるごと受け入れられるものである。というのは、新しい有機は、慣行的アグリビジネスが何十年も提供してきたものと同じような製品として提供されるからである。2006年の春までは、自社の人気商品の有機版を売り出そうと計画していた企業もあったが、ウォルマートの有機市場への参入は、他社に対してただちに影響を与えるようになった。ウォルマートの乾物担当の上級副部長によると、同社は前年より納入業者に有機製品を出せるよう要請していたという（Warner 2006, 1）。こうした手法は、ウォルマートのブルース・ピーターソンも、大成功を収めるだろうと予測していた。既存のブランド信仰と広告予算を当てにしていたからである（Warner 2006, 2）。有機農業は、かつては食品産業の主流との間で居心地のよくない緊張状態の中で存在していたけれども、有機食品は、今では（たいていが）企業的アグリビジネスが大量に生み出す心地よい食品となったのである。

　このように結論づける証拠は、「健康志向の」自然食品店の売場においても示すことができる。2008年までには、「有機製造業者は……慣行的な食品製造業者と直接競争するか、慣行的企業に包摂されるかのいずれかであった」（Dimitri and Oberholtzer 2009, 1）。おそらくより厄介なのは、「米国内で、ゼネラルミル

ズが、ミューアグレン（有機加工トマト）やカスカディアン農園（有機冷凍野菜・果実）を含む大手有機ブランドを複数所有していたり、サンライズという独自の朝食用有機シリアルを販売していることである。ガーバーやケロッグ、マース、ハインツ、ドールは、有機製品を少なくともひとつは所有・販売している」ことである（Guthman 2004c, 304）。しかも、大企業による有機農場の吸収合併は続いた。2015年までに、ホーメルはアップルゲート農園を買収し、ホワイトウェーブ・フーズはワラビー・ヨーグルトを買収した（Howard 2015）。アニーズ（「どこでも食べるものに困っている有機ファンの親たち」（Marx de Salcedo 2007）の間で熱狂的な支持者のいるマカロニ・アンド・チーズの箱入り商品を作るメーカー）は、つい最近、ゼネラルミルズの子会社になっている（Howard 2015）。大量生産の食品でいっぱいのスーパーの棚には、慣行的フードシステムに対する真のオルタナティブとして注目を浴びる有機製品など、ほとんどないように見受けられる。そのように見えるものですら、たいていは、うまく偽装されているだけなのである。

　フィリップ・ハワードは、こうしたスーパーの棚におけるたいていはわずかな変化を見破ることに精力を傾けてきた。ハワードの研究によると、アグリビジネスや多国籍企業が有機食品市場に乗り出してきたことに対して、対抗文化的なルーツにひかれる消費者がそれに気づいて行動するまでには至らなかったという。というのは、「慣行化のプロセスが、『隠密の』M&Aのような行為を通じてうまく隠されていた」からである（Howard 2009, 14-15）。その結果、自然食品店の棚に並んだ製品は、まるで慣行的フードシステムへの合法的オルタナティブであるかのように登場し続けている。しかし、これは単なる錯覚に過ぎない。たとえば、さらに**図1**が示すように、ハワードによれば、「ゼネラルミルズのブランド品のパッケージには、同社の伝統的な『G』というロゴがついているが、ミューアグレンやカスカディアン農園の製品には、そのロゴはついていない」(18)。明らかに、慣行的フードシステムは、小売店の棚の製品の大半を手に入れようするのだが、こうしたプロセスを目立たないようにしておこうとするのである。

　また、こうした企業は、有機食品運動の商品の多くを取り込むと同様に、有機運動のメッセージの多くも取り込もうとしてきた。たとえば、ハワードが指摘するように、「たとえば、ホライズンは、有機とは名ばかりの大型酪農場という行

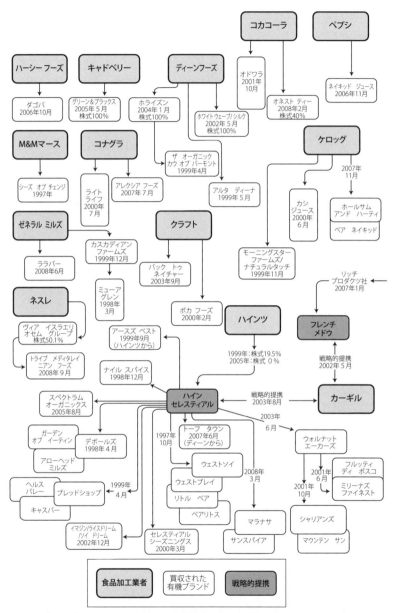

図1 「スーパーマーケット有機」の産業構造:大手食品加工業者による有機ブランドの買収

出所:P. Howard, "Organic Industry Structure: Acquisitions by the Top 30 Food Processors in North America."
(https://www.msu.edu/~howardp/organicindustry.html. 2009年9月20日閲覧)

為によって多くの小売業者にボイコットされたが、牛乳パックには地球の前でほほえむ牝牛のイラストが描かれている」（Howard 2009, 18）。また、有機産業に関わる大規模小売業者も、世間体を良くする役目を果たした。マイケル・ポーランは、このことを、「スーパーマーケット田園詩」という新しい文学ジャンルの創出になぞらえた（Pollan 2006, 134-139）。ポーランは、ホールフーズ（ポーランによると、最も「最先端の食品小売文学」を提供するスーパーセンターだと見なされている）での買い物経験を描写しながら、工業的有機の消費者に自分の食品を持続可能性の理想と結びつけるように語りかけられた話を詳しく述べている。たとえば、「『平飼いでベジタリアンの鶏が産んだ』卵」とか、「『不要な恐怖心や苦痛のない』状態で育てられた牛から搾った牛乳」といった具合である（135）。

こうした環境にやさしい牧場のイメージは、消費者を出し抜くことになる。しかし、もっと憂慮すべきなのは、こうしたメッセージによって消費者が大きく惑わされてしまうことである。たとえば、ベアネイキッドというグラノーラ〔オートムギ・アーモンド・クルミ等を混合したシリアル〕の有機ブランドは、ウェブサイトで公表されている社史の略年表によれば、「2人の創業者が11歳の時に出会ったのを出発点に、7,000ドルの自己資金で（金利0％のクレジットカードで補填しながら）創業以来、成長してきたものの、**ケロッグへ売却する直前に終わりを迎えた**」というのである（Howard 2009, 19. 強調部分は筆者）。有機製品を取り込んで食品小売店の棚に並べるという経験的証拠が示しているのは、工業的な食品生産者や製造業者が行うような有機農業の形態に、「オルタナティブ」などほとんどないということなのかもしれない。

　有機食品を既成の秩序に統合する動きは、食品製造業界だけに生じてきたわけではない。むしろ、全米の農場で有機食品を生産する農業も、多くは慣行的アグリビジネスにきわめて似通ったものになってきた。有機セクターの慣行化がどの程度まで進んでいるかという問題は、農業・食料研究者の間では大きな関心事であった（たとえば、DuPuis and Gillon 2009; Guthman 2004a; Jaffee and Howard 2010; Obach 2007）。たとえば、ガスマンは、カリフォルニア州の研究で、「慣行農業は最悪だと不信感を露わにする有機農家は多いけれども、有機農業をオルタナティブな制度を構築する手段と捉える生産者はほとんどいない。おそらくより重要なことは、筋金入りの完全有機運動の生産者ですら、イデオロギー的にラディ

カルではなくなってきているし、そうしなければ敬遠されるような技術を採用しつつあるということである」（Guthman 2004a, 60）。ガスマンは、「許容される投入材だけに焦点を絞ることで、アグロエコロジーの重要性の評価が最小化され、法の施行が自己防衛的かつ不均一なものとなり、インセンティブに基づく規制に依拠することで、誰がどのような条件で参加できるのかを大きく左右することになった」と論じている（111）。企業が小規模有機生産者の競争相手として登場することによって、熱心な農家が自らの理想に忠実であり続けることができなくなってしまうようなことが多いのである（178）。

同じような調子で、ジャッフェとハワードも、許容される投入材に規制が絞られたことに起因する「障壁の引き下げ」によって、慣行農業ではほとんど外部化されていた「コストの内部化を明らかに下げることになった」と論じている（Jaffee and Howard 2010, 394）。そのコストとは、農場労働者や農村コミュニティ、環境に転嫁されるコストである。彼らが指摘しているように、「残るは……ますます、単一の有意な変数、つまり、合成化学資材の不使用のみになってしまう。」これによって、工業的経済主体は、有機に参加しやすくなるとともに、スーパーの棚に有機という選択肢を並べやすくなる。さらに、慣行化の圧力は、価格競争を通じて、有機市場に影響を与える。マイケル・ベルが説明しているように、資本主義的農業では、生産を強制する踏み車によって、競争がとくに激しくなるからである。彼の説明によると、「食品需要の非弾力性が、ほとんどの農業生産が有する地域特性や天候によってしばしば見舞われる地域的危機と折り重なることで、農家は地域独自の踏み車をとりわけ激しく経験する」（Bell 2004, 42）。ベルは、こうした特有の条件を「農家問題」と称している。その帰結は、ただ単に、農家として「恵まれた年にはそれなりの金を稼げるが、多くの似たような農家にとっては、そうではないということにすぎないということである。しかも、そのような〔金を稼げるという〕ことは、めったに起こるわけではない」（43）。競争と価格プレミアムが浸食されるという問題は、有機のような市場ではいっそう激しくなる。確かに、「有機農家問題」は存在するのである。

カリフォルニア州の状況については、ガスマンが次のように論じている。「価格プレミアムを下支えするにすぎない規制の構造は、激しい競争を通じて……まさに有機栽培という実践を浸食することになる」（Guthman 2004c, 313）。経済的

プレミアムは、競争を通じて浸食される傾向にある。その結果、有機のような農業市場では、生産者は、あまり儲からないエコロジカルな農業手法を引き受ける補償としての価格プレミアムに頼っており、競争を通じたプレミアムの浸食は（とりわけ規模の経済のメリットを受ける大規模企業的農場との競争では）、より慣行的な手法に農場を仕向ける圧力が必然的に生まれるのである。しかし、価格をめぐる競争が焦点になるのは、カリフォルニア州だけにとどまらない。というのは、カリフォルニア州は、米国の生鮮有機農産物の大半を長年にわたって生産してきており、2000年代初頭には、トータルで米国の有機野菜の約60％と有機果実の約50％を占めているからである（C. Greene and Kremen 2003）。2014年に行われた農務省の有機調査によると、カリフォルニア州は今も有機生産において国内では断然リードしており、有機の販売総額では全国の40％に達する（Young 2015）。その結果、中西部からニューイングランドにいたる小規模有機農場は、主としてカリフォルニア州のアグリビジネスが供給するスーパーマーケット有機と競争せざるを得ないのである。

　有機市場内部におけるこうした変化によって、今や支配的な形態となった「スーパーマーケット有機」食品が、持続可能性の問題に取り組んでいけるのかどうかという問題が、当然生じることになる。有機運動の主流が、環境的な持続可能性の問題に過度に焦点を絞ってきた点を踏まえ、私たちもそのような関心から始めてみることにしよう。有機セクターの爆発的な成長に向き合っていると、「スーパーマーケット有機のどこが悪いのだ」という疑問が当然生じるかもしれない。有機農業が慣行的フードシステムにますます巻き込まれるようになったからといって、つまり、成長戦略の追求という経済合理性を支持するからといって、いったい何が悪いのだろう。有機農業が工業的規模にまで拡大し、無数の農地が有機生産に転換し、大量の殺虫剤や除草剤、化学肥料が環境から除去されることは良くないことなのだろうか。有機運動は、より大規模なフードシステムの効率性からメリットを得るだけで、それによって有機の範囲を拡大するだけの存在になっているのである。

スーパーマーケット有機の問題

　もちろん、議論上、功利主義哲学のようなものが外見上存在している。たとえ

ば、アースバウンド農園の有機サラダ菜の契約生産を行う全農場を考えてみると、2万5,000エーカーの農地が農務省認証の有機農法で栽培されている。このような生産によって、概算では「有機でなければ使用されていたはずの農薬27万ポンド（123トン）と化学肥料800万ポンド（3,630トン）が削減されることになる。これは、環境にとっても、圃場で働く人にとっても、朗報である」（Pollan 2006, 164）。だが、有機セクターの企業支配が拡大すれば、フードシステムの細分化（たとえば、食料生産の一局面への特化）と同質化（たとえば、全国ブランドや多くのグローバル・ブランドによる市場シェアの獲得）の双方に向けて、大きな圧力がかかるようになる（Gillespie他 2007, 67）。こうした圧力は、今日の農業経営がもつ環境面での持続可能性に多大な影響を与えることになる。

　具体的には、こうした圧力によって、大手の農家が企業的フードシステムの求める規模で生産できるように経営を特化するようになり、環境的な持続可能性が浸食されてしまうのである。細分化・同質化したグローバル・フードシステムのもとで競争するためには、農家は「社会的価値や農産物の質よりも生産の経済効率と量に力点」を置かなければならず、「与えられた農業経営におけるアグロエコロジー的な複合性」をそぎ落とさなければならない（Gillespie他 2007, 68）。工業的有機農場でも、農薬使用の削減は賞賛されることなのかもしれないが、全国流通あるいはグローバル流通向けの食料生産の現実からすれば、現代農業経営がもたらす環境インパクトを抑制する土壌管理において、アグロエコロジー的アプローチのようなタイプを農家が採用できる力量は限られている。その結果、現代のスーパーの生鮮食品コーナーの大半を埋めつくしている有機食品、そしてスーパーのサイズにあわせた規模で有機食品を供給するようになった生産システムが、現代農業が直面する環境問題についてのアグロエコロジー的関心をもたらす端緒となることはほぼありえないだろう（P. Allen and Kovach 2000; Guthman 2004a, 2004c）。ジュリー・ガスマンによると、有機農業の歴史の中で、現代というこの時代は、消費者が「有機」という言葉に最も接する場所がスーパーだという時代であるが、私たちをこのような時代に導いてきた農業実践は、とても持続可能とはいいがたいものである（Guthman 1998, 137）。つまり、それが提供できるものは、いわば「ライト・オーガニック」（お手軽有機）なのである（Guthman 2004c, 301）。

このようなタイプの有機農法ならびに社会関係のもとでは、米国のフードシステムの社会的・経済的な持続可能性を改善する見込みなど、なおさら乏しい。たとえば、米国における工業的農業の台頭は、一般に、地域コミュニティの経済的・社会的な弾力性に多大な影響をもたらした（Gillespie他 2007; Lyson and Green 1999）。工業的規模での農業の効率性は、その多くがフードシステムの同様の細分化・同質化によるものであり、結局は管理の統合化と生産の集約化をもたらした。これらは、工業的有機が、環境的な持続可能性に取り組めるような力を持ち合わせていないことと関わって述べてきたことである。これは、アール・バッツによって広められた「大きくならなければ、退場すべし」という農業概念である。その結果、第二次世界大戦の終結以降、「アメリカでは30分ごとにおよそ1つの農場が消滅してきたのである」（McKibben 2007, 54）。

このように工業的規模での食料生産を追い求めてきた結果、農業コミュニティの社会的・経済的インフラは、同じように同質化・細分化に見舞われるようになった（Lyson and Green 1999）。たとえば、1990年代には、農業衰退にともなう人口減少があまりにも大きかったため、「もともとのルイジアナ買収[1]ほどの広さの区域が、再び、19世紀の入植ブーム以前に国勢調査局が辺境に授けた『フロンティア』という称号がふさわしいものになってきている」（Nichols 2003）。こうしたコミュニティでは、工業的フードシステムのもとで残存する農家が得られる経済的報酬は「きわめて低い」（Lyson and Green 1999）。貧困は都市問題だと思われがちであるが、「アメリカで1人当たり所得の最も低い10郡のうち9郡は、ミシシッピ川西部の農業州にある」（McKibben 2007, 57）。モンタナ州マッコン郡の農家であるヘレン・ウォーラーは、政治家がこうした状態をどれほど認識しているのかを知りたいものだと、次のように発言している。「政治家は、すべてを経済的観点で測ることに慣れすぎてしまっているので、このようにすべての忘れられた土地で生まれたすべての人々の背後にあること、つまり苦しんでいる人がいるということを、認識していないのではないだろうか」（Nichols 2003より引用）。

対照的に、小規模でローカルな生産は、地域経済の成長にとって非常に効果的なエンジンとなりうる。たとえば、いくつかの研究で明らかになったのは、小規模農場は「投入を産出に変換する」点でより効率的でありうるし、単収も多いと

いうことである（Halweil 2004, 76）。しかも、生産性のメリットが地域コミュニティにとどまる可能性が、いっそう高くなる。2008年には、アメリカの農家に環流したのは、食費1ドルにつきわずか11.6セントにすぎなかった（Canning 2011）。1ドルの大半は、農家コミュニティの外で支出されているのである。しかし、ヴァーモント州での研究で明らかになったのは、「地元の消費者が『域外産の食料のわずか10％を地元産に置き換えただけで、経済的産出高は新たに3億7600万ドル増加するということである。それには、3616人の新規雇用から生まれる個人所得6900万ドルが含まれる』」（McKibben 2007, 165より引用）。

　しかし、工業的な細分化と同質化によって引き起こされる農業の集中化の影響は、さほど大きくはないという人もいる。農業経済学者のスティーブン・ブランクによると、「たいていのアメリカ人は、自分のハンバーガーやフライドポテトが手に入る限りは、農業や畜産業がなくなっても、あまり気にしないだろう。アメリカは、よたよた歩んでいくだろう」（Blank 1999, 33）。ブランクその他大勢にとって、農業はアメリカの過去の一部であり、未来ではない。だが、これまでの研究が一貫して示しているのは、工業的農業経営の台頭が、よりローカルな生産・所有・管理システムと比べて、関係するコミュニティの社会資本（ソーシャル・キャピタル）や経済的活力を低下させてきたということである（この点の論評については、Lyson and Green 1999を参照）。工業的生産とは対照的に、ローカルな生産システムは、多様な社会的・経済的インフラに依拠しており、起業活動の触媒として役立つとともに、経済交換とならんで非市場的な社会的交流をいっそう促進させることが明らかになっている（Chiffoleau 2009; Gillespie他 2007）。大規模食品小売店で消費者が出会う有機食品が、それとならんで陳列されている慣行的食品と同じ工業的食品サプライチェーンによって供給されるとすれば、そのような有機食品は、工業的な農業システムが地域コミュニティの中で浸食してきた社会的・経済的インフラの立て直しに役立つことなど、おそらくありえないだろう。

　また、「スーパーマーケット有機」には、フードシステムの社会的つながりを培ったり、市民参加の空間を創出したりする力も限られている。実際、製品を飾る有機ラベルは、こうした参加を確かに抑え込んでいるのかもしれない。有機認証は、「参加的消費」への合理的で計測可能な委任状という役目を果たすものとして導

入されたものの、これによって「関わりを持ちながら交流することを通じて本物かどうかを確認するよりも、本物であると見なす」ように消費者を仕向けることになった（Mount 2012）。有機ラベルは、ブランドそっくりであり、差異化を測る手段、すなわち理想的な市場交換を促進する経済的手段という役目を果たしているのである。社会的つながりの高まりが、オルタナティブなフードシステムにおける最も有望な側面のひとつであるにもかかわらず（Feegan and Morris 2009; Gillespie他 2007）、有機食品が最も多く購入されているスーパーという場面では、より持続可能な社会的・市民的関係に近づけるはずの「有機」（それ自体には有しているが）に秘められた力に制約をかけてしまう。食品のさまざまな購入場面での関係についての研究によると、スーパーは、近隣の食品小売店やファーマーズマーケットと比べて、顧客層の間では最も貧弱で形だけの交流しか培われないという（Cicatiello他 2015）。これは、有機食品が販売されるニューイングランドの空間で私たちが独自に行った観察でも、見られたパターンである。

　しかも、持続可能なフードシステムは、農業・食料調達における市民感覚のアプローチを促進しなければならないし（Trauger他 2010）、市民参加と公の議論の空間を培わなければならない（Gillespie他 2007）。理想的には、持続可能なフードシステムは、「食の民主主義」を提供するものであろう。そこでは、食は「共有財産の民主的コントロールの中に存在するものとなろう」（Johnston, Biro, and MacKendrick 2009, 524-525）。スーパーにおいて、「企業的有機の食景観（foodscape）がほぼ間違いなく提供するものは、したがって、場所や地域性、人間的な生産者の**まがい物**である。つまり、すべてを価値法則に包摂する資本主義の傾向によって、まさに破壊されてしまう存在のイメージなのである」（525）。とはいえ、こうした市民的参加や社会的つながりの空間は、どうしても必要なものである。というのは、何十年もの間、現代アメリカ人の生活のさまざまな面で、このような空間が衰退してきたからである（McPherson, Smith-Lovin, and Brashears 2006; Oldenberg 1989; Putnam 2000）。食品小売店の外に行くと、オルタナティブなローカル・フードシステムが、まさにこのようなタイプの市民空間やコミュニティを培っていこうとする展望を示している（Cicatiello他 2015; Feegan and Morris 2009; Gillespie他 2007; Trauger他 2010）。こうした社会性や市民参加の空間は、人種的・民族的不平等の影響によって近隣住区やコミュニティ

が「放っておけば荒廃した環境」になるような場所では、草の根の組織化の際にとりわけ重要な場所になりうるのである（Alkon 2008）。

スーパーだけではない：農務省有機では解決できない社会問題

現代有機運動が抱える問題は、スーパーのレジで有機の買い物を済ませる消費者が増えているということだけにとどまらない。よりオルタナティブな空間でも、「有機」の現代的発想では視野が狭められているために、現代アメリカのフードシステムが抱える数多くの社会問題には依然として取り組めないし、問題をさらに悪化させるばかりである。有機産業における規制は、莫大な経済成長をもたらし、企業的経済主体にはメリットとなり、農場所有者をセレブの地位へと上向させたものの、農場労働者の今も続く苦境については、現代有機産業が出現しても、また現代有機運動の多くにおいても、おしなべて取り組まれずにいるのである（P. Allen 2004; Harrison 2011）。確かに、この問題については、大方取るに足りないという扱いが続いている。スーパーでの慌ただしい仕事帰りの混雑はもちろんのこと、ファーマーズマーケットの消費者も、農場労働者について思いをはせることは稀であり、持続可能な農業が「白人家族農家」によって担われているという「白人農場幻想」を再生産しているのが見受けられる（Alkon and McCullen 2011, 946）。このような語りが、「農場労働者を見えない［状態にしており］」、有機農家は「親戚だけを雇っており、雇用慣行に対する規制は不要のようだ」という間違った思い込みをもたらしている（947）。現代有機運動の主要な会話で農場労働者が話題に上る際には、「土地なし労働者を雇って播種・肥培・収穫を行う農場所有者に基づく経済」といったイメージを疑問視するどころか、農場労働者は「機器や燃料と並ぶ」単なる経済的投入材のひとつであると見なされることが多いのである（P. Allen 2004, 136）。

今日のフードシステムにおける農場労働者の福祉に関心を持たないでいる他にも、現代有機セクターは、現代フードシステムが生成・悪化させている社会的不平等の是正についても、ほとんど何も行っていない。概して、現代有機運動は、白人の成果にすることを通じて、人種に基づく不平等を永続させていると批判されてきた（Guthman 2011; Alkon and McCullen 2011）。農場労働者の問題が見えづらいことと関連して、「農場労働者よりも農場所有者に光を当て、英雄視す

ることによって、オルタナティブ農業運動は、フードシステムにおいて有色人種よりも白人の役割を強調し、高く評価しているのである。」(Alkon and McCullen 2011, 947)。

しかも、スーパーマーケット有機は消費者選択を力づけるものであるという枠組み自体が（その多くは、ウォルマートやケロッグの重役が説明するやり方であるが）、有機食品の購入にまつわる人種的・階級的特権を曖昧にしてしまう (Guthman 2008a; Johnston and Szabo 2011)。現代フードシステムは、白人の特権システムを基盤にしてきた。そこでは、「土地は事実上白人に払い下げられると同時に、南部では『再建』[2]が失敗し、ネイティブ・アメリカンの土地は接収され、中国系・日系アメリカ人は土地所有から排除され、スペイン語を話すカリフォルニア人は自らの牧場を剥奪されたのである。確かに、こうした歴史を踏まえれば、食べ物はどこから来たのかを知ろうとする人や、すべてのコストを支払おうとする人々の中には、白人中産階級のオルタナティブ食の熱狂的ファンのためになるような美的魅力と同じものを持っているわけではないということが想像できよう」(Guthman 2008a, 394)。それと関連して、消費者選択としての有機食品像では、現在の非持続可能なフードシステムの階級に基づく不平等を是正することはできない。多くの消費者は、有機という選択肢をとれる力を支える階級的特権については何も考えていない様子が見受けられ (Johnston and Szabo 2011)、有機食品は階級的地位やグルメ的差異が染みついた標識になっているのである (Guthman 2003; Johnston and Baumann 2010)。

また、具体的には有機食品、一般的にはグリーン消費主義という枠組みは、ジェンダーとも関わっており、現代フードシステムの不平等に取り組むというよりは、それを再生産している。女性農家は、オルタナティブ農業に参加することで、支配的なジェンダー・アイデンティティに挑戦してきたものの (Trauger他 2010)、エシカルなグリーン消費の負担は、主に女性に重くのしかかってきた (Sandilands 1993)。女性は長い間、有機食品を消費する可能性が高いとみなされてきたが、それは家事や育児に従事する可能性が大きいという結果であることが多い (Lockie他 2002)。その結果、現代有機運動が「変化のためのショッピング」(Johnston and Szabo 2011) に力点を置くということは、「『環境に優しく』『自然に優しく』するために、『グリーンな』製品の使用が求められ、リサイクルが

求められ、家事労働の強化が**求められる**」ことなのである（Sandilands 1993, 47。強調は原文のまま）。つまり、女性に不釣り合いなほど重くのしかかる追加労働なのである。

　スーパーのレジを通過する今日の有機食品の大部分や、ファーマーズマーケットの屋台で手渡される一部の食べ物ですら、持続可能性という幅広い目標を伝えることがおそらくできないというのが、否定しがたい見解なのである。有機産業の集中化と慣行化は、近代の工業的フードシステムが基盤とする細分化・同質化傾向によって拍車がかかったが、それによって、環境的・経済的・社会的に公正で持続可能なフードシステムに求められる特徴の多くが排除されている。過去30年間にわたる有機農業を規制する法制は、現場の動きを合理化するとともに、一貫性のある計測可能な基準を保証することによって有機農業を拡大させてきたものの、有機農業は近代世界におけるその誕生以来、経済合理性のみに依拠しようとしてきたわけでは決してなかった。さまざまなイデオロギー的バリエーションを通じて、由緒ある有機運動は、経済的・環境的・社会的価値を生み出す複数の合理性を認識することを基盤としてきた。アグロエコロジー的で、コミュニティを基盤とし、コミュニティをつくっていくためには、有機農業はより小さくあるべきであった（Altieri 1995）。より重要なことは、今日の多くの農家が、このような価値を、今でも保ち続けているということである。

二極分化した市場におけるオルタナティブ空間

　すべての有機農家が工業化しているとか、また慣行農業に対する「化学資材フリー」的対応であるというわけではない。農家や農場労働者、消費者、コミュニティは、慣行農業にしろ有機農業にしろ、現代の工業的フードシステムの問題に対して、実現可能でより視野の広い持続可能な解決策を目指して取り組んでいる。序で大まかに触れたように、有機市場は、現代の有機セクターの相当悲惨な説明からも推察されるように、画一的に慣行化したのでは決してなく、二極分化してきたのである。具体的にいうと、二極分化とは、「小規模で生活スタイル指向の生産者と、大規模で工業的規模の生産者との二重構造を有機農業が選択する……プロセス」と称されている（Constance, Choi, and Lyke-Ho-Gland 2008）。二極分化アプローチが示唆しているのは、農業特有のエコロジー的制約（たとえば季

節性）や、事情によっては小規模農場の方が相対的に生産性が高いとか、工業食品の安全性や品質についての市民的懸念が、小規模有機生産にニッチ市場を提供するということである（Coombes and Campbell 1998, 141）。

　こうした小規模有機経営は、その多くが、ローカルな食のネットワークや、消費者と直接経済交換を行うといったより関係的な形態の発展を基盤としている（Brehm and Eisenhauer 2008; Chiffoleau 2009; Feenstra 2002; Gillespie他 2007; Seyfang 2006）。ブライアン・ドナヒューは、二極分化とは明言していないものの、ニューイングランドの状況において、そのインパクトとともに、よりオルタナティブな農業形態への可能性を秘めた空間を二極分化した有機市場がいかに切り開くかを描き出している。ドナヒューは、次のように論じている。「ローカルな生鮮野菜・果実が優れていることは、今日の安価なエネルギー経済においても有無を言わせぬものがあり、有機食品需要は着実に増大している。こうした農産物は、小規模集約的な経営の方が、販売面できわめて競争力を持ちうるのであり、わずか5エーカー未満でもそうである。広い郊外の隙間にある土地区画は、その多くが小さすぎて近代的・慣行的農法では効率的な経営には向かないものの、有機農産物の栽培ならば利益を上げることができる」（Donahue 1999, 100）。とりわけ、ニューイングランドは、工業的農業の栽培には不向きな地形の多い地域であるが（Bell 1989, 465を参照）、小規模有機経営であれば、比較優位を得ることができる。ドナヒューが認めているように、ランズセイク——ボストン大都市圏のウェストン郊外にあるコミュニティ農園——が、仮にもっと集約的かつ慣行的なやり方で有機栽培を行えば、収益は倍増できたのかもしれない。しかし、ドナヒューによれば、小規模農場が有機で成功し続けられる理由がもうひとつあると示唆している。それは、小規模農場が、集約的有機農場では提供できないものを提供できるからである。小規模農場は、消費者を農場に招き寄せることができるのである（Donahue 90）。

　大事なことは、工業的な食品サプライチェーンによって全国規模のスーパーに供給されるようなタイプの有機産品は、全体論的に見れば持続可能なフードシステムを提供しないとの見解については幅広い一致が見られるものの、フードシステムにおいてオルタナティブな社会関係を創り出そうとするアプローチ、つまり、食をめぐるオルタナティブな栽培・交換・連携の方法が、現代の農業経済を転換

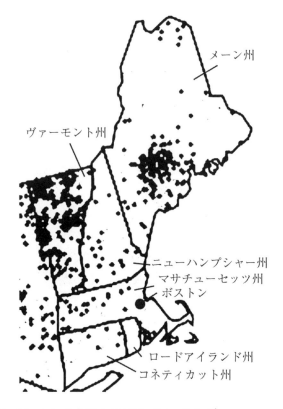

図2：ニューイングランドにおける有機生産農地（2007年） [3]
注：1点が250エーカー（100ha）

させる有益な出発点になりうる証拠もあるということである。たとえば、次のような指摘がある。すなわち、ファーマーズマーケットは、よりアグロエコロジー的な農業形態を維持したり、地域経済を立て直したり、起業機会や公共的市民スペース、さらに社会的つながりを拡げる重要な役割を担ったりするような多様なタイプの農場を振興する「要石」の施設であるというのである（Gillespie他 2007）。

　これは、ローカルな食の取り組みが、農業の持続可能性の問題に対して常に正しい解決策であるといっているわけではない（Born and Purcell 2006; DuPuis and Goodman 2005; Hinrichs and Allen 2008）。白人の特権や階級的地位の再生

産が、ホールフーズの生鮮食品コーナーだけではなく（Johnston and Szabo 2011)、カリフォルニア州のファーマーズマーケットの買い物客や露天商の間でも生じていることを忘れてはならない（Alkon and McCullen 2011）。しかし、現代有機農業に関する政治経済学の文献が示唆するように、二極分化した有機市場におけるこうしたローカルなニッチ市場は、オルタナティブな有機の未来を追求する農家やコミュニティ、消費者に対して、しっかりしたスペースを提供するのである。

こうした構造的な空隙が、持続可能な食を実践する上での希望の空間を提供するわけではあるが、現代有機セクターの経済交換に対する関係論的アプローチが注意を払うのは、経済的な考察の領域外で農家がこうした空間をいかに利用するのかについてである。オルタナティブ農業のこうした構造的な可能性を明らかにするアプローチにおいて、これまで検討されてこなかったのは、有機という景観の中で、小規模農家が自分の居場所を理解するためにどのような関係づくりに従事するのか、まさに現実の経済的圧力や同じく現実のイデオロギー的関与に照らして小規模農家がどのように決定するのか、そして、持続的で意味ある有機の実践が農場ではどのように表れるのかということである。

本書の後半では、小規模有機農家がこうした現実をどう理解しているのかについて検討する。ニューイングランドでは、かなりの農地が有機農業に向けられており、しかも平均農場面積はきわめて小さい（図２を参照）。このことは、二極分化が実際にどのように作用するのか、有機セクターにおいて小規模有機農家はどのように意思決定を行い、どのようにして自らの立ち位置を理解しているのかを観察する上で、ニューイングランドをユニークな場所にしている。ニューイングランドのユニークな歴史と地理は、この地域を米国内で歴史上もっとも生産的な農業地域のひとつにしてきた。だが、こうした条件は、ニューイングランドを「高度に機械化され、大きいことは美しい」という工業的農業モデルにはふさわしくないような状態にも置いてきた（Bell 1989, 465）。その結果、ニューイングランドに活力ある小規模有機農場が数多く存在するのは、驚くべきではないのかもしれない。カリフォルニア州が慣行化の震源地であるとするならば（Guthman 2004a）、ニューイングランドは優れた対照事例といえよう。しかし、有機農業の政治経済学が慣行化アプローチと二極分化アプローチの双方に焦点を当ててきた

こともあって、こうした農家（慣行化された有機の主流からは外れた位置にある）が、農場と生活における有機の未来をどのように理解・構想しているかについては、驚くべきことに、ほとんど知られていないのである。

とはいえ、こうした有機の未来が成立するかどうかは、真空状態では生まれないし、障害物からも無縁ではない。有機市場が二極分化し、ニッチ市場によって慣行化を避けることができる農場も存在する一方で、工業的農業がより安価な有機食品をかつてないくらい市場に送り出しているため、農家が受ける圧力は相当なものである。有機の未来を構想するためには、小規模農家はスーパーマーケット有機で特徴づけられる現代において、社会関係の新たなシステムを築いていく努力をしなければならない。すでに上で見たように、こうした農家には、経済社会学者が良好なマッチング（good match）と称してきたものをつくりだし、矛盾の多いニーズや約束事の中で有効な理解と実践に至らなければならない。農家は、小規模有機農業の困難さをどのように日常生活の経験に合わせるのであろうか。自分の生計と人生のその他の社会的側面との間をどのようにマッチさせようとするのだろうか。そうしたマッチングによって、農業研究者が真に持続可能な農業システムを達成する上で必要不可欠だと示唆する有機の理想に、どれほど近づいていけるのだろうか。

以下では、ニューイングランドの有機農場について、一次資料に基づいて説明を行うとともに、ニューイングランドを中心に、米国の他の地域も加味しながら、小規模農場についての報告やインタビューで補足する。私たちがめざしてきたのは、政治経済学的な有機理解を超えて、二極分化する有機市場において持続可能な実践がいかに成立するのかを理解することである。そのため、有機農業が自分たちにとって大切なものを意思決定していくといった有機農家の主観的経験に接近することが重要であると、私たちは感じている。さらに、私たちの理論的アプローチにおいてより重要なのは、良好なマッチングが行われる場所で、それが観察ができるということである。その場所とは、ニューイングランドの小さな農場である。私たちは、次のような農家の話を紹介する。それは、アグロエコロジー的意味での「有機」にまつわる、深い個人的な信念と価値を真に反映した実践を行っている農家である。しかし、その物語は、農家の闘いの現実主義的な説明でもあり、それによって個人の行動を制約する力を浮き彫りにしている。それは、

第 3 章　スーパーマーケット有機はなぜ問題なのか　　83

米国のあらゆる有機農家を制約する力であるだけでなく、それ以上のものであろう。私たちは、すべての小規模有機農場の闘いを一般化するような手法で描こうとはしていない。その代わりに、良好なマッチングや関係づくりのメカニズムを説明ツールとして描き出そうとしている。そうすることで、有機農家が、有機の未来を育みながら、日々直面する彼ら特有のその場その場の緊張状態といかに折り合いをつけているのかを理解することができるのである。

訳注
1 ）ルイジアナ買収（Louisiana Purchase）とは、1803年に米国がナポレオン１世からミシシッピ川西岸の広大なフランス領ルイジアナ（約214万km^2）をわずか8,000万フラン（1,500万ドル）で買収した事件。これにより米国の領土は倍増し、西部発展のきっかけとなった。
2 ）南部の「再建」（Reconstruction）とは、南北戦争終結後の1865年から1877年までに行われた南部諸州の合衆国復帰を目的とする政策のこと。黒人奴隷制の廃止やプランテーションの解体等が実施されたが、北軍撤退後に各州で黒人の権利を制限する州憲法が制定される等、恒久的な平等実現には至らず、1960年代の公民権運動の時代まで差別や隔離政策が残されることになった。
3 ）図２の出所は以下のとおりである（この項は原注）。
USDA,"Acres Used for Organic Production: 2007," 2012.07-Mo97. 2007 Census of Agriculture. National Agricultural Statistics Service.（http://www.agcensus.usda.gov/Publications/2007/Online_Highlights/Ag_Atlas_Maps/Farms/Land_in_Farms_and_Land_Use/07-Mo97-RGBDoti-largetext.pdf. 2015年7月15日閲覧）

第Ⅱ部

土　地

まえがき
場はどういう意味をもつか

　有機セクターの慣行化は、有機農業に可能性があるか、近代化農業のパラダイムに対する有効な持続的オルタナティブを生み出せるかと、多くの人に疑念を持たせてきた。しかしながら、主流とオルタナティブの双方への二極分化は、フードシステムにいくつかの場を提供する。だからその場は、フードシステムにおいて農業の新しい経済的・社会的関係を作り出す仕事を研究するのに適している。私たちは、ほとんどの有機生産物が工業的商品チェーンと同じタイプの経路を通じて流通しているという、まさにそうした時代を迎えている。工業的商品チェーンは、当初、有機が異議申立をしてきた対象であった。一方で、ますます多くの人々が、社会的なつながり、意味、そして新しい交換の関係を育てるような新しいタイプの経済を求めている（Schor 2010; Schor and Thompson 2014）。ますます人々は、このオルタナティブモデルを喜んで受け入れるようになっている。

　重要な特性—たとえば「ローカル」や「本物」といった—の多くは、オルタナティブな食料生産・消費への努力がおこなわれる場において食品に付与され、市場がもつ狭量な合理性に異議申立をしている。標準化され、画一化され、同一尺度で計られ、そして取替え可能な生産物を扱える市場とは対照的に、オルタナティブなタイプの価値には特性があり、その場特有の意味があり、個人的なつながり、さらに物語の重要性を要求する（Pratt 2008）。結果として、小規模農場、スペシャルティ生産者、そしてそれらの消費者は、活発に「ローカル」とその連携した社会的関係を構築するのであって、それは場、生産物、そしてそれらの意味を超えようという「イノベーションと論議」を通じてである（Weiss 2011, 456）。そのような努力は、人々や地球によい貢献をするために求められる私たちのフードシステムに包括的で持続的なモデルを作り出すことには、失敗することが多いであろうが（Johnston and Baumann 2010; Pratt 2008; Weiss 2011）、少なくとも、論議の現場において、彼らはオルタナティブには可能性があることを示している。

　市場に支配的な合理性に対しての社会運動の挑戦は、しばしばこうしたタイプのオルタナティブな文化的価値の周辺で組織されてきたのであるが（Pratt 2009,

172; Rosin and Campbell 2009も参照)、本書で取り上げる農業者の経済生活についての関係論的アプローチはとりわけ適切であろう。社会運動がますます市場問題に取り組むようになるにつれて、理解することがかつてなく重要になってきたのは、文化的価値が経済的な方針決定にどのように影響するのか、それは意味のある社会的な変革の好機を助長するものか、抑制するのかである (Schurman and Munro 2009)。民族誌的事例研究はまさに重要な理論的業績である。なぜなら「自分自身の目標と実践という点で」オルタナティブな農業のモデルを形成する取組みに、アプローチできるからである。結果として、そうした事例研究は、まさにそうした「合理的な」市場のビジョンに対して抵抗しようと努力している農家の生活において、私たちが資本主義的行動様式である「金銭的見返りを最大化させる合理性」を「自然のものとし、普遍的な」ものととらえないようにしてくれるのである (Pratt 2009, 172)。同時にこのアプローチは、広範な市場の圧力や規制がどのように個々人の生活や仕事を位置づけるかも明らかにしてくれる (Grasseni 2003)。

　小規模農場と農業コミュニティに関する民族誌は、フードシステムにおける交換の社会的関係性、文化的意義、そして経済交換の実際における価値の重要性を明らかにする。とくに際立った事例は、フランスの南西部で発見されている。そこでは土地が手に入れやすかったという歴史によって、数多くのオルタナティブで小規模な職人的生産者が生み出された (Gowan and Slocum 2014)。ゴワンとスロカムによる同地方の民族誌は、農業のオルタナティブな経済活動が成功するには、良好な社会経済的条件が重要であることを示している。加えて、彼らの発見はさらに進んでいる。彼らによれば、オルタナティブな実践を維持するうえで社会的つながりが重大な役割を果たすとともに、個々人は自らの仕事と人生をよりよく生きたいという個人的価値との間のバランスをとらなければならない。彼らが見出したのは、その地域における贈与、協同、そしてインフォーマルな交換が当たり前であることが、小規模オルタナティブ生産者の「高い生活の質と経済的生き残りにとって鍵になっている」ことであった (31)。

　ヨーロッパの原産地表示制度は、イタリア・アルプスのチーズ生産者たちにその典型的な地域産物に市場を創り出してきた。この市場環境は、生産者と科学技術アドバイザーとの関係性を強めさせるものであった。科学・技術的アドバイザー

は、職人的生産者のチーズ文化を標準化させることで、拡大するグローバル市場で地域産物がより安定した位置を占められるようにしてきた。市場の需要をうまく利用し、アドバイザーの影響のもとに、チーズ生産者はその実践と、消費者の要望に対する信念と、経済的利益とを良好にマッチングさせたのである。しかしながら、このことは同時に、地域的な生産システムが世界市場の力学へ依存すること、バイオロジカルなチーズ文化の工業的供給体制への依存を高めることにもなった（Grasseni 2011）。ということは、良好なマッチングが必ずしも「良い」ことでも持続的でもないのである。良好なマッチングというコンセプトは、規範的な評価であるというよりも、経済的主体が彼らの市場活動と、実行可能な経済的な取り決めとその実践にいたる社会的、倫理的、心情的な懸念との間で生じる矛盾をどのようにして解決するかを問題にしているにすぎない（Zelizer 2010）。しかしながらこれらの同じイタリアのチーズ生産者に関する民族誌研究は、彼らの関係性と価値のなかには、持続可能な市場活動を生み出したものもあるとする。たとえば多くの農家が在来種の家畜を再導入する取り組みをおこなってきたが、それはしばしば「新しい」畜種の生産性をモニターしている技術アドバイザーとの関係を通じてであった。これらのよりオルタナティブな取組みは、農家とスローフード運動のような活動家組織との連携によっても支えられている。スローフード運動は、農家を奨励して、「注意深くて、レベルの高い消費者を対象にした幅広いネットワークへの信頼を高め」ようと支援している（Grasseni 2014, 65）

これに似た連携として、ノースカロライナ州のローカルな伝統種の放牧養豚の市場との関係が重要である。そこは工業的養豚業の爆発的な成長の「影で」、「農家、レストラン、消費者」の連合体がローカルな豚肉の生産と消費のためのオルタナティブでまとまりのある社会的関係を共同で建設してきた（Weiss 2011, 439）。このような関係を通じて、どのように地域で放牧した豚を味わうべきかという社会的価値を反映しつつ、これらのネットワークはユニークな品種の豚（オサバウ交配種）とユニークな生産方式（放牧飼育、しばしば特定の飼料作物が用いられる）に対する市場を作り出してきた。その地域のレストランはメニューに地場産オサバウ豚の料理があり、そのコストのかかる生産方法ではレストランには赤字になるとわかっている時でも、メニューに載せられている。そうすることで、レストランは地域で育てられた生産物に対する関心を育て、食をめぐるオル

タナティブな経済的関係のまとまりの維持につなげている。そうした経済的関係のまとまりが、今もなおノースカロライナ州の支配的農業である工業的養豚システムと比べて、長期的な持続可能性においてはるかに大きな可能性をもつ農法を支援しているのである（Weiss 2011）。

　これらの報告（それに本書の他の報告）は、無条件に、オルタナティブな食料市場の創出に関わる関係づくりを理解することが重要であることを示している。本書で中心的な事例分析対象であるシーニックビュー農園についての私たちの民族誌的アプローチは、関係論的経済社会学の視点からのものであるが、私たちはそうした関係を明確なものにしたのである。そうすることで、どのようにして特定の関係づくりが農業者の生活にオルタナティブな取組みの場を生み出すかを理解するための体系的な枠組みを提供する。それは、有機セクターの現代の二極分化についての理解にも寄与するだろう。より一般的には、関係者たちが、経済的関係を主流の「合理的」市場から解放するために、関係づくりに関わり、オルタナティブでより持続的な、さらにより社会的なつながりのある現代的経済生活の将来像をめざしてどのように行動するかを示そう。こうしたアプローチは、農家だけに重点を置くのではなく、このようなオルタナティブなネットワークを可能にするために関わっている他の関係者—たとえば労働者や、参加している消費者、そして土地についても十分な検討をおこなうことを意味している。

　私たちはシーニックビュー農園そのものについては簡単に紹介した。以下で主に焦点を合わせるのは、働き、その土地に関わる人々がこれらの課題に対処する方法である。本書の記述の強みは、その細部に注意が払われており、農場主と農場労働者が自分たちの生涯の仕事をどう理解し、どう実践するかについての覆いをはがすところにある。農家がオルタナティブな取組みを通じて達成しようとするものを真に理解するためには、持続可能な農業の「きめ細かな評価」が必要とされる（Pratt 2009, 172）。そのためにはシーニックビュー農園をその特定の文脈においてまず位置づけることが同様に重要である。

　慣行農業化テーゼや二極分化論がはっきり示しているように、有機農業の取組みは、現代農業をめぐるより広い政治経済のなかで起こったものである（たとえばBuck, Getz, and Guthman 1997; Constance, Choi, and Lyke-Ho-Gland 2008; Coombes and Campbell 1998; Guthman 2004c）。シーニックビュー農園はアメリ

カ北東部の有機農業や、一般的には全米の有機セクターというより大きな世界のなかで存在している。したがって事例分析は、これまでの章でみたような有機農業運動の入り組んだ歴史を描くところから始まる。すなわち私たちの事例の特質は、より広範囲な市場の力に対する受容もしくは抵抗の証拠となる実例であり、それこそが農家とその支持者たちが自らのビジネスとライフスタイルの両方を見通しのあるものにしようと全力をあげるものなのである。

　ニューイングランドにはもちろん独自の農耕方式があり、農家は州や町、コミュニティとユニークな地域的関係を持っている。ニューイングランドについての誤解、すなわち農業には全く適しておらず、本格的な農業生産は他のより生産的な地域が優位であったのでとうの昔に放棄された、といった誤った理解が広まっている。しかし、かつてニューイングランドは重要な農業地域であった。マイケル・ベルは次のように記している。「1897年は全国で1エーカー当たりの収穫量データが利用できるようになった最初の穀物年だが、ニューイングランドは全国平均を、トウモロコシで19％、オート麦で22％、小麦で16％、大麦で7％、そばで21％も上回っていた（Bell, M. 1989, 456-457）。現在でもいくつかの基準でみれば、ニューイングランドの農業は生産性の高い肥沃な地域であり、都市の郊外化が進んでいても耕作可能な土地が残っている（Donahue 1999；Jager 2004）。

　大きな都市や中小のタウンに点在した農業であったことは、長い間ニューイングランドの農業を特徴づけてきた（Russell 1976）。ほんの100年ほど前には、ボストンとそれを取り巻く工業センターは、何千もの商業菜園〔市場向け菜園〕のネットワークによって、新鮮な生産物の供給を受けていた（Donahue 1999）。1910年にはマサチューセッツ州の4万エーカーもの土地が、果物や野菜の商業菜園に充てられていた（101）。このような形態の農業は、第2次世界大戦後になって継続的に減少し始め、その収益性は西部の工業的農業の勢いに押されて低下し、その土地はスプロール化によってますます食い尽くされた（66-67）。それでも同じ農業モデル──小規模な農園が消費者の近くに立地している──はこの地域において収益を維持できたのである。

　たとえばニューハンプシャー州について、ロナルド・イェーガー（Jager 2004）が報告しているように、農業セクターの二極分化はある見込みを説明している──少なくとも小農場が生き残るという意味で。ニューハンプシャー州の農家

は、大部分はより大きな商品生産農場と小規模なニッチ市場向け農場に分かれる。州内のおよそ3,000の農場は、イェーガーによれば、そのうち400ほどが商品生産農場であって、一方ニッチな小売りを行う農業経営の数は増加している（50-51）。広くニューイングランド全体でみると、ブライアン・ドナヒューが言うように（Donahue 1999, 74）、マサチューセッツ州ウェストンのランズ・セイク農園の成功からすれば、商業菜園モデルはスプロール化の圧力の下でも収益的であり得る。

　ニューイングランドはまた農業に従事するマイノリティの人々が比較的少ないこともその特徴である。非白人の農場経営者は全国的に増加しているが、全米の圧倒的な農場経営者は依然として白人である。2012年農業センサスでは、黒人農業経営者が12％増加し、ヒスパニックないしはアジア系経営者が21％増加している。しかし、黒人農場経営者は合衆国全体の農場経営者のわずか1.4％であり、ヒスパニックは3.1％、アジア系はほんの0.7％である。しかしながらこうしたマイノリティの農場経営者は、特定地域に非常に集中している。たとえば黒人農業生産者の90％は、南部12州に集中している（USDA 2014）。

　結果として、ニューイングランドの農業は全国のその他の地域より白人比率が高くなっている。たとえばヴァーモント州では、2012年の州内の１万2,000の農業経営者のうちわずか35人が黒人であった。同じく35人がアジア系で、ヒスパニックはおよそ100人ほどであった。メーン州では、同じく2012年に、黒人経営者はわずか94人（州全体の0.7％）、アジア系は18人（同0.1％）、ヒスパニック経営者は134人（同１％）であった。マサチューセッツ州では農場経営者の多様化がニューイングランドの他の州よりも進んでおり、同じく2012年には黒人が0.9％、アジア系が1.2％、ヒスパニックが1.7％であった（USDA 2014）。

　農場の経営者以外でも、ニューイングランドの農業労働力市場は、合衆国の他の地域と比較して白人が多い。農務省の農業センサスは、農場で雇用された移民労働者の数を追跡しているが、それは今日、大部分はヒスパニック系である（Arcury and Quandt 2009）。だが、移民の労働に依存している農業地域においても、移民労働力は、住民、公務員、消費者のいずれからも意図的に無視されることが多い。彼らの雇用は一種の「公の秘密」で、彼らの存在は隠されており、あるいは避けられており、権利を持った人々からは目を逸らされた存在である（Holmes 2007, 2013）。ニューイングランドの農場は──とくにリンゴやブルーベ

リーといった果実収穫のために——移民労働者を雇用している。そしてとくに悲惨な労働条件が地元メディアによって注意が喚起されるまでは、彼らの地域での存在はほとんど注目されることはない（たとえばBlanding 2002）。ただしマサチューセッツ州の7,755の農場で、移民労働者を雇用しているのは、わずか132農場にすぎない（USDA 2014）。つまり、これから私たちが説明するシーニックビュー農園やそれに似た農場で働く人々は、人種的な権利をもっている地域の農場経営者の代表であり、またその地域の小規模な農場の多くの労働実態を代表している。

ニューイングランドのユニークな農業経済は、シーニックビュー農園でなされている良好なマッチングのための環境を提供している。しかしながら、ニューイングランドの小規模農場が直面する圧力のなかには、全米の小規模農場に対する一般的圧力に覆い隠されているものがある。したがって、近年のアメリカ農業の状態の変化を理解しておくことが、シーニックビュー農園を考察する前に必要である。

これまでの章で概略的に述べたとおり、有機農業運動には初期の反工業的なルーツから近年のアグロインダストリーによって生産される産物の殿堂への編入にいたるまでの、その歴史を通じて大きな変化と挑戦とがあった。シーニックビュー農園はその歴史に参加したのである。これからの章で取り上げるような、一般小売業には販売しないことを選択した小規模農場と同じく、シーニックビュー農園は工業的有機食品チェーンに取り込まれてはいない。このような小規模農場が、そのオルタナティブな取組みをどう維持しているかを理解するには、二極分化した有機セクターが構造的な入り口を開けていることを理解するだけにとどまるものではない（Rosin and Campbell 2009を見られたい）。必要なのは、生産者がいかにいずれかの農法を生産方法として選択するのか、農場とその環境をどう管理するのか、さらに利益を生むと同時に、有機農家として自らがめざすもののために、どのような販売機会を得ようとしているのかを理解することである。

今日の農家の経営継続と、生計維持に立ちはだかる諸問題は、農場の減少だけではなく、残存する農業者の人口統計にもあらわれている。今日「65歳以上のアメリカの農業者は35歳未満のおよそ6倍に近い」（McKibben 2007, 55）。2007年の農業センサスによると、アメリカの農場経営者の平均年齢は57歳である。ロー

ドアイランド州、マサチューセッツ州、ヴァーモント州、ニューハンプシャー州、メーン州では平均年齢はそれよりやや低い。コネティカット州では農場経営者の平均年齢はおよそ55歳である（USDA 2009）。現在でもアメリカの農家の平均年齢は上昇を続けている。最新の2012年農業センサスによれば、基幹的な農場経営者の平均年齢は58歳になった。農業経営数が減少し、農業生産が集中・集約化される一方で、現代のフードシステムにとどまっている農家は高齢化に直面しているのである。

しかしながら、シーニックビュー農園は、アメリカ農業システムの一般的傾向とは逆の新しい動きを代表している。私たちがこの農園に出会った2007年には、農業センサスによれば、第2次世界大戦後、初めて合衆国の農場数は増加した。2002年から2007年までに農場数は4％増加し、経営数ではおよそ7万6,000の新しい農業経営が出現したことになる。加えてより少数のより大規模な農場へという歴史的傾向の中で、その新しい農場の大部分は小規模で、若い経営者が収支を合わせるために農外でも仕事を持っているものであった。同期間に、年間農場販売額1,000ドル未満の農場数は11万8,000増加した（USDA 2009）。

ところが、合衆国における農場数の増加は長続きしなかったのであり、それはおそらく歴史的な農場減少過程における一時的なものに過ぎなかった。2012年は2007年と比べておよそ3％の農場が減少しており、10万1,460の農場が消えたことになる。この期間は、基幹的農場経営者の減少でも最大で、およそ4％になる。2012年は新規農家の数も減少し、開設10年未満の農家数は20％減少した。ただし、ひとつの類型の農家だけが、2012年まで増加し続けている。農業を主たる就業先と考える若い新規の農家である。2007年から2012年では11％、つまり4,000人を超える若者が専業で農業をやるようになっており、彼らこそ私たちがシーニックビュー農園で2009年の農繁期に出会う農家である（USDA 2014）。

小規模農場や新規農場の数が流動的である一方で、集中と分解は一貫しており、それこそ現代アメリカのフードシステムの特徴的な型となっている。2007年には12万5,000の農場――アメリカの農場の5.7％――がアメリカの農業生産額の75％を生産している。2002年では14万4,000農場が同じ額を産出していた（USDA 2009）。他方で、今日75％のアメリカの農場は年間販売額が5万ドル未満であり、これら農場の農業産出額の合計は全農場のそれのわずか3％にすぎない（USDA 2014）。

加えて2012年には全収穫面積の50％がわずか2つの農産物に充てられていた。トウモロコシと大豆である (ibid.)。若者が農業に専業従事者として進出し続けても、彼らはますます大規模化する農場がますます少数の作物に特化してゆく主流の農業セクターに直面することになる。有機市場の外でさえ一般的な小規模農場はますます二極分化するフードシステムの中に存在している。すなわち、より少数のより大規模な農場が継続的に市場を大きく取り込むなかで、一方のより小規模な農場ははるかに減少曲線上にある。

　このような傾向が続いているが、同じデータから、現代の多くの農家が自分の農場で、工業的食料供給チェーンの外部に新しいタイプの経済的関係を作ろうとしていることがわかる。シーニックビュー農園は、消費者への直売市場を選択しようという、数を増している農場のひとつである。2002年から2007年の間に農場生産物の直接販売額の伸びは、農産物総販売額の伸びをはるかに超えていた。2007年の農業センサスによると、直接販売額は104.7％増加しており、それに対して総販売額の伸びは47.6％にとどまった（Agricultural Marketing Service 2009, 3）。今日、消費者への直接販売は総額ではおよそ13億ドルで、2007年以来、販売総額の8％に上る（USDA 2014）。

　興味深いのは、直接販売はニューイングランドでとくに大きく、6州すべてが全米のトップ10に入っている（Agricultural Marketing Service 2009）。ニューイングランドは商業菜園の歴史があり（Bell 1989）、加えて近年では「全米でも小売りを行う農業経営が最も集中しており、さらに少なくとも人口の75％が住んでいるのは、旬の季節には新鮮な作物を販売する小売り直売店の10マイル圏内である（Jager 2004, 53）。ドナヒュー（Donahue 1999, 90）が指摘するように、ニューイングランドの農業においては、商業菜園経営はいったん法外に高い農地価格をなんとかすれば、「利益を生まないわけがない」。とくにより多くの消費者との連携ができればなおさらである。

　直接販売にはいくつかの形態があるが、最も広く普及しているのはファーマーズマーケットである。その伸びは爆発的である。2000年では、全米には2,800を超えるファーマーズマーケットがあった。2009年では5,000を超え、2011年には7,000余りになっている（Agricultural Marketing Service 2011）。同じ傾向がCSAの成長についてもみられる。CSAでは消費者は野菜を買うだけではなく、

株式市場のようにシェア（出資持ち分）を買う。ということは、CSAの顧客は、生産者が1シーズンに生産する見込みを買うのである。さらにシーニックビュー農園のような農場では、CSAに取り組むことはおそらくもっとも重要なやり方であって、それによって食料をめぐるオルタナティブな社会関係をつくりだし、農業生活を自分の個人的価値と調和させようとするのである。

後に続く章で明らかにするとおり、シーニックビュー農園で最も変化する可能性のある関係は、CSAによってもたらされたマッチングの結果である。より重要なのは、同農園やそれに似た農場が農業の持続可能性を高めようとするに際してぶつかる苦労の多くは、CSAをより有機的な将来、より環境親和的な経済建設のための批判的ツールとしながら、CSAが提供するタイプの関係を強化・拡大することにある。

農務省によると、CSAの基本的概念は1960年代のスイスと日本で生まれた。「消費者は安全な食料に関心を持ち、農家は生産物の安定的な販売先を探しており、彼らがいっしょに経済的な連携をおこなったのである」（DeMuth 1993）。合衆国における最初のCSAはマサチューセッツ州で1985年に始められた（McKibben 2007, 81）。農務省は1993年には400を超えるCSAが全国にあると推計している（DeMuth 1993）。USDAはこの販売戦略を採用している農場数については定期的調査をおこなっていないので、インターネット上の名簿である「ローカル・ハーベスト」（2015）をみると、それには6,000を超える農場が会費を払ってCSAに登録されている。ちょうどこの20年ほどで、CSAによる販売をおこなう農場は10倍以上にも増えた。同時に有機セクターにおける二極分化研究によれば、農薬や化学肥料の使用を「最小限にし」「投入財を問題にする」農場よりも、運動志向の農場の方が消費者に直接販売する傾向がある。（たとえばConstance, Choi, and Lyke-Ho-Gland 2008）。加えて有機セクターの慣行農業化が進むにともなって、消費者の需要は「ローカルな」食料や、直接販売に移っていった。実際にローカルであることが、急速に成長する食料セクターという意味では有機を上回っている（Adams and Salois 2010）。直接販売という新しい試みは、アグロインダストリー企業が比較的競争力を持たないニッチ市場を確保することで、より全体的な有機農業に取り組む農場のための構造的空間を提供している。

直接販売のこのような傾向はアメリカの農業のありように根本的な変貌を特徴

づけている。加えて小規模農場が生き残る可能性を与えている。つまり「ローカルで育てられた有機食料は、今日のより小規模で高度に多様化した経営がエーカー当たり2万5,000ドルを売り上げることを可能にしている。かつては、農家はエーカー当たり2,000ドルの利益を上げれば満足であったのである」(Jonsson 2006)。農場数の減少が続き、アメリカの農業が一貫して強烈な経済的集中によって特徴づけられているという事実と、若くて初めて農業に従事する農家が農業を専従のキャリアとしようとしていることとは、まったく符合しそうにない。直接販売を通じて、小規模な農家はやっと経済的に成り立つ機会を得る。シーニックビュー農園とそれに類似する事例を通じて示すとおり、彼らの倫理的な考えやライフスタイルの願望と、良いビジネスの手法とを調和させようということが、直接販売へのアプローチを決断させることになるのである。

　潜在的には利益があがるのではあるが、直接販売手法を採用しようという決断には、農家は多大な時間とエネルギーを求められる。「一般の農業コミュニティでは、ローカル食品によって価値を附加するためには、農業労働力を増やさなければならないと広く信じられている。」何かと忙しい農家は農外就業を増やしており、うまく（直接販売を）やれないかも知れない（Mount 2012, 108)。小規模農場が消費者への直接販売を決定するにはライフスタイルの考え方とビジネスのやり方をマッチングさせることが要求される―それは有機セクターに関する経済的な評価がそれを無視しているとして批判されてきたものである（Rosin and Campbell 2009)。二極分化論は、なぜ直接販売経営にとっての構造的ニッチが現在の有機市場において可能なのかを説明している。つまりマッチングという用語は、小規模農場が行うライフスタイルの決定によってニッチがどのように埋められるかを説明できるようになっている。

　関係づくりとその技術は、これらの機会を最大限に利用するためにはたいへん重要である。なぜなら、直接販売には卸売販売する農家のものとは全く異なった一連の技術が必要とされるからである（Oberholtzer 2009)。直接販売アプローチを採用する農家は消費者との関係を強めるために、対人関係についてのしっかりした技術を持っていなければならない。そして消費者の需要の変化に対応して、多様な作物についての膨大な栽培知識を備えていなくてはならない。これらの技術は、モノカルチュア経営をうまくやり、流通業者と卸売価格を抜け目なく交渉

することが求められる技術とは大きく異なっている。

　時間があり、また専門的技術があっても、必ずしもどの農場もその産物を直接に消費者にうまく販売できるわけでない。なぜなら直接販売をおこなうには、潜在的な消費者の層がそれなりの厚みを持って存在することが必要であるが、この条件はアメリカの農村の多くで欠けているものである。農村地域の農家は、「都市市場へのアクセスの問題や輸送問題を含めて、消費者につながるには多くの困難がある」（Oberholtzer 2009）。農場が都市の傍に立地していれば直接販売を利用できるが、「都市周辺部」では往々にして農地の所有や借入は、費用面でたいへん難しい。直接販売はめざましく成長しているが、全米でそれへアクセスするには障害が大きすぎる。

　ニューイングランドの農業経済は、より小規模な都市周縁部の農場によって成り立っていた（Bell 1989; Russell 1976）。また、ロナルド・イェーガーの報告にあるとおり、農業生産性をニューイングランドの短い作期を考慮して再定義すれば、この地域の生産性は全米のトップであろう。加えて「耕作ができ、肥沃な土地の間に小さなコミュニティが散在するニューイングランドの景観からすれば、多様な作物の生産と販売が非常に近接し、複雑に絡み合った状態を残せる」（2004, 54）。直接販売に取り組むことができる時間と、成功に必要とされる専門技術をうまくバランスさせるようなタイプの良好なマッチングができる農場には、新たに出現しつつある市場はチャンスである。

　そうした傾向は、「都市周辺」の農場、たとえばシーニックビュー農園のように、農業を生涯の仕事にすることを可能にしている。ただし、このような約束されたように見える傾向にも注意を要する。農場数の増加が見られた2007年でさえ、農務省のセンサスが示した増加の中心は、販売額が1,000ドル未満の小規模農場だった。アイオワ州の農業経済学者マイク・ダフィーによると、それらの小規模農場はほとんどが「ライフスタイル」農場であって、「商業的農家になろうとはしてはいない。」（Jonsson 2006の引用）。実際、販売額が1,000ドルから25万ドル未満の農場数は、2002年から07年までの期間でも減少し続けている。今日まで続く農家数の減少と一致している（USDA 2009）。つまり「小規模農場」が現代のアメリカ農業に復帰してきたという議論をする場合、これは注意しなければならないのである。

少なくとも私たちはシーニックビュー農園のような農場がひとつだけではないことを知っている。それどころか、それらは同じく小規模で多様な農業を営み、直接販売をニューイングランドや全米で展開している活力あるグループの一部である。しかしそれらの農場に活力があるとしても、現代の農業セクターが、引き続き減少と分断と集中合併に直面しているのは明らかである。シーニックビュー農園がどのように今日の農業経済の機会と困難をくぐり抜けようとしているかに注目することで、より大きな傾向が彼らの経験にいかなる意味を与えるのかについて理解を深めることができよう。農業におけるユニークな環境上の制約が工業的農業には収益を保証させないニューイングランドのような地域において、一定の条件のもとで小規模農場が比較的高い生産性を持ち、消費者が工業的食品の安全性と品質に懸念を抱いていることが、小規模農業をして、現在の農業経済で優勢な慣行農業モデルに対抗する実践とライフスタイルとを生み出させる機会を提供している。(Coombes and Campbell 1998, 141; またConstance, Choi, and Lyke-Ho-Gland 2008を参照)。残された分析は、農家がどのようにしてこうした構造的ニッチを活用するのに必要な良好なマッチングをやれるかである。

　シーニックビュー農園は、現在の二極分化した有機市場において、スーパーマーケット有機ではないオルタナティブな有機ビジョンをめざす多くの農場のひとつである。私たちには、全米の、あるいは地域レベルで、すべての小規模な有機農場が、いずれもその経営維持で同じような苦労をしているかどうかはわからないが、事例分析を通じて発展させてきた良好なマッチングという用語は、二極分化を理解するうえで重要なギャップをつなぎかつ埋めるものだと確信している。二極分化した有機市場において、小規模農場は次のことの両方をうまくマッチさせなければならない。すなわち、慣行農業化した投入財置換的アプローチよりもより全体的な有機という農業に取り組むことと、それでも経営は収益を確保できるということの両方を、うまくマッチさせることである。

　農家のなかには、異なったやり方で、課題や機会に対応しているものもあろう。いずれにしろ、シーニックビュー農園は、有機農業のためにオルタナティブな社会的経済的関係と相対しなければならない農家のひとつの実例を示している。良好なマッチングとは、小規模な有機農場に対する圧力のなかで、小規模農場がそのビジネスへの期待との間でうまくバランスをとる努力をしていることをリアル

に描写したものである。

　本書ではニューイングランドやアメリカの他の地域での農業経営の事例を取り上げる。ニューイングランドにおける有機、低農薬あるいは無農薬、そして慣行農法農場へのインタビューを通じて——C・ライト・ミルズが優れた研究であれば絶対になすべきと論じているように——「歴史、個人史、そして社会におけるそれら二つの間の関係」を明らかにした（Mills 2000, 6）私たちはニューイングランドの有機セクターを一般化する方向では論じていない。ニューイングランドや全米で農家がやろうとしている新たなタイプのマッチングを引き起こすにあたって、決定的に重要な社会的関係性の論証を補強する評価を提供する。そのようなマッチングに際しては、農家は有機セクターにいるというだけでなく、オルタナティブな場を積極的に構築している。それは工業的フードシステムと競争しながら、同時にそれからの距離を取ってのことである。しかしながら「個々の人生も社会の歴史も、両方を合わせて理解することなしには理解はできない」（3）。有機農業についても同じことが言える。そして残された課題は、それらの圧力が個々の農家にどのように理解され、反応を受け、毎日の具体的な業務とどうマッチさせられるかである。彼らの日常の現実を理解するためには、現場でしばし過ごす必要がある。

第4章
フダンソウの真ん中で
ニューイングランドの景観の多様性と有機農場の実際

　まずシーニックビュー農園の概要を述べたい。その後に、民族誌のスタイルで事例分析をする。これによって、農家による関係づくり、毎日の営農、そして持続可能な理想を維持しつつ生計を立てるマッチングについて、より詳細に観察できる。シーニックビュー農園は農務省の認証を受けた有機農場で、ボストンから約60マイルほどの「都市周縁部」にある「家族農場」である。ジョンとケイティ夫妻が経営しており、農地はジョンの両親からの借地である。この農場は前の世紀が変わる頃からジョンの家族の所有であったが、長い間、農地としては使われていなかった。しかしジョンの祖母が加入した保全地役権〔conservation easement, 土地環境の保全目的に反する活動を禁止する権利。マサチューセッツ州では1969年の州法で法定〕のおかげで、所有可能な地価水準が保たれており、農業利用が可能であり、商用地や宅地としての開発は避けられていた。面積はこの地域の平均的農場より小さく、耕作できるのは4区画合わせて6エーカー余りであった。2012年農業センサスによると、マサチューセッツ州の農場の平均面積は68エーカー、ヴァーモント州は171エーカーであった。ロードアイランド州の平均はより小さく、56エーカーである（USDA 2014）。シーニックビュー農園の販売額は、地域の農場の平均販売額よりも高く、年間ほぼ8万5,000ドルである。全米の農場のうち75％は販売額は5万ドル未満であり、その農場の多くはニューイングランドと南東部に集中している（USDA 2014）。ニューイングランドのほとんどの有機農場と同様に、シーニックビュー農園は畜産ではなく耕種農業である。マサチューセッツ州では2007年に州内に立地する319の有機農園のうち264農園が耕種生産であった（USDA 2009）。シーニックビュー農園では非常に多種類の野菜類をハーブや切り花とともに栽培し、ほとんどをCSAを通じて販売している。残りは農場売店（ファームスタンド）で直接消費者に販売するか、レストランへ販売している。2007年農業センサスによれば、マサチューセッツ州では農家の3％がCSAに取り組んでいる（ibid.）。まえがきで論じたように、ニューイ

ングランドは全米でももっとも農産物の消費者への直接販売が活発な地域である。2012年農業センサスでは、マサチューセッツ州でCSAプログラムが農家の6％にまで広がっているとしており、CSAに取り組む農園の比率がもっとも高くなった（Keough 2014）。これから見ていくように、シーニックビュー農園のCSAプログラムはそれを成功させ、また良好なマッチングを行えるだけの生命力をもっている。

　ニューイングランドの他の多くの農場と同じように、シーニックビュー農園も農産物の販売を農外所得で補っている。マサチューセッツ州では、2012年に約53％の農場経営主はその主たる職業は農業ではなかったし、40％の経営者は年に200日以上農外で働いていた。同じことがコネティカット州でも言える。57％近くの経営者は自分の主たる職業を農業とは考えておらず、43％は200日以上農外で就業していた（USDA 2014）。シーニックビュー農園が雇用している農業労働者は季節就労であるが、経営主は農場でフルタイム働いている。ただし、賃貸業で農外収入がある。所有地内にコテージとゲストハウスがあり、週末の休暇など、いろんな用途に使われている。このタイプのビジネスができるのは、農場が自然のなかにあり、ハイキングや自然探索、そしてただのんびりするのに適しているからである。明らかにこうしたタイプの追加所得は、それを得ているあいだにも、シーニックビュー農園の経営者が有機農業に携わることを可能にしている。

　こうした特徴には再度ふれることにするが、それはシーニックビュー農園の民族誌的な評価のなかで浮かび上がってくるものである。そうしたデータが示すのは、この農場がニューイングランド農業そのものであるということだが、データは日々の農作業に見られる実際的な課題、心情的な愛着、信念、あるいは価値といったものを捉えてはいない。これらの特徴を捉えるためには、シーニックビュー農園のような農場のラフなスケッチではわからない農場の実践、歴史、生活上の経験にまで掘り下げる必要がある。さらに有機農場で働く人々が、しばしばその生活において直面する矛盾の圧力をどのように考えているのかを観察し、理解することが求められる。農家がどのように自らをうまく有機にマッチさせるかを理解する必要があるのである。

　ジョンとケイティは、ともにニューイングランド出身で、大学卒である。人生史は異なるが、両者ともフルタイムの仕事として農業に熱心に取り組むように

なった。ジョンは家族の土地に戻って農場を始め、ケイティとの結婚で彼女も農業の生活を始めた。ジョンは人文科学を学び、ケイティはプロのダンサーだった。実際の農業経験は欠けていたのだが、私たちが彼らに会うまでには、すでに10年以上も農業経営を成功させていた。

　耕作される6エーカーという面積は、この地域の農場の平均規模と比べても、また現代の標準経営規模と比べるとなおさら小さい。第1章でみたように、1972年に、「規模拡大しなければ去る」べきだとアール・バッツが宣言したが、この声明は数十年にわたってアメリカ農業の支配的な見方であり続けている（Duscha 1972）。ジョージ・W・ブッシュ政権のもとで、農務省農村開発局次官であったトーマス・ドーアは「将来の適正な農場規模は、経営者1人当たり20万エーカーになるだろう」とした（McKibben 2007, 56より引用）。このような考えは無視できないのであって、ジョンの家族は最初から離農すべきだとか、シーニックビュー農園で農業を始めるのは破産を企てるのと同じだといった見方につながる。

　したがって再び、規模が展望に関わる問題のすべてである。ジョンの農場はかつて圃場は2つであったが、現在では4圃場になっている。これらの圃場と将来、圃場がさらに増えるかもしれないにしても、ジョンは自らの農場を「小規模で、中規模との境にある」と見なしている。ドーアの適正規模に関する発言は、シーニックビュー農園のような農場を、取るに足らないものと否定する。

　しかしこの農場は、その多様性ゆえに美しい。大農業州を車で走ったことのある者なら誰でも、20万エーカーの農場がどのようなものであるか理解できる。アイオワ州のトウモロコシの海やワシントン州東部のパルース〔地理学でいう古砂丘地帯。等高線耕作が行われる〕の雄大な小麦畑には目を奪われるが、シーニックビュー農園はそうした毛布に覆われたような景観ではなく、より自然が残されたものである。確実に保全地役権が土地を開発から守り、自然地トラストとなっている。農場がその景観の一つの構成部分であり、周囲の自然に抱かれている。

　シーニックビュー農園の全体は、草地、湿地、森、小川、池と農業用地が入り組んでいる（図3を参照）。農場で働いている間、とても多くの鳥のさえずりが聞こえることが、この農場で過ごすことの良い点だという。鷺が頭上を飛び、大きな翼が地面に影をつくり、魚や蛙を捕りに池に向かう。ネコマネドリ〔北米・中米のマネシツグミの類〕が農場で働く人々が行き来するのを眺め、ほんの小石

第4章　フダンソウの真ん中で　103

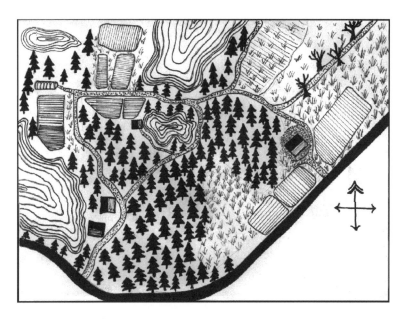

図3　シーニックビュー農園の農業景観（フィッツモーリスによるスケッチ）

ほどの小さなヒキガエルが畝間を除草する人々の手や膝をよけるために必死に跳ねる。フクロウが夜、暗い森で鳴き、時にはコヨーテが圃場の縁の藪に逃げ込むのが目の端に映ることさえある。2009年の6月上旬のある日、農場を手伝ってくれている人がトラックで圃場の間を走っていたのだが、トラックを止めて外に出た。大きなカミツキガメが道をふさいでいたのである。トラクターの運転手は用心深く耕さなくてはならない。柔らかくて豊かな土壌は、怒りっぽい爬虫類のお気に入りの住処だからだ。

　この土地のみごとな美しさが、ジョンが農耕生活を選んだ一つの理由だ。子どもの頃、夏休みにはジョンは祖母の農場で過ごし、馬農園で働いた。大学を卒業すると大都市で働いていたのだが、自分の家族の土地に戻りたくてたまらなかった。そうしなければ自分はこの土地から与えられる多くの喜びや恩恵を受けず、やっかいな所有権問題に直面することになるだろうと思ったという。この農園の美しさと田舎のライフスタイルには、ケイティも気に入った。ケイティはニューイングランドでの子供時代、しばしば自然の景観に触れる機会があり、森の中で

過ごした夏の日を懐かしく思い出していた。彼女がジョンと結婚して農場に移ってきたとき、農業を営む生活になじみがないわけではなかったのである。ただし、農業で生きるのはケイティの人生には非常に大きな変化を意味した。彼女の前職であったダンサーを続ける時間はほとんどなかった。しかし同時に、臨時のアルバイト事務で所得を得る必要もなくなった。嫌な事務仕事を思い出すと、夏を野外の農作業で過ごせるのは、ずっと自分に合っていると感じられるのである。

ニューイングランドの美しい場所にあるとはいえ、農場が美しいのは土地の管理方法によるものである。圃場が自然にまわりの景観に抱かれており、作物の畝は果てしなく続くといった感じを与えない。むしろ景観に溶け込み、土地の自然を多様化する相乗効果をあげている。

これらの特徴は農場経営がどうなされているかによる。多くの研究によれば、有機農場の方がより持続的な農村景観を創り出す傾向にある。「有機農場は（慣行農法と比較して）、変化に富んだ景観を生んでおり、見た目にも景観とうまく合っている。」(Duram 2005, 56)。さらに健康で地元産の食料と美しい景観を有機農場は提供するが、それはドナヒューが言うところの、「皿に盛られる苦くはあるがおいしい」といったものではなく、「よりよい風味とすばらしいその地域で育てられた有機食品と、消費者の身近な裏庭のような場所にある農園の美しさを提供することができる。……農地そのものの雰囲気を販売することができる」(Donahue 1999, 75)。農場における生物多様性に関するエコロジー研究が明らかにしているのは、有機農場の持続的な景観は見た目に美しいというだけではない。さらに有機農場はより多様である。慣行農法に比べて、チョウが非常に多いとか、鳥の種類が2倍を超えるといったこともある (Feber 他 1997)。

私たちのインタビューに応えてくれたニューイングランドの他の農場の多くも、そうした選択にともなう経済的困難にもかかわらず、彼らに農耕生活を受け入れさせたのは、生活できる、ないしは少なくとも働く場としての農業景観としての美であり、「美しい」場所であったからだというのだ（インタビュー回答者と農場の一覧は**表1**参照）。パイオニア農園のエレインは、圃場手伝いとファーマーズマーケットでの販売員を担当しているが、この農園は30エーカーの有機認証農場で250人の会員を抱えるCSAであり、過去5年間営業している。なぜ農業で働くことになったのかを尋ねると、「あら、美しい農場だったからよ」と満足げに

落ち着いたものであった。コリンは700人の会員を持つCSA農場であるヴィリディアン農園の経営者であるが、大学時代の農場研修で、「とにかく小規模農場の美しさに心を奪われた」であった。

　サリーはこの9年間、オールドタイムス農園で、フルタイムの圃場作業員兼販売マネジャーであった。この15エーカーの農園は有機農法を採用しているが有機認証は受けていない。新米の母親であった彼女は、入会していたCSAの会員として農園でボランティア活動を始めた。畑ではヒキガエルといっしょで、その場の雰囲気が大好きで、「美しい場所だった。楽しかったわ。」と言う。農園主から雇用したいがと言われ、それ以来、毎年の農繁期に農園で働いている。

　春、車でシーニックビュー農園へ向かうと、ニューイングランドの典型的な風景を見ることができる。まず日陰の道に沿っていくつかの家を通り過ぎる。ジョンの親戚の家だ。そして小川を超える。その流れは敷地の左側にある大きな池に向かっている。最初の圃場が見えてくる。それは比較的小さく、花の畝が並んでいる。まだ咲いてはいない。そしてハーブ類が植えられている（図3）。角を一つ曲がると、4つの圃場が狭い泥道を挟んでいるのが見え、圃場はそれぞれ草に囲まれ、密に植えられた木で隔てられている。茶色い砂質の土はトラクターで畝が立てられている。車から降りると、豆類がつる棚につるを伸ばして上り始めようとしているのがわかる。ニンジンは土の間からレースのような葉を押し出そうとしている。そして少し離れた所にはジャガイモの濃い緑の葉が見える。右側には若いレタスの芽やフダンソウ〔寒さなどに強くいつでも収穫できるから不断草。シュガービート（甜菜）やスイスチャードに代表される西洋フダンソウも同じ仲間〕、ビーツ、豆の列が並んでいる。しかしながらこの農場で生きているのは野菜だけではない。鳥たちは日の光のなかで鳴き声を畑に響かせている。ツバメたちは元気よくさえずり、ネコマネドリはしわがれ声で歌っている。

　多様な動植物のなかで、人々が働いている。小さな苗がニューイングランドの春に特有の冷たい土壌から芽をふいている。それには、有機農業のパイオニアの信念の中核的な理想が反映されている。有機農業とは、有機農業のパイオニアであるバルフォア卿夫人の言によると、「私は生物学的農業と呼びたい。その方が生命が強調されるのよ。簡単に言えば、均衡よ」（Balfour 1977）。モノカルチャー農業とは異なり、シーニックビュー農園の景観は均衡に到達しようとする試みだ。

表1　インタビュー農園

農園名	耕作面積（エーカー）	有機認証資格	主たる作目	CSA会員数
シーニックビュー農園	**6**	**認証有機**	**多種の野菜、切花、ハーブ**	**100**
ヴィリディアン農園	50	非認証有機	多種の野菜、ひまわり	750
オールドタイムス農園	15	非認証有機	多種の野菜、鶏、羊、七面鳥	22
ピースフルバレー果樹園	130	総合的防除	多種の野菜、果樹（リンゴ、桃）	なし
トゥルーフレンド農園	60	総合的防除	多種の野菜	100未満
トゥルーフレンド農園	60	総合的防除	多種の野菜	100未満
ハッピーヘン牧場	80	非認証、持続的、放牧飼育	採卵鶏、鶏、七面鳥	100
ヴァーダントエーカー果樹園	250	有機でない	多種の野菜、果樹	なし
ヘリテイジハーベスト農園	65	非認証の持続的有機	多種の野菜、卵、蜂蜜	510
パイオニア農園	30	認証有機	多種の野菜、果樹	250
サステイナブルハーベスト農園	130	認証有機	多種の野菜	1500
ロングデイズ農園	144	持続的、総合的防除	多種の野菜、家畜、果樹	300
ジョンソンファミリー農園	35	減農薬・無農薬	多種の野菜、果樹、薪、鶏肉	200未満
パルナッソス農園	55	認証有機	多種の野菜	なし
グレイトフルハーベスト農園	13（その他に牧草地）	認証有機（牧草地は非認証）	多種の野菜、家畜	100
ラフィングブルック農園	20	認証有機	多種の野菜、ベリー類、リンゴ	なし

注）農園名はすべて仮名。

CSA以外の販売	労働力	調査対応者	調査対応者の地位
レストラン、ファームスタンド	**見習い、フルタイムまたはパートタイムの季節労働者、1名の農場・賃貸業フルタイムマネージャー**	**全ての被雇用者：ケーススタディ現場**	**全ての地位**
ファーマーズマーケット、都市部のファームストア、レストラン	見習い、農園フルタイムマネジャー	コリン	農園所有者・経営者
ファーマーズマーケット、レストラン	フルタイム雇用1名、外国人研修生	サリー	販売マネジャー・農場労働者
ファーマーズマーケット、ファームスタンド、レストラン	季節労働者、農園マネジャー	マシュー	販売マネジャー・生産者
主として卸売業者、ファーマーズマーケット	家族、季節労働者	メアリー	ファーマーズマーケット販売担当（隣人）
主として卸売業者、ファーマーズマーケット	家族、季節労働者	ジェーン	圃場研修生、販売担当（娘）
ファーマーズマーケット、ファームスタンド、レストラン、地域の大規模チェーンでない食料品店	と畜作業に地元の女性5名、販売担当者	スザンナ	販売担当者
ファーマーズマーケット、ファームスタンド、観光農園、卸売（リンゴ）	家族、季節労働者	ショーン	圃場作業・市場販売者
ファーマーズマーケット、ファームスタンド、限定的に卸売	15-20名の圃場作業・販売のための労働者	クレア	圃場作業・市場販売者
ファームスタンド、レストラン、ローカルフードハブへの卸売	季節的圃場労働者	エレイン	季節的圃場作業・市場販売者
ファーマーズマーケット、ファームスタンド、レストランおよび協同組合への卸売	季節的圃場担当班、市場販売者、研修生4名	ミーガン	季節圃場担当班の一人・市場販売者
ファーマーズマーケット、ファームスタンド	不明	ルーシー	農場所有者・経営者
ファーマーズマーケット、ファームスタンド	少数の季節労働者、農場経営者	エリック	農場所有者・経営者
卸売、ファーマーズマーケット、ファームストア	季節圃場労働者、市場販売者、卸売・選果作業者	リタ	市場販売者
ファーマーズマーケット、レストラン	不明	モーリー	農園マネジャー
ファームスタンド、ファーマーズマーケット	季節圃場労働者、市場販売者	ヘレン	市場販売者・圃場労働者

108　第Ⅱ部　土地

図4　ニューイングランドの田園。サスティナブルハーベスト農園の有機農業景観
（フィッツモーリスの撮影）

　有機農業の精神に深く根づいているのは、農場を単に経済的資源を採取する場としてではなく、生きているエコロジーシステムとして見ることにある。「有機農家にとっては鍵となる概念は、多様性と土壌の健康である。慣行農法の農家にとっての鍵となる概念は単作化と短期的利益の最大化である。」（Blatt 2008, 86）。農業経済学者のジョン・アイカードによると、これらの異なった農法はそれぞれの論理の土台の違いから来るもので、彼はそれを「永続的」農業と「生産的」農業と称している。永続的農業とは自然の摂理に基づき、終わりなく、自給的に廃棄物をリサイクルし肥沃さを保全する。多様性はそのようなシステムの中心に位

置している。生産的農業では多様性は邪魔になる。目標は永続的な保全ではなく、資源の採取を最大化することである。前者は結果として持続可能性に近づき、後者は間違いなくそれから遠ざかる（Ikerd, in Kristiansen, Taji, and Reganold 2006）。多様な作物はそれぞれの畝を分かち合い、周囲の野や森に見え隠れしている自然のかたちや状態に沿うようである。

　有機農法では、慣行農法でなら特定の農薬で避けられるあらゆる障害にぶつかる。たとえば、ジョンが説明してくれたように、ニューイングランドの春に典型的な、ひっきりなしに降る霧雨がやっかいなのだ。もし雨が降っているときに雑草を抜いても、雑草は新しい根を湿った土の中に伸ばしてしまう。それでも、雨が多いので農場の仕事は天気になるのを待ってはいられない。それで、誰かが鍬、すなわち農場で最も基本的な道具で仕事を始めざるをえない。春には農場で働く人々は、細幅のぴかぴかに研がれた鍬の刃を、新しく芽吹いた豆になるだけ近く寄せて入れて引く。もちろん柔らかい豆の芽は傷つけないようにして。そうやってなるべく多くの雑草を引き抜く。このような除草は非常に重要だ。そうしておかないと豆は十分に収穫できない。ただ豆の収穫は夏だ。春は土壌を準備し、若い作物を育てる時期である。

非収益的な作物を育てるという困難な選択

　ある日、農園の豆と雑草の中で働いていたとき、有機農家が毎年直面する難しい選択―それは良好なマッチングでもある―について、なるほどと目を開かされることになった。それは経済的合理性からはほど遠く、むしろ対立しており、親密さと心情がどのように経済生活を経験しているかの証拠になっている（Zelizer 2010）。人々は、彼らの生活における経済的な問題と心情的達成のマッチングをめざしており、それは関係性という性格を維持しながら、「経済的な仕事の関係をつくる」といったやり方である（Zelizer 2006, 307）。有機農家はまさに良好なマッチングが決定的に重要となるタイプの関係の中にいる。マッチングの目標は、他の人が「簡単に、混乱をもたらすかも知れない」（315）誤解が関係のなかで生じるのを避けることである。

　豆は発芽したばかりで、最初の葉がちょうど開き始めていた。しかし、芽のいくつかは成長が止まっていた。茎は裸のまま伸びていた。畝間の土を鍬の刃でか

き混ぜると、犯人と思われるものをジョンは掘り起こした。白と黄色の小さな幼虫をつまみ上げた。ヨトウムシだ。ジョンによれば、ヨトウムシは野菜栽培で常に厄介者だ。地面のすぐ下を動きまわるこの生き物は、光に向かって上方に伸びようとする柔らかい新芽の周りを囲んで食害し、茎を断ち切ってしまう。それが葉のない原因になる。豆の芽の先端が食べられると、芽吹くチャンスさえ失われる。この有害な生き物は、有機農家にもう一つの旧い道具を使用させる。ジョンは身をよじる幼虫を指でつぶした。

ジョンは雑草管理が大切なのだという。豆は収穫作業が手間なだけではなく、収益性でも劣る。読者の中にはこの事実に驚くかもしれない。食料品店では、豆が、もちろん缶詰の豆は別にして、特別安く売られているのはめったにない。有機栽培の生豆は少なくとも1ポンド当たり数ドルのコストがかかっている。傷みやすい若い豆はもっとだ。ジョンはこう話す。「つまりCSAにはこの種の問題があるんだ。人々が求めているから安い作物でも作らなくちゃならない。作物が一種類だけでいいなら、トマトを作るよ。トマト1個の重さはどれもほぼ1ポンドだ。そして1ポンド3ドルの値を付けることができる。もし同じ値を豆に付けることができたとして、豆1個の重さはいくらだ。100分の1ポンドかな。その価値よりももっと多くの労力が豆にはかかっている。」彼は笑いながら、「だけど僕はトマトだけのCSAが成功するのなんか見たくないけどね。」

ジョンの畑で栗色の縞模様のあるビートの葉と細い豆の茎は自然なようすで一緒のように見えるが、その根底にはエコロジカルな論理と同じぐらい経済的な論理が働いている。作物の多様性は純粋な偶然でもなければ、完全なイデオロギーでもない。シーニックビュー農園が真剣に取り組んでいる有機農業の原則に沿ったものであると同時に、経営を成り立たせるためのビジネスモデルの実行でもあるひとつの良好なマッチングである。

このようなビジネスの手法は、まず第1に、有機農業の考え方を尊重しながらも、有機農場の経営が経済的に慎重であることを示している。シーニックビュー農園は二極分化論からすれば、明らかにニッチな「ライフスタイル農業」だろう（Constance, Choi, and Lyke-Ho-Gland 2008を見られたい）。加えて、農場所有者がこうしたいと思うような農業に向けて目的意識的な行動をとった結果でもある。たとえばシーニックビュー農園は、作物を小売店に並べる卸売業ベンチャーを

いっさい避けている。その代わりに彼らはCSAを主な販売形態としており、それは収入の60％を占め、販売額では4万8,000ドルになる。日々の選択、つまり、いつ、どう栽培するかと同様に、慣行農業の販売チャネルを利用しなかったり、制限する決断をしているのはこの二人だけではない。むしろニューイングランドで話した他の農家も同様の販売方針であった。ますますCSAは小規模農家にとって収支バランスを取る数少ない方法のひとつとなっている。CSAが販売時期を通じて農場を維持できる価格での販売を保証してくれる。「トマトだけのCSA」はジョンを誘惑するかも知れないが、彼にはそれがエコロジカルな点では全く持続的でないことをわかっている。

　他の農家も、非収益的な作物の栽培が不可避だという難しい決断については、ジョンと同じ言葉を繰り返した。ヴィリディアン農園の所有者コリンは、ジョンと同じであった。大学卒業後すぐにいくつかの農場で見習いとして働き、両親の土地で10エーカーの小農場を始めた。懸命の努力を続けたが、4年後にはスタート間もない経営を閉めざるを得なかった。8年前に彼はもう一度農業を始め、毎年5～10アールずつ拡大して、会員700名のCSAと、都市部での販売店、さらにファーマーズマーケットでかなりの販売になっている。CSA会員数が拡大しているが、面白いことにファーマーズマーケットで販売するひまわりが「最高の作目」だという。

　コリンによれば、CSAは前払いで現金が得られ、栽培上のリスクを消費者に分担してもらっていることが重要である。加えて、特定の作物を正確な数量で販売する約束をするのではなく、期間を通じて毎週「開けてのお楽しみの野菜セット」が消費者に届けられることで農場に柔軟性を持たせている。たとえばピーマン類があまりとれない年でも、他の作物でそれを代用させられる。しかしながら、CSAモデルにはそういった利点と20年もの経験があっても、コリンがにやっと笑いながら言うには、「利益を乗せられるのはひまわりだけ。他はコストをカバーしているに過ぎない。今でも考えているのは、どうやったら野菜作りで収益を上げられるかだよ。」

　モノカルチャーに頼っていると経済的に見込みはないこと、作物の多様性は不可欠なことを農家はますます認識するようになっている。たとえ、それがCSAモデルのもたらす安定性と引き換えに、収益性の劣る作物を作ることであっても。

ニュージャージー州ルーズベルトのロレンス・メンディスはこのことを厳しい経験から学んだ。彼はある夏、大量のズッキーニが売れず、それを地元の競りで、ブッシェル単位で売った。「一番高く付けられた値がブッシェル〔容量単位で約35リットル〕当たりわずか2.5ドルだった。私はトラックにズッキーニを大量に積んでいて、どうしていいかわからなかった。生産には1籠1ドルのコストがかかる。私のは1.5ドルかかっていた。それを育て、収穫するブッシェル当たりの時間は……。私はブッシェル単位で売らざるをえなかった。」(Kohlhepp 2011, 27からの引用)。メンディスは今ではCSAを成功させている。

　栽培するいくつかの作物が収益を出せなくても、それらはCSAの顧客が野菜セットに期待する多様性を満たすために必要である。しかしながら他の作物は、冷涼なニューイングランドの春のまだ野菜がとれない時期にそれを補っている。シーニックビュー農園ではフダンソウが春期のCSAセットを埋める作物として栽培されている。フダンソウは冬が去った後、豊かな土壌からピンク、オレンジ、黄色、緑、白、深紅といったさまざまな色の茎を伸ばす。寒くて湿ったニューイングランドの春に素晴らしくよく育つのである。2009年の6月はほぼ一月の間ほとんど絶え間なく雨が降った。雨でない時も季節外れに寒く、湿っていた。もう一度言うが、これはフダンソウにとって申し分のない気候だ。残念なのはフダンソウに理想的な天気は、他のより収益的な作物には適していないことだ。

トマトの胴枯れ病と有機農場の苦境

　豆とフダンソウの畝は、何種類の豆を植えるか全く植えないかの農家の込み入った判断によることを示している。トマトの畝は別のことを明らかにしてくれる。「君は興味深いタイミングで私たちの農園について書くことになったみたいだね」とは、7月のある日の遅い午後のジョンの言葉である。「君の研究にとってはいいかもしれないが、私たちにとっては良くないね。この雨で病気が出そうだ。でも有機農法だから、私たちにできる対応は限られている。興味深い年になりそうだ。」

　ジョンは、彼とケイティがどううまくマッチングできるかについての選択肢について語り出した。慣行農園なら、季節外れの湿った気候による病害の広がりを殺菌剤で抑えることができるだろう。政府によって認証される有機農法でも硫酸

銅は使うことができる。硫酸銅は国の禁止物質リストから除外されている。しかしジョンによれば、硫酸銅の使用は非持続的だ。禁止リストからの硫酸銅の除外は問題なきにしもあらずだ。硫酸銅は長年、土壌に蓄積されると有害なレベルになることが有機農家には知られており、使用を避けた方が良いのである。結果としてジョンとケイティに残されたのは、有益な微生物を植物に散布するという創造的な方法であった。この微生物は葉の表面で増殖し、うまくいけば有害な菌とその場所を取り合ってくれる。ただこの方法は創造的ではあっても、抑止剤として殺菌剤ほど効果があるわけではない。条件が非常に悪ければ、予防ぐらいの効果しかない。それでもトマトからの経済的損失と硫酸銅の安全性についての疑念——それを使っても有機と名乗れるのだが——をうまくマッチさせようとすれば、彼らには予防が現実的な解決法であった。

　7月の初めには農業界だけでなく一般にも広くトマトの胴枯れ病で騒々しかった。ジョンの予言が現実になりつつあった。7月の冷たく湿った天気で北東部いたるところで、厳しい年となりつつあった。ニューヨーク・タイムズでさえニュースに取り上げた。季節外れの胴枯れ病が急激にこの地域のトマトを襲いつつあると。

　ある日の午後、シーニックビュー農園に野菜を取りに来た女性が、数株のトマトの葉が胴枯れ病にかかっているのを見つけた。皆、農園がどうなるかを心配した。もしトマトがだめになれば収入の4分の1が失われる。ニューヨーク・タイムズは「高い感染力を持ち、胴枯れ病を起こす菌が北東部と大西洋中部のほぼすべての州に急速に拡大している。来週の天気次第では、大流行が納まるか、それともトマトは壊滅するかだ」と報じた（Moskin 2009, 1）。植物学者たちは、2009年の寒い湿った夏を襲ったトマトの胴枯れ病菌は、新種の遺伝子型 *Phytophthora infestans*, US-22であることを発見した。マサチューセッツ大学のアマースト農業改良普及センターの情報ページでは、これについてこう報告している。「栽培農家は市場に出せるトマトを収穫するためには、殺菌剤をしっかり散布しなければならない」（UMass Extension 2012）。慣行農法の農業者は、市場に出すために大量の殺菌剤を散布した。しかしジョンとケイティを初め、影響を受ける13州の多数の有機農家にとってはそうした選択肢はありえなかった（O'Neill 2009）。

その夏にその周辺の農家に起こったたくさんの出来事が明らかにしたのは、小規模な有機農家がおこなう環境と経済の間での綱渡りであった。それは彼らが良好なマッチングをするうえでしばしば危険に満ちたものである。たとえばバーバーがハドソンバレー〔ニューヨーク州の東端を北から南に流れるハドソン川の流域〕のある農場について記録しているように、たった3日間で、その農場のトマト半分が失われた。急速な病気の広がりで、最悪の場合に備えて早目に収穫する時間もなかった。「有機農家が直面したのは、殺菌剤を散布して有機認証を失うか、作物が枯れてゆくのにまかせるかという残酷な選択であった」(Barber 2009)。有機農場が受けた打撃は衝撃的であった。持続可能な食料をめざす国際的な運動組織であるスローフードのコネティカット州支部は、伝統品種のトマト祭りの開催をキャンセルせざるを得なかった。地域から十分な量の珍しい伝統品種トマトを集められなかったのだ (Venkataraman 2009)。

　いくつかの有機農場は壊滅的な損失を被った。マサチューセッツ州のリンデンツリー農園はほとんどすべてのトマトを失った。この農園のトマトの値段がシーニックビュー農園のものと同じ1ポンド3.99ドルであったとすると、損失の総額は週に9,500ドル、1ヵ月では4万ドル弱の水準である。多くの農家はニューヨーク州ミルトンのエイミー・ヘプワースのように、病気が広がりを防ぐために、事前にトマトの株を処分せざるを得なかった。収入と労力の損失はひどく痛ましいものである。ヘプワースは7代続いた農家で、2009年には20エーカーのトマトを栽培していた。彼女は残った株で何とか収穫を補えることを祈りながら、病気にかかった株を焼いた (Moskin 2009)。禁止された殺菌剤を散布して、有機認証を失った農家もいた。ニューヨーク州ガーディナーのジェイとポリー・アルモア夫妻はそうであった。彼らは20年間有機農業を続けていたが、ことは簡単ではなかった。その農場では「薬剤を散布するそばからトマトが腐っていった」(ibid.)と報告されている。これらの農場や農家がどのように対応しても、つまり有機認証を維持しても、しなくても、作物を自ら燃やしても、あるいは見ているだけであったにしても、彼らの選択は良好なマッチングを真剣に行う必要があることを示している。シーニックビュー農園で行われているのと同じように、農家が置かれているのは、経済的な生活と個人的な生活との間でうまくバランスを取ろうとする努力がなされるポジションなのである。

シーニックビュー農園にとって、病害はそれほど徹底的なものではなかった。ジョンが非常に収益的だろうと思いこんでいたトマトだけのCSAを始めていなかったのは、おそらく良いことであった。トマト胴枯れ病はその前年や翌年と比較すると、売上げをおよそ6,000ドル減少させていた。病気は広がっていたが、他の多くの作物はよく育っていた。加えてCSAでは、会員はありうる収穫量についてのシェアを買うのだが、それは同時にありうる不作についてのシェアも買っている。結果として、顧客は農園の損失に、すなわち40％に落ちたCSA外の販売にジョンが耐えるのを助けたのである。シーニックビュー農園はそうやって切り抜けたのだが、胴枯れ病の大流行はくっきりと傷を残した。2年後に私たちがケイティとジョンを訪ねたときにも、彼らはまだこの病害の話をしていた。

　私たちが調査したニューイングランドの農家の何人かは、トマト胴枯れ病のような収穫の全てを危うくする病気の大流行の恐れから、有機認証を避けるものもあった。そういう農家は認証費用を支出することや認証に要求される書類仕事に労力を使うのが割に合わないと考え、農薬を散布して作物を守るために有機認証をあきらめるしかなかった。

　ファーマーズマーケットの管理者でピースフルバレー果樹園の栽培担当者でもあるマシューには43年の農業経験があるが、同じような方法で彼の農園では総合的（病害虫）防除（IPM, Integrated Pest Management）を採用したと説明した（総合的防除では、有機的農薬や合成化学農薬を散布する判断を、その病気が作物全体を脅かしているかどうかの境界点を評価しながら行う）。彼によると、この方法は果樹園が広すぎるので、全く防除なしで収穫を失うリスクに対するコストカットとしては有効ではない。しかしながら「すべての消費者と同じように、農薬を避けたいし、食品からは農薬を閉めだしたいのだ。」ついには昆虫学者と病理学者が毎週農園に来て、散布が「本当に必要かどうか」を決定している。マシューが説明するように、「農薬使用はわれわれ皆の関心事で、私は農家として、そして消費者としての両方の立場から心配している。だけど私が大事だと思うのは、人々と会って、農薬使用に関するわれわれのバランスの取り方を正しいと考えていること、そして自分たちが責任を果たしていると伝えることだ。つまり、私がもっと農薬をたくさん撒けば、トウモロコシからアワノメイガを駆除できる。もしくは、自分が正しいと思っていることをやり続ければ、顧客が虫を取り除けば

いいことだ。」

　ジョンソンファミリー農園のエリックも、ピースフルバレー果樹園のマシューも、可能なときには農薬の使用を避けていた。彼らはコストのかかる有機認証を農薬散布によって失うことも、2009年のトマト胴枯れ病のような状況下で有機農法を厳密に守って収穫全体を失うことも、実際的ではないと考えた。彼らは有機認証を得てはいないが、ジョンとケイティと同じように、農業をうまくやれるような良好なマッチングができている——収益の上がる選択と良いと感じることのできる選択の双方をマッチできるとみているからである。というよりも、これらの農家には、有機認証がなくてもより持続的な有機農業に導けるタイプの良好なマッチングが可能である。良好なマッチングについて考えることは二極分化という枠組みを超えて、私たちが現代の有機農家が「運動」親和的でも「市場」親和的でもないとみることを認めることで、私たちの理解の枠を広げてくれる。(たとえばBuck, Getz, and Guthman 1997)。良好なマッチングは私たちに農家がいかにこの二つの間に置かれることが多いかを理解することを助けてくれる。

　シーニックビュー農園の事例では、トマト胴枯れ病はジョンとケイティの有機認証に対する倫理的なこだわりが——すなわち、農園が最も深刻な事態であっても、農薬による解決をしようとしなかった——農園のアイデンティティの中心であることが明らかになった。しかし同時に、彼らの判断は日々の経済的な現実によって必然的に動機づけられていたことでもあった。胴枯れ病への対処についての議論で、彼らは毎年それにはそれなりの対処をしており、損失が壊滅的になったことはなかったとした。2009年の場合は、胴枯れ病はただ早く始まったのだ。彼らはこれまで通りの対処を選択したが、それは彼らがこれを自らの経営に対する弔鐘だとは考えていなかったからだ。というのも、彼らは売上げの大半をCSAモデルに依存しており、エコロジカルで持続的な農法に対する取り組みを放棄したくなかったからである。

　他の農場や農家も、経済的に生き残り、かつエコロジカルな価値を保持しようとするならば、同様のマッチングがなされなければならなかった。ドナヒューはコミュニティ農園ランズセイク[1]での議論の中で、このことをうまく説明している。「我々にとってエコロジーはいつも最初に来ることだ。我々が土地に使うどんなものでも、もっとも広い意味で、それ故にもっとも厳密な意味で、エコロ

ジカルに持続可能でなければならない。ランズセイク農園にとって経済的であることは重要だが、常にエコロジカルにも制約がある。つまりそれがもし長期的に土の健康を悪化させるような方法ならば、その方法で収益を最大化することを自らに許してはいない」（Donahue 1999, 80）。

　私たちの調査した農家で農薬を制限付きで散布していた場合にも、農法上の選択に際しては同じような配慮をしていたようだ。良好なマッチングの結果は異なるかも知れないが、どういった農法を選ぶかの動機は、農法が経済的に現実的であると同時に、彼らが望むタイプの関係性と調和していることは共通している。ピースフルバレー果樹園のマシューによると、「我々は自らが正しいことをしていると言えるようでありたい」のである。

　季節外れのトマト胴枯れ病の破壊的大流行の年に、ジョンとケイティが進んだ道は、農務省が有機農業において認めている硫酸銅の使用——そしてそれを使わないという彼らの究極の選択が明らかにしたのは、有機農法におけるオルタナティブな社会的でエコロジカルな合理性の力であった。有機認証基準において、慣行農法での殺菌剤の代用として硫酸銅が認められているからといって、すべての農場がその例外規定を利用するわけではない。農家がそのような例外を、消費者とともに維持している取組みや、土壌、さらにライフスタイルにとってはふさわしくないとみなした場合には、そうした考えが有機農業の技術的な定義以上のものになる。同様に、有機農家が化学合成物質の代替物を取り入れているように見えるとき、その行動を自動的に慣行農法化だとみなすのは誤っているだろう。歴史的に有機農業を特徴づけてきた複雑な歴史と経緯を前提にすると、「有機」が何を意味するのかは、必然的に、単純なカテゴリー化が困難な信念と実践のスペクトルとなる。

　2009年の7月1日にはひどい天気は明け、ジョンとケイティは2歳になる息子とともに、午後の日差しを避けて木陰に座り、弁当を食べていた。ジョンが私たちに語ったのは、どうやって最終的に農業をやることになったのか、もっと早くに自らが人生で何を望んでいるかをわかっていたらと後悔していることだった。ケイティが異論を挟んだ。「農業以外の他のことも良い経験だったわ。それに、あなたの両親はあなたが農業に興味を持っていることについてがっかりしなかっ

たの。」「ああ、がっかりしたようだったね。でもそれには理由があった。30年間、小規模農場は失敗する以外になかったからね。」

これは議論すべき重要な点である。マイケル・ポランが書いた食料と農業についての本は、シーニックビュー農園のほとんど全員に読まれているのだが、彼によると家族農場の減少は1970年代にアメリカが現代的アグリビジネスの時代に入って加速した。第1章で述べたように、ニクソン政権下の農務長官であったアール・バッツは、農家に対して規模を拡大するのでなければ離農するよう忠告したのである。このような忠告が政府から直接発せられて、責任感のある親であれば、家族の小さな土地で生き残れるかというむなしい期待の下に、どうして子供に農業をさせる気になるだろうか。世の中は結局200エーカー、さらに2,000エーカーを超える農場へと向かっていった。

10年前にジョンが農場に戻ってきたとき、家族はまあ冗談だろうと考えた。「初めの頃は、それこそ本当に冗談だったよ。何も育てることができなかった。」ジョンは、にやりとしながらそう言い、摘んだばかりのビートの葉が混ぜ込んである米をフォークで口に運んだ。予想に反して、時間はジョンが10年間の労働の果実を得たことを証明した。隣の畑には数十列のトマトの株が日を浴びて繁り始めていた。湿った天候がめんどうを起こしていたが、数日間の晴天はトマトに少しは活力を取り戻させた。ピーマンやナスも暖かい天候で活発に育ち始めていた。トマトのむこうには3種類のズッキーニと、4種類のキュウリが、キュウリヒゲナガハムシを避けるための目の細かいネットの下で育てられていた。ちょうど農舎の向こうには別の畑が作物の多様さを誇っていた。より珍しい野菜がいっしょに試されていた。カブ、ハツカダイコン、ブロッコリ、ケール、タマネギ、ニンニク、食用花と一連のアジア野菜、たとえば千宝菜〔センポウサイ、キャベツとコマツナを掛け合わせた品種〕、サボイキャベツ〔別名チリメンキャベツ〕、タアサイ〔シャクシナともいう。パクチョイの変種〕、コマツナなど。

そこから木々と沼地で隔てられ、さらに下った畑にはより多くの作物が元気に育っていた。ニンジン、ビーツ、豆類、フダンソウ、多種類のレタス、フユカボチャ、ジャガイモで畑は埋め尽くされ、それに花の畝が農園の作物の多様さをさらに加えている。平均的なスーパーマーケットで売られている野菜の種類を超えるものが、この数エーカーの面積で育てられていた。これは実は驚くことではな

い。食用にされる種—つまり食料のことだが—の数は、現在の農業の殿堂においては驚くほど少ない。「人を満足させるおよそ植物種20種が現代の農業生産の大半を占め、そのうち8種は牧草の種類である」(Blatt 2008, 83)。

このような栽培作物の種類の減少は、数十年にわたって進行してきた。米国科学アカデミーは1970年代半ばの報告で、「米国で最もメジャーな作物は驚くほど遺伝的に同一で、驚くほど脆弱だ」と述べている（National Academy of Sciences 1975, 4)。しかもこの現象は加速してきた。結果として国連のFAO(2010)の推計では、1990年から2000年の間で75％の作物の生物多様性が失われている。米国だけでも、「かつて農務省によってリストアップされた作物種の97％が過去80年のうちに失われた」（Blatt 2008, 84)。この数字にはレタスの品種の93％、アスパラガスでは98％、トマトでは95％以上の品種が含まれており、それらはいずれもかつては国内で入手可能なものであった（ibid.）。フォスターが嘆くのは、(Foster 1999, 94) 今日驚くべきことに、ほんの15種が人間のほぼ90％のエネルギー源となっており、そのうちのたった3種—コメ、トウモロコシ、小麦—が世界の種子作物のおよそ70％を占めていることである。

私たちが話を聞いた農家の多くは、多様な作物を育てたいとしていた。それはCSAのためには多様性が求められるということだけではない。予期せぬ病害や天候によって作物がもし採れなかったときの危機を避けるために、生産を多様化したかったからである。「農場で育てている作物でもっとも主要なものは何ですか」という質問には、ニューイングランドのほとんどの農家は答えにつまった。自分の作っている作物の種類を暗唱しようとするのだが、「他にもっとあるんだが、今すぐには思い出せない」となるのが常であった。オールドタイムス農園のサリーによれば、「ちょっと変わった、普通でないものね。単に退屈しないようにってこともあるわ。次々に新しいものを試すのが好きなのよ。」と、農場のオーナーの意思を説明した。この農園には作物の種類が多いことも、サリーがそこで働きたいと思い、9年以上も働き続けている理由のひとつである。「もし農場で育てていなかったら食べてみることもなかったたくさんのものを知ったわ」と彼女は言う。

私たちがヘリテイジハーベスト農園—65エーカーの非認証の農場で、「有機農業の手法」によって会員510名のCSAである—で、作物の多様性について聞くと、

クレアはまずあまり一般的でない作物から列挙し始めた。「今はブラックラディッシュがあるわ。」彼女はそう言ったものの、育てているものをほとんど思い出せないことを認めた。「農園は大きくて、たくさんのものが育っているから、何がニッチでないのか記録しておくのは本当に難しいの。いずれにしろ私たちは多くのものを育てているわ」。ミーガンは最近大学を卒業したばかりで、サステイナブルハーベスト農園――130エーカーの野菜農場で会員1,500名のCSA――で働いているが、農園の多くの作物の種類をリストアップするのにたいへんな思いをした。彼女は確かに、「100品種を超えるトマトを作っており、さらにどの作物も最低2品種を育てている」ことを知っていた。

ジョンとケイティは農業における生物多様性の保全への情熱をはっきりと語ることはなかったし、限られた需要のための珍しい品種は面倒だと感じていたが、彼らも確かに同じことをしているようだった。網で覆われた4種類のキュウリはまさに花を咲かせようとしていた。育つとどれも食料品店で見られる典型的なキュウリとは違っているだろう。同様に、数種の一般的でない色とりどりに斑点のあるレタスや、珍しいトマトがたくさん栽培されていた。それどころかこのシーニックビュー農園のトマトはいずれも珍しく、交配品種ではない伝統的なエアルームトマトだった。なぜならレストランを含む顧客は、それらの風味の良さや舌触りに対して、喜んで高い金額を払うからであった。有機農場として――より重要なのは有機のCSA農場として――このような多様性こそは、この農場の取り組みにとって不可欠であった。

私たちがこの多様性について調査をすすめるのにつれて、ジョンの農業開始時の幸先が悪かったとか、家族が彼の新しい仕事を「冗談」だと思っていたとかは信じがたくなってきた。田舎風の赤い農舎で隔てられた二つの圃場は、ジョンの農業が成功していることを物語っていた。顧客が増えたので、ほんの数年前にこれらの圃場は耕作され始めたのである。調理場が必要になって、6年前に農舎が建設されている。ジョンの考えは、曲がったニンニクの花茎をバター風味ガーリック花茎のような付加価値品にすることで、追加の収入を得たいということであった。「ガーリック花茎バター」といった産品は農園にとって新しい収入源であり、しかも野菜そのものよりも価値があるので、収益性も高い。この事業は、農園が農地5エーカーを5年間保全して農業利用するという条件で得た政府助成金2万

第4章　フダンソウの真ん中で　121

ドルによって弾みがついたものである。

　見栄えが良く、しかも機能的なこの農舎は、赤色に塗られた外壁で、内装は粗い厚手の大きな木の板が貼られている。無垢の木肌は素朴な手触りで、それが農園内の林地からのものであったことを知れば、より味わい深い。敷地内のたくさんのツガが病害で枯れたのだが、ジョンは思い切って材木業者に頼んで製材してもらったのである。それらの多くは、農舎で新しい「命」を得たのである。

　農舎には、事務所とより広い倉庫スペースが取ってある。さらに地元の花屋から購入した中古の大型保冷庫が備えられていた。この設備は農園にとって大きな一歩で、以前は野菜類が置かれていたのはプラスチック製クーラーボックスで、その上には水を凍らせたボトルが置かれていた。

　6年間も建築にかかっているのに調理場はまだ稼働していない。ただし、農舎は農園に新しい収入源をもたらした。数年間、農園はレストランへの販売とCSAに加えて、地域のファーマーズマーケットで野菜を販売していた。しかし息子が生まれ、ファーマーズマーケットが開かれる日の慌ただしさがジョンとケイティの重荷になってきた。

　ファーマーズマーケットの忙しいスケジュールに合わせることのたいへんさは、他のニューイングランドの農家のインタビューでも言われることであった。ロングデイズ農園は会員300名のCSAで、野菜と畜産物の生産を行っているが、その共同所有者であるルーシーは明らかにファーマーズマーケットにストレスを感じていた。彼女が皮肉っぽく言うには、「水曜日には、マーケットの売り場を切り回さなければならないし、CSAの野菜セットも準備しなければならないの。まだお昼ご飯さえ食べていないわ」。時刻はもう午後5時になろうとしており、ファーマーズマーケットの長い1日のために、彼女は見るからに疲れていた。農舎を作ったことで、ケイティとジョンは自分の農園に小さなファームスタンド〔農園内に設けられた農産物などの売り場〕を設置することができ、週に2日オープンしている。農園経営の中でもっとも収益的とはいえないが、ファームスタンドは重要な追加収入をもたらしている。加えてジョンは人々が食べ物を、それが育てられたところで買うことを楽しんでほしいと望んでいる。ほとんどの人はそんなことを気にしないだろうが、それでも自分はそれを望んでいるというのである。

　コミュニティを発展させたい、近隣の人や訪問者を農場に迎え、野菜や農園の

調理場で作った良い食べ物を提供したいという情熱はジョンとケイティの心からのものであり、そうした情熱は多くの小規模農家に共有されるものである（DeLind 2003）。確かに農園内の調理場やファームスタンドは新しい収入源を意図したものである。同時に販売活動と彼らの生活を少しゆっくりしたものにするためである。子育てをするために、販売活動であくせくする日々を続けたくなかった。しかし同時に、現代的で工業化された農場システムによって全く不可能になったものだが（Magdoff, Foster, and Buttel 2000）、人々と食べ物をつなげることも意図されている。調理場を農場に作るというジョンとケイティの選択は、次の事柄の間での良好なマッチングを成功させる試みと見ることができる。すなわち、新しい売上げが必要だったこと、農場での仕事を続けたいという情熱と、彼らが望んでいるようなコミュニティとの関係をめざすビジョンとの間のマッチングである。このような情熱は、シーニックビュー農園が「永続的に」コミュニティに基盤を置く農業をめざそうという取組みに反映されている。ちょうど景観の多様性が、生きているエコロジカルなシステムとしての農場の外観に反映されているように、農園をコミュニティと分かち合いたいという情熱は、社会システムとしての農場のビジョンに反映されている。農家でエッセイストのウェンデル・ベリーはこう主張している。「自然はいわば特定のある場所の自然であるが、その自然という尺度からすると、農家が知り、かつ愛している農場を世話し、農場はよく知り、愛することができるぐらい小さく、使われる道具や方法は農家が知り、愛しているものが使われ、近隣の仲間は彼らが知り、愛している、農業とはそういうなかで行われるものを意味している」（Berry 1990, 210）。シーニックビュー農園の所有者は決してベリーのようには哲学的になったりはしない。しかし、長い間完成を待っている調理場で、ジョンが将来の夢、つまりいつか人々が彼の農場に来て良い食事をし、その食べ物がどこから来て誰が準備したのかをちゃんと知ってくれる日のことを語るとき、間違いなくそこには心情が存在する。この夢は、少なくともオルタナティブなフードシステムがコミュニティにもたらすことができるものである。もし人々が、自らの食べ物がどこで育てられたかを十分に気にしているのであれば。これは教育過程にとって不可欠の構成要素であって、多くの有機農家が主張する議論で、長期的に小規模の有機農場が成功するために不可欠のものである（Donahue 1999）。

ジョンとケイティが心に描く、人々が自分たちの食料が育てられたところと本当につながるために農場にやって来て、食事を分かち合うといったコミュニティは、多くの小規模農家が強く望むものではあるが、そのような理想は往々にして、言うは易し行うは難しである。CSAという用語も不適切な呼称だと言い得ることが少なくない。地域が支える農業というよりは、このプログラムは実際には、地域が出資する農業と呼ぶべきものになっていることが少なくない。CSAの枠組みは「**市場経済の部分的なオルタナティブというよりも、オルタナティブな市場取引の方法である**」(DeLind 1999, 5. 引用者の強調)。デリンドは、自分自身がCSAを始めた経験によって、そして一般的なCSAの現状について、「食料生産の責任や負担を分かちあったり、あるいは具体的な経験を分かちあうことはほとんどないが、定期購入農業という愉快で、まったくなくてはならないブランドなのである」と書いている（6）。シーニックビュー農園のCSAプログラムを支援することによって、人々は自分の食べ物がどこで育てられたかを知ることに関心があることを示している。しかしその関心は「商取引においてのものであって、生き方におけるものではない」（8）。

オールドタイムス農園のサリーは、初年度のCSAシェアの一部としてボランティアで農作業を体験し、その後、農場で正式に働くようになった。他にもボランティアに来た会員がいますかと聞くと、彼女は笑うしかなかった。「誰もいないわ！ 私が知っている限り、私だけよ。誰もそんなことは言い出さないわ」。ヘリテイジハーベスト農園でも同じようなことだった。クレアは、その農場で働いた経験について、強くこう主張した。彼女によれば、食料がどこから来るのかは社会的に断絶しているのであって、それを覆すためには、「もっと多くの人がボランティアをする必要があると思うわ。たった1日でも。農場でね」。クレアにCSAの会員でボランティアに来たことのある者がいますかと尋ねると、「ええ、ただ一人いるわ」であった。ジョンがコミュニティを築きたいとしても、彼に同時にわかっているのは、シーニックビュー農園のような農場での生活を分かち合うほどには、食べ物がどこで育てられているかについての関心は強くはないことである。

経営としては明らかに成功していても、新たな収入源を探す圧力が常にシーニックビュー農園にはかかっているようだった。たとえばある日の午後、ジョン

はケイティに耕作面積の拡大はどうかと相談した。ジョンは小規模な農場から中規模へと拡大したいと望み、そうすれば確かな中流階級としての暮らしを家族に確保できるかも知れないと考えていた。ケイティは同意しなかった。圃場を増やして拡大するためには、もっと機械や働く人や時間が必要になる。彼女はコストの上昇で、手元に残る収入は変わらないと確信していた。ジョンは彼女が正しいかも知れないと考えた。

ヴィリディアン農園のコリンズは、農園の拡大のために新しい土地を購入したばかりだった。だが彼は明らかに興奮していて、ケイティがシーニックビュー農園について心配していたことの多くを繰り返していた。「非常に多額の借金をしようとしている」ことへの不安が、コリンが最初に新しい土地の購入に際して考えたことだった。彼はその「幸せな借金」がより良い農業にするためのやる気になると望んでいたのではあるが。

農業生産を増やすことだけがシーニックビュー農園が収入を増やす方法ではなかった。農園の自然の美しさと趣のある魅力を活かして、ジョンは二つの建物をゲストハウスに改装し、静かに過ごすことや会議、集まり、結婚式の会場として貸し出せるようにした。一つは寝室が8部屋あり、プール、ダンスホールを備えたもので、もう一つは寝室が3室あるコテージである。このレンタル事業は、民宿として食事を出すのではなく、利用者はただ場所を借り、自分たちでサービスを手配するものである。それでもひっきりなしに来る借用の問い合わせを処理するために、たいへんな時間と労力が投入されたのだが。ほとんどの週末は借用の申し込みがあり、ゲストハウスは1年先まで予約でいっぱいで、空いているのはほんの1、2週だけだった。

ジョンは他にも家を所有しており、それは彼の「退職プラン」の一部として貸し出していた。「農業からの楽な退職はないね」。その家を、新しい借り主が入居する前に掃除をしてくれる女性からの電話を切ったジョンの言葉である。「どうにかして銀行からそのお金を借りられるよう、自分自身を身ぎれいにしたよ」。その家の借金を払ってしまって、彼の老後に家族を支えるに十分な所得源になってくれることをジョンは願っている。追加的な収入源を見つけることが農園にとっては避けがたい現実で、そういう所得がジョンとケイティが小規模農場を維持するのを支えている。

新たな収入源を求めることこそ、アメリカの現代の小規模農業を明確に特徴づけるものだと主張できそうだ。これはニューイングランドの小規模農場にとって新しい現象ではない。収入源が多様でなければならないというのは、植民地時代にまで遡る。好都合なことに、たとえばジョブとアンナのブルックス夫妻のホームステッド[2]についての記述を、ミニットマン・ナショナル歴史公園の道に沿って設置されているプレートの中に見つけた。ブルックス一家は1700年代にマサチューセッツ州コンコードに住んでいた農家であったが、農業をしていただけではなかった。そういう人は他に誰もいなかった。ブルックス一家は皮なめし工場を持っており、と畜場を経営し、レンガ炉を運営し、製材所を経営していた。プレートにあるとおり「18世紀には農業だけをやっている人はほとんどいなかった。男たちのほとんどは収入を補足するために靴や家具を作り、縄をない、鍛冶屋もやっていた。地域の多くの男たちは［ブルックスの］皮なめし工場で働いていた。女性たちは乳製品を作り、毛や麻を紡いで布を織り、助産婦になった。非常に活発にローカルの財やサービスの交換が行われていた」(National Park Service)。ニューイングランドで農家としてやっていくためには常にがむしゃらでなくてはならなかった。

現代のアメリカ農業について簡単に触れた部分で述べたように、過去10年間で小規模農場数はあるていど増加したものの、米国農業はますます二極分化しつつある。比較的少数の大規模農場が市場でのシェアを高め、小規模農家はより小さなシェアへと追いやられる。富める者がますます富む。「面積的に小規模な農家の80％は貧困ラインを下回る農場所得しかなく、59％の農場は年間販売額が1万ドル未満である。」(Blatt 2008, 8)。このような数字はアメリカだけに特有のものではない。世界の多くの工業化した国で、小規模な家族農業経営は農業を続けるために農外の収入に大きく依存している (Pritchard, Burch, and Lawrence2007; Alasia 他. 2009; Oberholtzer 2009; Oberholtzer, Clancy, and Esseks 2010参照)。ジョンとケイティと同じ位置にいるほとんどの農家にとっての現実は、農場で働くだけではまさに十分でないのである。

何千もの小規模農家にとって農業だけで食べていけないということは何を意味するのであろうか。ジョンとケイティにとっては、農業システムの中に付加価値生産を組み入れ、販売用の調理場を作り、追加的な収入のためにゲストハウスを貸

し出し、耕作総面積を拡大して仕事量を大きく変えようとすることを意味したのである。最後のものは別として、これらの選択肢は彼らのより大きな目標と価値に合致するものであった。つまり調理場はコミュニティを育てうるし、ゲストハウスを貸し出すことは、彼らの確固たるやり方での農業の可能性を減じることはない。それらは彼らの経済生活と彼ら自身のためのライフスタイルが統合された良好なマッチングである。しかしながら、もしガーリック花茎バターを作らず、ゲストハウスを貸し出さなかったらどうなるのだろう。何か他のことをやらなければならなかっただろう。農業だけでは安定的にやっていけないだけではなく、かろうじてやっていくことすらできなかっただろう。

　もし農場が付加価値生産物を作るための調理場を持っておらず、結婚式や静かに過ごすためにうってつけの美しい場所ではなかったら、補助的収入の追求は、農業経営者やその配偶者を農場の外の小売業やサービス業へ導く傾向にある。農務省の経済研究部によると、アメリカの農業経営者のほとんどは林業や鉱業といった他の自然資源産業、ないしは建設業、サービス業に職を見つけている。同時に経営者の配偶者の雇用機会は限られた職種に集中している。教育、小売り、医療である（Weber and Ahearn 2012）。農外からの収入の重要性は農家をより広い経済と結びつけるが、それはしばしば困難をともなっている。2008年不況の最中、メディアは農業部門は活況を呈していると特徴づけていたが、実際は農村地域は他の地域より早く雇用を失いつつあった（Drabenstott and Moore 2009）。農業収入で収支を合わせるのが難しくなるにつれて、農外就労機会が農業の成功にとって持つ意味が明らかになっている。

　農業はますますパートタイムの仕事になっている。米国の農場数が増加したとした2007年の農業センサスでも、最も増加したのは販売額が1,000ドル未満の層であった。「2004年ではこの層の農家収入の91％が農外就業によるものであった」（Blatt 2008, 8）。ほとんどの小規模農家はますます農業を収入源と見なさなくなっている。加えてほとんどはすでに農業を自分の職業と思っていない。「95万6,000の農場経営主は、彼らの主たる職業は農外での就業だとしており、72万5,000（76％）は、農外就業は今や彼らの職業選択だと答えていた。」（ibid）。ジョンだけが退職プランを探したり、付加価値生産物を求めて調理場を作ったりしているのではなく、アメリカ中の農家の多くが彼と同じようにますます自分の農場を後

回しにしているのである。

　1930年代の初めには、200日以上を農外で働く農民は、全体のたった16分の1であった。ところが2007年には主たる農業経営者のおよそ5分の1に当たる90万人がそうしている（Munoz 2010）。確かにお金が非常に必要とされている。「全米の220万の農場のうち利潤を上げているのは半分以下である。残りの120万は農外収入で農場経費を補っている」（iC）。多くの農家にとっては、農外で働くという選択は難しい。ジョン・メロスビアンは62歳のカリフォルニア州のブドウ栽培農家だが、農場でフルタイムで働きたいと思っている。彼は紙を裁断する仕事を辞めて農業に時間を割きたかったが、それは実現できていない。当面の間、内職を続けている。彼は二つの仕事を掛け持ちする難しさがどこにあるかを説明して、「両方をやりながらどうやって家族との時間を確保するんだい。そんなことに価値はないよ」と言った（ibid.）。他の人についてもこのやりくりはたいへんだ。カリフォルニア州のもうひとりのブドウ生産者であるディノ・ペトルッチの運命はこうであった。「ペトルッチはカリフォルニア州のマデラでブドウを栽培し、仕出し食堂も経営していたが、今は彼の土地をザクロ生産者に貸し、仕出しも週末のバーベキューだけに縮小した」（Munoz 2010）。朝から晩まで働いて無理をすることは、ペトルッチに大きな犠牲をもたらした。結局ペトルッチはより確かな雇用先が必要だった。農業は割に合わなかった。

　私たちが話を聞いたほとんど全てのニューイングランドの農家は、農場でフルタイムで働いていたが、農場労働者はそうではなかった。話をした農場労働者の多くは大学を卒業したばかりの人たちで、希望する分野で職を見つけられなかったか、就職活動を始める前に1年間の空き時間を作るかというものであった。これらの労働者のうち何人かは、パイオニア農園のエレインのように、農業への関心が長続きして、翌年も農園に戻って働きたいと強く望んでいる人もいたが、多くはそうではなかった。大学卒業後、秋に大学院に進学するまで〔アメリカの大学は9月に始まり6月で終わる〕の1シーズンだけをサステイナブルハーベスト農園で働いたメーガンは、この農園に必要な多数の労働力を調達することがいかに難しかったかを話した。「毎年入れ替わりが多いの。農園はたいてい学生を雇うけど、毎年新しい労働者を雇って訓練するのはたいへんよ。間違いなくこれは農園が抱える最大の問題の一つよ」。このような労働の季節性は農業が農場労働

者にとって臨時の職業になってしまい、農場労働者がより安定的なキャリアを探すことでその多くが農業を離れてしまう。多くの農家と同様に、私たちが会った季節労働者にとっても、農業は長期的に割に合うものと考えられていないのである。

　ジョンとケイティは幸運にも、農場の景観の美しさ——そしてそれは賑やかな都市センターにたいへん近いところにある——が意味したのは、そもそも自分たちを農業に引き寄せたライフスタイルに情熱を持っていたので、追加の所得をかき集めるためにその土地から引きずり出される必要がなかったということである。シーニックビュー農園が家族農場であること、多種類の野菜を栽培し、いろんな野菜や花の畝が並んでおり、個々の圃場が自然の林や沼地で守られていること、これらの事実が、人々にこの農園で「静かに過ごす」ことに喜んでお金を使わせている。農舎の調理場が完成すれば、彼らは付加価値生産から新たな収入を得ることができるだろう。これらの特定の資源をこの農園では利用できるため、このようなマッチングが実現可能なものとなっている。すべての農場が牧歌的な田園保養地を求める都会人にゲストハウスを貸せるわけではないので、農外から所得を得る傾向は、今日、農家が経済的必要性と彼らが望むライフスタイルとをできるだけ最良の形で何とかマッチさせようをしていることを示している。

　ジョンとケイティは農外で働くのを避けているのだが、この農園で新しい収入を追求することが農場に犠牲をもたらしている。有機農業を通じて追求している彼らの生き方は、安定的なものであり得ない。それとは反対であろうか。現代のアメリカの中産階級なみのライフスタイルを経済的に確保するには、農家は経済的にも、社会的にも、さらに環境的にも持続可能な農法の採用は難しいということだろうか。もし、そうでなければ両立しないように見える願望をどう良好にマッチングできるのだろうか。これらの問いは次の章で検討される。これまでのところではジョンとケイティは明らかに成功しているのだが、そこには緊張があることもまた明らかである。

　この議論からは、彼らの経験をロマンティックに描くことにはならない。それとはまったく逆であろう。彼らが農業で追求しているのは、前進のために常に努力し続けることである。ここで再び私たちは、小規模な有機農場の難しい選択を検討する際に良好なマッチングがいかなるものかを考察することの意義を見出す

ことができるだろう。彼らの前進のための奮闘は、必要な経費を支払いながら、手に入れたいと励んでいるタイプのライフスタイルにかなうやり方で、経済活動と彼らの人生を統合させようとする奮闘である。彼らの有機農業、およびレンタル事業が成功することは、彼らが農業を主たる職業とし続けられることを意味している。どう見られるかは問題ではない。結局は、誰がこの美しい場所に住むかなのである。

訳注

1）ランズセイク農園（Land's Sake Farm）は、1980年にB・ドナヒューを含む4名で、ボストン西郊のミドルエセックス郡ウェストン（人口1万1,000人）で設立されている。ウェストンの町有林の保全管理に始まって、町に売却されたハーバード大学農場（the "Case 40 Acre Field"）の運営、複合的な有機農場、持続的な農林地管理、都市の農業的伝統の保全、青少年教育などにとりくむコミュニティ農園として有名である。

2）ホームステッド（homestead）は、1862年にリンカーン大統領の署名で発効したホームステッド法に基づいて、大半はミシシッピ川以西の地域で無償で払い下げられた未開発の土地である。これによって1区画が160エーカー（64ha）の自営農民（the "yeoman farmer"）が創出されたので、「自営農地法」ともいう。1862年から1934年までに払い下げられたのは約160万件、2億7,000万エーカー（1億800万ha）で、アメリカの国土のほぼ10%に達したとされている。Wikipediaによる。

第5章
農業に携わる人たち

　シーニックビュー農園のような場所にとって重要なのは、その土地を耕す人々がどんな人であるかにある。ここで働く人も豊かな生活史をもつ複雑な個人であるから、私たちがここで紹介する会話はその表面をなでたにすぎない。彼らは、自分をオフィスから外へ出してくれるような生涯の仕事を強く望んでいたのであって、望んでいたライフスタイルを実現する最高の方法は農業だと感じている人々である。彼らはまた、農薬の使用が農業を中心にしたライフスタイルを完全に享受すること—たとえば日光で暖まったミニトマトをちぎって直接食べるという単純な喜びを経験する—を妨げることを知っており、あるいは環境もしくは顧客の身体に化学物質を持ちこむことに納得いかないと感じたためか、有機以外の方法では栽培したくないと表明した個人でもある。彼らは、有機農業が自らのために役立つように賢明な個人である。言い換えれば、それは経済的ニーズと有機農業の社会的・倫理的原則の主体になりたいという希望とをバランスさせようという個人である。

　ライフスタイルについての考え方は、シーニックビュー農園のオルタナティブな個性の主な起点であり、同時にどれほどの有機であるかを試すものでもある。この二重の現実がこの農園での物語と実践の中心的なテーマとして登場したことは、米国全土の農場で起こりうることでもある。農業の本質的な文化的特徴に注目したウェンデル・ベリーは、「農業という概念の文化的複雑さと大きさを理解することによってのみ、『アグリビジネス』という言葉が農業の価値をひどく痛めつけるものだと理解できる」と述べている（Berry 2002, 285）。ベリーにとって、農業は疑いもなく文化的であり、信念、価値観、実践によるものだ。アグラリアニズム〔農本主義〕の論理は、通常のビジネスの論理に対して根本的に反対する。それは小規模有機農業のための経済的論理であるが、それは経済学者的な見方だけではない。むしろ現代社会、経済、そしてエコロジーを覆う多くの困難への反応である。エリック・フライフォーグルが次のように列挙している。「多くの人が強く感じるコミュニティの衰退に対する大きな不安と不確かさ。廃荒した風景、

仕事と余暇の分離、大量生産品の粗雑さ、無力感と不安感の高まり、家計の減収、家族とコミュニティおよびコミュニティ社会の分断、大気汚染、運動不足、誠実かつ有益な仕事の減少。」(Eric Freyfogle 2001, xvi) しかし、ベルがアイオワ州の農家について述べるように、「私は時には、『出世争い』からの避難所としての農家生活のイメージから、多くの農家がほとんど彼らの生活の現実に裏切られていると感じているだろうと思わずにはいられなかった」(Bell 2004, 71)。私たちがシーニックビューのような小規模農場で働いている人々と話し、かつ観察したように、より広範な倫理的・社会的・環境保護的な生活様式の一環としての農業がもつ内省的な精神—並びに小規模農業経営がもたらす生活における経済的課題—は、彼らの物語と実践の両方において中心的なテーマであり、常に考慮すべき事柄である。

　小さな有機農場で働くこととは、多くの時間を同じグループの人々といっしょに過ごすことになる。互いに知りやすく、友だちにもなりやすい。これはおそらく、多様な風景の中で人生を送るためにいっしょに働くことに関係しているだろう。おそらく、農業をやることが、明らかに経済的に困難な選択であるからだ。理由が何であれ、有機農業の日常生活に参加することで、豊かな会話が生まれ、短時間で問題の核心に到達することができる。

　農家がどのようにして彼らの仕事、つまり少ない報酬であるが持続的な食料生産と生計を得る可能性のあるセクターの意義を見出すのかが私たちのめざすところである。有機農業へ関わることをライフスタイルの選択肢とする彼ら一人ひとりが、どのようにこの選択肢を同時に仕事として意義を見出すのかを探っていく。また、借金しないためにしばしば難しい選択に迫られるこれらの農家が、どのようにその選択の意義を見出しているのかを、社会的、環境的な観点から検討してみる。ただ時々、驚くことに、これらの疑問が、問題にふさわしくなかったりすることもある。たとえば、「なぜ農業をやるようになったのか」という問いが、複雑で込み入った回答に対して単純すぎる質問であることが証明されるのである。

　前にも話したジョンは、一見すると典型的な農家である。背が高く細身の男で、40歳台のすっきりした体型で、農園では「重いものを動かしたり、物をつぶしたり」という役割だという。普通の農民のように、いつも草の葉か若いウイキョウを咥え、静かで親切かつユーモラスな男で、冗談が好きである。作物に対しても、

人に対しても同様な気遣いをしており、従業員は賃金や労働条件について不平を言うことはない。むしろ、雇用主としてのジョンは従業員にやさしいとの評判である。一般の農場の平均費用のうち人件費は17％で、労働集約的作物の場合は40％にまでアップするが、シーニックビュー農園の場合は50％が従業員の賃金になっていた（Hertz 2014）。しかし、従業員が言う雇用主の寛大さは賃金だけではなく、ケイティとジョンが従業員とともに育てた関係性にある。ジョンは、従業員の一人が新しいアパートへ引っ越した際に、荷物の運搬を手伝った。別の従業員には、働きやすいように宿泊施設も提供した。さらに、ある女性の知人がフルタイムの職を失った際には、彼女をできるだけ長時間雇っていた。従業員を夕食によく招待し、金曜日の仕事が終わった後にはビールを出し、いっしょに飲みながら親睦を深めていた。ある長期インターン生によれば、ジョンは従業員に優し過ぎるのである。野菜の退屈な除草作業でも、彼はすぐに従業員に休めという——たとえその作業がその日のうちに終わらない場合でも。

　こうした従業員に対する福利厚生の重視は、ニューイングランドの他の小規模農場で働く人々との話からも聞くことができる。私たちが、ヘリテイジハーベスト農園のクレアに、農場運営にとって持続可能な方法はどんなものかを聞いた際に、彼女の回答は、輪作を維持し、化学物質を回避するといったことだけでなく、むしろ、「オーナーが自分たちの従業員全員に適正な賃金を支払っているから」ということであった。また、鶏卵と鶏肉生産の非認証有機農園「ハッピーヘン牧場」の従業員で販売担当者のスザンナによると、農場はブロイラー加工処理をすべて農場内で行い、外部の処理場に生鳥を出荷することはない。農場自ら飼育した鶏の加工処理に責任をもつということである。それだけでなく、この有機農場は５人の地元女性を雇用し、手作業で食鳥処理を行っている。このブロイラー処理を農場内で行うという決断は、大規模な加工施設の組立ライン型単純作業よりも価値のあるハイスキルの仕事を従業員に提供しているのである。

　パイオニア農園で働くエレインも、自分の雇用状況がたいへん良いという。彼女は大学卒業直後にわずか数週間、パイオニア農園で働いた経験があったのだが、その後は終身雇用の従業員として働くことにした。その理由は、「この仕事はとても好き」であり、「ここのオーナーは仕事をする上で最高のボス」だということにある。レスリー・デュラムも有機農業研究で2005年に刊行した『良い成長

（*Good Growing*)』（Duram 2005）で同じような関心を示している。デュラムによれば、カリフォルニア州の有機野菜農家のフィルは、2004年に、時間給8.25ドルから10.00ドルといった他の職業に比べても競争力のある賃金を払っていた。フィルもまた、従業員が長時間の同一作業で退屈しないように農園のさまざまな仕事をさせるようにしている。「まあ、一般の農場で働く人々は十分な報酬は得られていないが、我々にはできることだ」という（146に引用）。工業的フードシステムの農業労働者の搾取とは異なって、これらの農場や農家にとっては、その経済的制約を個人的な関係性とうまくマッチングさせることで、従業員には持続可能な条件を提供することができている―農場労働者には気前がいい支払いだと思われるほどの（P. Allen 2004参照）。

シーニックビュー農園のジョンは、一般的な農民のタイプとたいして変わらないが、いずれにしろ有機農家であった。まず、田舎者ではなかった。教育を受けており、大学で学士の学位を取得し、卒業後は数年間海外でも暮らしたこともある。そして、保守的でもなかった。

ジョンの気まぐれは、実は有機農業運動の特質であろう。有機農業運動は、似たような考えを持つ人たちが、一種の新しいシステマティックな農業方法に賛成して動き出した結果ではない。むしろ、有機農業は、今ではわかっているのだが、保守派と自由主義派、因襲打破主義者とヒッピー、神秘主義者と健康熱狂者の産物である。さらに、この数十年間の長い運動から継承してきた有機農業の実践に関する広範囲な関心は、すべての有機農場に等しく適用されているわけではない。いろいろな有機農業のやり方が採用され、それが必ずしもすべての農家にとって同じ意味を持つわけではない。有機農場には固定観念が強く、その傾向をもつ農家も少なくない。彼らはすべてヒッピー的な環境保護主義者、ラッダイト（合理化反対主義者）、あるいは卑劣ないんちき薬の密売人である（Guthman 1998）。問題の真相は、有機農場にすべてに当てはまる単一のカテゴリーはないということだ。しかし、「典型的な」有機農家を定義するのはむずかしいかもしれないが、いくつかの共通点は見いだせる。たとえば、現在の有機農家は、慣行農業をやっている農家に比べて、より若い世代であって、教育を受けており、女性である場合が多い。それだけではなく、従来の有機農家より、環境への関心が高く、経済的な利益にはそれほど執着していない（Läpple 2012）。とはいえ、有機農家も平

均年齢が上昇している。農務長官のトム・ビルサックによると、今日の米国農家の平均年齢は57歳であり（2007年）、75歳以上の農家が30％増加し、25歳未満の農家は20％減少している（Hansen 2011のVilsackに対するインタビューによる）。最新の農業センサス（2012年）によると、今日の米国農家の平均年齢は58歳を超えている。

　米国は25歳未満の農家を20％も減らしたが、持続可能な農業に挑戦しようとする若い大学卒業者の数は増え続けている（Weise 2009）。なるほど2004年の調査によれば、有機農家の81％は少なくとも大学経験者である。有機農家の26％が学士号を持っている。さらに、米国の有機農家の5分の1は大学院の学位を持っている（ibid.）。2004年では、有機農家の49％は初めから有機農業を開始した新規就農者であるのに対し、残りの51％は慣行農業から転換した農家である。かなりの数の有機農家は、大学教育を受けた男性が中年になっての就農での有機農業である。私たちがニューイングランドで調査した農家や農場労働者のうち2人を除いた全員が、大学の学位を持っている点に注目すべきである。その2人は、農家育ちではなかった。

　有機農家の政治思想については、単純ではない。すべてがリベラルだというのも誤っている。たとえば、アイオワ州のある有機認証農家の有機農業コミュニティについては以下のような特徴である。すなわち、「有機農業とは、保守的で小規模な農村の農家が、白人のリベラル・ヤッピーやヒッピーのような人のために食べ物を作ることである。」（Sayre 2011, 39に引用）。逆に有機農場が民主党支持の強い「青い州」に集中しているとしても、それがいったい有機農家の政治的傾向を反映しているのか、それとも単に自分たちの生産物を売りたいから有機消費者を当てにしているのかは測りがたい。有機農業コミュニティにおける農家の政治的信念は一様ではないのである（41）。

　政治的所属と同じように、「有機農家」をひとつの環境または農業的な視点を表す理論的理想型で説明することはむずかしい。有機農家を同質のグループとして捉えるのは現実的ではないし、ニューイングランドまたは米国のオルタナティブ農業を理解するうえでも役に立たない。ウィリアム・ロッケレッツの見方は、有機農家は特定の社会的、経済的、個人的な状況に個別に対応するものとして理解されるべきだということである（Lockeretz 1997）。

それにもかかわらず、有機農家は少なくともある共通する気質や見解を持っているのではないかという研究結果もある。たとえば、コロラド州の慣行農家と有機農家の両方を研究したデュラムによれば、「受け身の態度や性格が慣行農法の維持を強いている一方で、前向きな農家はオルタナティブな農法を採用して、現代の米国農業の不確実性に対処しようとしている。」(Duram 1997, 212) このような特徴づけは、ジョンとケイティの実践にうまく適合しているのではないか。たとえば、彼らの決断、つまり既存の市場構造を利用せずにCSAを始めること、自然の征服ではなく自然と連携して農業を営むこと、単作ではなく多様な農業景観を生み出すことなど、それらすべてがデュラムのいう「前向きな」農場経営と軌を一にしている。

なぜジョンが、自分自身、家族ないしコミュニティのために新しい農業の未来を心描くことで、経済、政治、社会、環境の状況に対応しようとしたのか、その理由を正確に把握するのは、たいへんむずかしかった。

ビル・マッキベンによれば、「1980年までには国内には数えるほどしか農家が残っていないために、国勢調査局はもはや農業を職業欄にリストアップする手間もなくなる」(McKibben 2007, 55)。ファーマーズマーケットで買い物する少数派以外に、米国人の大半は農家との交流はない。たとえ前者でもただの数分間の対面でしかない。その結果、この人達が今頃なぜ農業に行きついたのかは、問われることはほとんどないのである。ジョンのような大学教育を受け、見聞が広く、つまり都市や郊外での中流階級の人生を送る機会もある人間が、なぜ小さな農場での労働者階級としての暮らしを選択するのか。

農業という天職の陶冶—良好なマッチングと農家のアイデンティティ

ジョンの回答は、この土地の美しさを堪能するために実家の土地に戻りたかったのだということ以外にたくさんあった。農場の食べ物が好きだったからとも言った。待望の調理場の完成を祝って、ジョンとケイティが訪問客や農園で働いている家族といっしょのバーベキューパーティで、ついにジョンが農家になりたかった本音を聞くことができた。

なぜ農家になったのかという4回目の質問に対する彼の答は、つまるところ自分は単にアウトドア派だからということであった。「子どもの頃、夏にはよく釣

りに行った。そして、釣りがいつも外に行く方法だったと気づいたんだ。」これでは、なぜジョンが農家になって、建設現場で働いたり、公園管理官にならなかったかを説明してはいない。しかし、美しい土地と、彼の食べ物への好み、慣行的な食料生産への懸念を考慮に入れれば、彼の職業選択には意味がある。それは、ひとりの人間として、経済的な生活と、自身の考えをマッチさせる方法であり、キャリアを通して彼が陶冶したいと考えている自身のビジョンを発信する方法でもあった。ジョンの有機農家になるという選択は、自分が何をしたいかよりも、何になりたいかを反映しているのである。

「アウトドアな人であること」はイデオロギー的なものは見えないかもしれないが、それは特定のライフスタイルへのこだわりを反映している。加えて、自己の特定のタイプを陶冶することは、マイケル・ベル（Bell 2004）の理論であるオルタナティブな農業の現象学的アプローチの核心である。同様に、ライオンズとローレンス（Lyons and Lawrence 2001）は、そうしたライフスタイルの選択が有機農家になるための、個人の選択では重要な要因であるとしている。

ケイティは5年前にジョンと結婚した。農業は彼女に良く合っていて、野外にいることが大好きで、「天気が良い時の農作業はたまらないわ」という。ケイティの頼もしさがジョンを大いに助けている。ケイティは、有機認証を取得できなかった農家が、申請書作成の際の官僚的ないいがかりをその口実にすることを知っており、彼女抜きには有機農業認証を取れなかったことをジョンは認めていた。ケイティは他の誰よりも長く畑に出ていて、事務は嫌いよと言いながら、農業の経営面ではなかなかものだった。有機農業認証を維持するのに必要な記録は、そのほとんどがケイティの手になるものであった。

ケイティは認証に必要な書類の作成に文句を言う農家に対して懐疑的な態度をとっていたが、実際のところ、そうした書類の作成は多くの農家にとって重荷であった（Guthman 2004b）。認証に必要な作業が重荷になって有機農家を失うことは、小規模な有機農業セクターの維持には深刻な障害だろう。認証を受けないと決めたカリフォルニア州の有機農家についての調査で、その50%が書類作成と栽培履歴の記帳がやっかいだからだとしている（Sierra 他 2008, 34）。小規模農家にとって、その多くについては次章でみるが、現状の有機農業システムを使えるようにするには、関係づくり、経済的マッチング、そして信念が必要になる。

ケイティに書類仕事をする意思と能力があることは、シーニックビュー農園が有機認証を維持するには非常に重要なことだった。

　この農場で働いていたひとりがマークである。陽気な性格で、いつも冗談を言ったり、濃いサングラスをかけて新しい労働者をからかったりしていた。目に日の光が当たるのが嫌いで、いつもサングラスをかけていた。ジョンと同じく40歳台にしては若く見えた。ジョンと小学校2年生の時からの同級という友情が、マークに農業をやらせる契機になった。ジョンは就農早々に、農場で雇っていた労働者とうまくいかなくなっていたが、その時に仕事を転々としていたマークが来てくれて、農繁期の埋め合わせをしてくれたのである。結局彼は、農場生活、とくに屋外での作業という生活が気に入り、そのまま農場に残ることになった。マークはシーニックビュー農園の単なる労働者というよりも、友人かつパートナーであり、農場で働く人々にしっかりしたコミュニティを生み出している。彼は農作業だけでなく、ゲストハウスの管理も引き受けている。

　パットは農園のまた別の労働者で、農園の天気専門家であると同時に、経営者のジョンよりも長く農園で働いていた。高校を卒業後、ジョンの両親の農園で20年以上も働いてきたのである。学校を卒業した時に、何をしたいのかわからずにいた。父と姉はジョンの家の馬農園（ジョンが子供のころ、夏に働いていたのと同じところ）に雇われていたので、パットも家族に頼み、その時から農地管理の担当者として働いている。他のみんなと同じように、彼女も外で働くのが好きで、「多分、アウトドア虫に噛まれたのね」と、いっしょにビーツの収穫をしていたある朝にこう言った。

　実際、この地域の他の農場でも、農家や農場で働く労働者はすべて、同じ"アウトドア虫"に噛まれているようだった。何よりも、彼らは農業をライフスタイルの選択として見ていた。グレイトフルハーベスト農園には13エーカーの有機野菜農園と認証を受けていない牧草地があるが、それを経営している女性モリーは、幼少期の母親との花畑の経験と、思春期の都市ガーデニングというほんのわずかな経験から農業を始めた。しかし、そのライフスタイルはまったくロマンチックなもので、自然に関わっていたいという深い思いと季節の移り変わりがモリーを農業に向かわせ、この2年半経営を行っている。

　ショーンが働く父経営の農園ヴァーダントエーカー果樹園は、有機ではない

250エーカーの耕地と果樹園であるが、主にファーマーズマーケットと農園にあるファームスタンドで販売している。彼は、農家の生活に関わる仕事をロマンチックに描き出したりしない。「どんなものかって。たいへんな仕事だよ。夏は暑い。朝6時には畑に出て、収穫、苗の植え付け、耕起、夜は7時か8時まで終わらない。朝早くから始めて、夜遅くなるまで帰れない。とてもつらい仕事だよ。でも自分はこの仕事が好きで、楽しんでいるよ。」

こうしたライフスタイル志向は、有機であろうとなかろうと、アメリカの農家一般に見られるものだ。マイケル・ベルが『私たちすべてにとっての農業』のなかで描いているウェンデルを例にあげよう。ウェンデルは、彼の生活を美しく描く。「『夜がいいんですよ。自然がいいところに来たと思える。……人生をもっとシンプルにしたい。朝起きても街に行く必要がないということが好きなんですよ。……もちろんそれはちっぽけなことかもしれないが、私はここに居て、何も心配する必要はない。おそらく、それは都市での出世争いとは異なる人生観と思うよ。』」(Bell 2004, 37)

ベルが言っているようなアメリカの農家の牧歌的な理想は、「アウトドア虫に噛まれる」こと以上の何かをしなくてはならないかもしれない。もっと正確に言えば、アグラリアニズムはアメリカの文化的想像力の中で特別な位置にある。「私たちの想像の中で、農業を行うことは経済的なもの（農業の重要性）を超えていくということだ。これは、自然の一部として、農業でつくられる文化的なつながりのことでもある。それはまた、質素、誠実、確信に満ちた行動であるが、あまりに感傷的で経験的には十分なものではなかろう」(Bell 2004, 36)。このアプローチを通じて、ベルはライフスタイル問題に焦点を当てることで、オルタナティブ農業のアイデンティティに関する政治学である政治経済学を超えている。私たちも、農業の生きた経験と、その経験が有機農家にとって意味をなす方法に着目している。シーニックビュー農園その他の数知れないアメリカ中の小規模農家も同様に、認証を受けていようといまいと、農家は普通のアメリカ人が求めているものと根本的に異なるライフスタイルを求めている。農業ビジネスと個人的な生活をマッチングさせる方法によって、現代経済における他の人々が求める仕事やレジャーのタイプとは異なるものとしての経済的、社会的、個人的生活の痕跡を残そうとしているのである。

第5章　農業に携わる人たち　139

　シーニックビュー農園で働く他の人たちは、私たちがすでに紹介した人たちよりも少ない回数しか農園には現れない。たとえばマギーが農園で働いたのは3シーズンだけである。若い彼女は、大学生時代に「世界に幻滅」して、持続的な農業に関心を持つようになった。世界のすべての問題に照らして、ローカルな農業こそ有機の将来に向かう正しい方向への実践的なステップだと考えている。彼女にとって、有機農場という選択は倫理的なものだ。彼女は、この農園以外にも、この地域の有機農業協会に加入している2つの農場で働いていたことがある。彼女のその経験が、ジョンに新しく有機農業を始めさせるきっかけになったのである。

　有機農業に関心はあったのだが、マギーは農家としてやっていこうとは考えていなかった。私たちがインタビューした時も、彼女はボストン郊外の町にアパートを借りて引っ越そうとしており、モンテッソーリの学校で新しく教師として働こうとしていた。彼女が出ていくなら、本当に残念がられるだろう。マギーはとてもよく働き、笑顔を絶やさなかった。

　ジョイという若い男性は、この2年間、夏の間インターン生であった。マギーと同じように、彼も大学在学中に有機農業に興味を持つようになっていた。しかし、マギーとは違って、彼は大学が「学位の販売」するところだと幻滅して、中退して農業を続けることにした。学ぶことはどこでもできる。そして彼にとって、それは教室よりも畑の方がよかったのだ。ジョイは農業にたいへん興味を持ち、いつか自分の農場か保育園を始めたいと考えていた。ジョイがインターネットでジョンを見つけ、実践的な農業経験を積むために働きたいとメールを送ったようだ。その前の冬には、ニューイングランドの農閑期にも継続して学ぶため、彼はコスタリカの農園でボランティアをしていた。農業に関するジョイの強い関心の結果として、ジョンはジョイに意見を言うだけでなく、農家として成長できるようにアドバイスをしようとしていた。

　マギーとジョイは、恐らくシーニックビューの他の誰よりも既成文化を否定する有機農業の概念にぴったりはまっていた。マギーは学士であったが、結局農業を選んだ——少なくともその当時は。ジョイは、自分の手を汚すことが面白すぎて、学校を完全に辞めてしまった。こうした農業をやろうという個人の決意の後ろにあるものについては、すでに触れたとおりである。ニューイングランド全体で——

図5：人生の単純な喜び：サスティナブルハーベスト農園で採れたばかりのサクランボの包み（フィッツモーリスの撮影）

そしてアメリカ全体でも—大学を卒業した最近の若者の多くは、スーツや簿記の代わりにトラクターや播種機を手に入れるようになっている。

　数少なく、年取った農家の数十年に渡る足跡とは異なって、農家生まれではない多くの若者が新規に就農した変革者になっている。全国青年農業者連合NYFC〔2010年にニューヨーク州ハドソンで設立された団体で、青年農業者に対する多面的な支援活動を行っている〕が行った調査によると、アメリカで有機農業を行っている若手農業者の80％は非農家出身だという。そうした変化を示す事例はたくさんある。たとえば、2009年11月、ニューヨークのストーンバーンズ食料農業セ

ンター〔2001年にD・ロックフェラーとその娘のP・デュラニーによって、主に青年農業教育機関として設立された団体〕が開催した新しい農家のための会議では、40〜50人の参加だろうとされていたのが、会議当日になると170人もの参加者になって、これにはセンターは驚いていた（Weise 2009）。ヴァーモント州では、農業経済センターが「若手農業者交流会」を企画した。これも、それほど多くの参加者は見込まれていなかったが、150人もの参加となり、なかにはニューヨークのように遠隔地からの参加者があったのである。

　こうした若手農家の参入が農家の平均年齢に影響するかといえば、少なくとも次の農業センサスには現れないであろう。しかし、有機農業は明らかに新しい世代の関心を捕えたのであって、これはかつての反体制運動に良く似ている。NPR〔ナショナル・パブリック・ラジオ、非営利ラジオ放送局への番組を制作する団体〕の食に関するブログで、ダン・チャールズが報告しているように、「塩」〔マタイ福音書の「地の塩」の意味〕とか「野菜を育てるといったことは、最近まで若くて高学歴の人には関心を呼ばなかったし、そんなにかっこいいものではなかった。ところが、恐らく両親への怒りからか、彼らの多くが農村に移住し、種苗カタログを追いかけ、有機農業の細かい雑草管理法を学んでいるのである」（Charles 2011）。これらの若い人たちの大半についても、シーニックビュー農園で何度も聞いた関心事が動機になっている。すなわち、ローカルな有機農産物の人気に支えられて、企業のアメリカが提供するものとは根本的に異なったライフスタイルへの熱望があるのである（Ramde 2011）。

　有機農業は魅力的だが、それは若い農家にとっては参入がむずかしい世界である。最も大きな障害は土地である。2000〜10年までの間に、アメリカの農地の平均価格は、1エーカー当たり1,090ドルから2,140ドルへ2倍になった（Raftery 2011）。ニューイングランドでは不動産需要が高まった結果、農地価格は全米平均を上回り、もっとも高農地価格地域になっている。2011年には、この地域の耕地の平均価格は1エーカー当たり7,040ドルになっている。さらにニューイングランドには、州平均よりもずっと高価格の地域がある。ロードアイランド州の農地価格は1万3,000/エーカーで、マサチューセッツ州やコネティカット州が平均地価1万1,000ドルと、それに僅差で続いている（National Agricultural Statistics Service 2011）。

農地価格以外の問題はそれほどはっきりしない。農業経営の統合が進み、数少ない農家が大面積の農地を耕作し、アグロインダストリアル企業の方が家族農業経営よりも多く残っているような、新しい農家が土地を取得しやすい場所は、どちらかといえば忘れられた土地である。したがって都市や郊外から移住して農業をめざす人には、孤立との闘いが迫られる。なるほど人によっては、孤立は美しい農園と手を汚す代償であるかもしれない。たとえば、ニューヨーク州北部のクインシー農園のルーク・デイキスによれば、「うまいビールが飲めるかっこいいバーがなくても、ここはアメリカ農村の中の本当にいいところだよ。」(Rafteryによる引用 2011, 25)。しかし、アメニティに乏しく、人も少ないことが問題になる場合もある。安い土地を求めてカリフォルニア州からオクラホマ州に夫とともに移り住んだエミリー・オークレイは、孤立した生活が結婚を台無しにしたと言った。「私たち二人しかいなかったんです。すべての仕事を二人でしました……それはたいへんなことです。私たちは、もっとコミュニティのために、また協力するために少しは競争したかったのです」と語った(ibid.)。

少なくともいくつかの課題、とくに新規就農者の経験不足については、農務省が行動を起こした。農務長官のトム・ビルサックは、数年で10万人の新しい農家を募集するための具体的な措置を連邦議会に要請した。2008年の農業法案では、新規就農者研修プログラムがつくられ、農業をやりたいと考えている人を教育するために、1億8,000万ドルが大学と農業改良普及事業に交付された。農務省は、新規就農者募集のために現場を廻ることさえした。農務副長官のキャサリン・メリガンは、「ローカルフードの生産・販売、そして有機食品については疲れを知らない活動家で、女性農業者の擁護者」として知られているが、彼女は2011年の春、若い人たちに農業を価値のあるキャリアとして考えてもらえるよう全国の大学と都市をまわった。

行政以外の団体も、若い人たちにオルタナティブな農業を体験させ、使命感をもって農業を続けると決めた人たちの支援を行っている。アメリカ中の大学のキャンパスでは、学生が続けられる仕事を求めている。劇的な変化として、「栄養に注意する学生が―その多くは家でホールフーズの食べ物で育てられたのだが―、大学食堂の食事は量ではなく食材の産地を基準にすべきだとする運動を行っている」(Horovitz 2006, iB)。学生が持続的な食べ物を求めているということを

認めるならば、「46億ドルにのぼる大学の学食産業が、食材をより近くの農家から仕入れたり、より多くの有機食品を提供するといった新しい営業方法を採用する」ということにつながる。こうした傾向を反映して、イェール大学の学食業者の取締役ドン・マクアリーは、「10年前は、どんなトマトでも大丈夫でした。今は、学生にどこで誰が育てたものかを話せるようにしたいと思っています。」という (ibid.)。仕事として持続的な農業に従事する人たちには、全国青年農業者連合やグリーンホーンズ〔Greenhorns、持続的農業をめざす若い新規就農者を支援する団体〕のような、彼らの努力をサポートし、必要な支援を行う組織もできてきている。

ジョイとマギーも、こうした新しい傾向の一部だったのだ。アメリカの農業システムへの若い世代の参画がどのような影響を与えるかは不確かだが、シーニックビュー農園ではその影響が大きいことは明らかだった。農園は長年に渡って何人ものインターン生を受け入れていたのだが、大学を経験していたジョイとマギーは、すでに持続的農業運動に参加し、有機農業にコミットしていた。彼らは有機農業のライフスタイルと倫理を熱望し、それをめざしていた。若者は「農業から離れる」ことを望んでいるという長年の固定概念に逆らって、こうした若者は、目的を持って取り組める本物の仕事のために、大学卒業資格を放り出す意志があったのである。ある日の午後、私たちが草取りをしているときに、ケイティが言ったのは、シーニックビューはまだ移民労働力には頼っていない—いつも仕事と学びを求める若い人がいるから、ということであった。

最後はドナだ。ドナはシーニックビューに一番新しく加わった労働者である。2009年が彼女が初めて仕事に来たシーズンで、そしてそれが初めての農業体験であったという。考古学の教育を受け、プロの料理人でもあるドナは、興味深い人物だった。ドナは、彼女がその設立を手伝った食料協同組合を通じて、ジョンとケイティとは何年も前から知り合いだった。組合がその店舗を閉店にした時には、ジョンとケイティが自分たちの農園を商品のデポ（集積所）として提供した。そして今年の初めにドナが職を失うと、農園が彼女の働き場としてもう一度提供された。仕事が必要だったことに加えて、ドナの価値観は農園と良く合うものだった—とくに食べ物が大好きだという点で。ドナはローカルフード雑誌のボランティアライターで、レシピを持って良く農園に来ていたのである。ある日の午後、

彼女はレシピの可能性を試すために、1ポンドほどのスベリヒユ（食用としても用いられる雑草）をとっていた。

　農作業は、シーニックビューの誰にとってもただの仕事ではなかった。それはコミュニティであり、社会的な主張だった。何人かは長年の友人で、他の人たちは共通の組織を通じて知り合っていた。縁故に関わらず、共通の目標に向かって仕事をするという共通の目的のためにここに集まっていた。彼らそれぞれは、シーニックビューでの有機農業の実践によって、経済、環境、そして生活における社会的関係性をうまく結び合わせることができるようになった。

　共通の目的は有機農業である。その目標は一般的な中産階級では—あるいは慣行農業システムでは—実現不可能だと一般には思われている人生の構築である。春のまだ冷たい土の中に手を入れ、夏の暖かい太陽を浴び、秋の恩恵に目を開けて楽しむような人生を送りたいと思っている人がいた。自分たちが愛している環境と闘うより、むしろともにある農業を望む人たちがいた。有機農業はすべてに良くマッチし、さまざまな理由にも関わらず、むしろ、経済的ニーズと社会的なまた環境の関係性との間に構築したある種のマッチングは、決定的に、より持続的な有機の将来への希望を与える。そのような人こそ「良い農家」になりたいと考える人々なのだ。

　ポール・ストックは、「良い農家」という概念を、農家の道徳的な関心がどのような農業を実践させ、環境と消費者に対する倫理的判断を広げるかにあると理解して、その概念を発展させた。ストックは、「家族有機農家は、良い農家として、良い土壌、健康的な食べ物、強い農家、そして強いコミュニティをつくり維持するための行動を通して、道徳的な立場をとる」と主張した（Stock 2007, 96）。ウィリアム・メジャーはこれをアグラリアニズムとして説明した（Major 2011）。つまり、人と人との関係性と健全なコミュニティの価値を認める生活のあり方としてであって、それは1920〜30年代に出現した有機運動の「地に足を下したビジョン」とその先見性によるものであった。ジョンと同様に、有機農家の多くは必ずしも農業だけをやっていたわけではなく、一度は農業的関係性の反対側の消費者生活を経験している。そうした人たちは農家になることで、自分たちの倫理的消費様式を、倫理的生産様式に転換できるのである。「家族的有機農家は、健康的な食べ物を購入する消費者の道徳的権利を理解していると同時に、彼らが耕作す

る土地を守る道徳的必要性も理解している。なぜなら、かつて彼ら自身がまさに消費者だったのだから。」結果的に、「有機農家が証明しているのは、個人としても、また自分が根を張っている場所—土地、コミュニティ、そして彼らの家族と彼ら自身—をも気遣っているということだ」(Stock 2007, 96)。そうした彼ら自身と土地、そして彼らの顧客に対する道徳的関心は、自活するという意志やニーズと相反するものではない。そうではなくて、「良い農家」であることを追い求めることは、「良好なマッチング」でなくてはならない。つまり、農場における実践の経済面、道徳性、感情的な面を、それぞれの農場と農家が納得できる形で、注意深くかつ整合的にバランスさせなければならないのである。

　シーニックビュー農園では、「良い農家」になるという目的の追求は当然のものとされたが、それはオルタナティブな農業の一般概念とは合致しないものだった。たとえば、マギーによれば、「環境主義」は農地ではできるかぎり何もしないことを求めた。もちろん、誰もが環境を気にしているのだが、彼女はそれをイデオロギッシュに見ることはしなかった—つまり「〇〇主義」としては見なかったのである。マギーによれば、それはイデオロギーではなく、農園での労働において良い人間になること、そして農業改良普及センターの言う「良い農家」になるという倫理であった—ジョンやケイティ、さらに他の人も、正しいことをしたいと強く願っていた。マギーが強く意識していたのは、「良い農家」であることはあらゆるライフスタイルの選択において最も優先されるということであった。それは、オールドタイムス農園のサリーも同感であった。「農園の経営に対するプレッシャーは、過去10年余りに、彼女が働いてきた農園のアプローチを変えたか」という質問に対して、彼女が断言したのは、「彼の農園のあり方が変わったか。いいえ。まったくそんなことはありません。彼はこれで金持ちにはならないことがわかっています。彼にとってはこれが天職なのです。ライフスタイルなんです。」そうしたライフスタイルの選択は、経済的な利益を失いかねないことがわかったうえでの厳しい選択なのだ。

　ジョンとケイティは、他の多くの農家と同様に、大型有機スーパーのホールフーズには出荷しない道を選んだ。ホールフーズは、近年、小規模なローカルの生産者を支援するとして注目を浴びている（コメンテーターによれば、ホールフーズはウォルマートの有機市場への参入に対して、一歩先んじてイメージアップを図

ろうとしている。Ness 2006参照)。2006年にホールフーズは各店舗で、「少なくとも4戸の戸別生産者から直接に買い付ける」よう指示した。しかし、ケイティはジョンとともに、ホールフーズなどの大型小売店舗には売らないと決めた。というのも、彼女はローカルな農家コミュニティの友達から、ホールフーズからはちょっとした傷や、量が足りないといった理由で取引を拒否されたという「恐ろしい話」を聞かされていたからである。ジョンとケイティにとって、病虫害による野菜の傷はまさに有機農業につきものだった。ケイティによれば、CSAの契約に加えて大型食料品スーパーの需要を満たすほど大量に生産するのは不可能だし、心地が悪いものだった。

　サリーも、オールドタイムス農園の生産物をホールフーズのような大型スーパーに卸売することには反対であった。彼女にすれば、農園主が過去10年に農園経営を変えなかったことを踏まえて、「私たちは小さすぎます。本当に小さすぎますよ」であった。実際のところ、私たちの他の事例とは異なって——他の事例では、一般市場を避けながらも規模を拡大していたが——オールドタイムス農園は、敢えてCSAメンバーを65人から22人に減らすという決断をしていた。サリーが説明したように、そんなにたくさんの消費者の需要に応えるような農園経営は難しくなってきている。——消費者の多くは、CSAは他の作物がうまく生育しないと、供給されるのはフダンソウばかりというリスクがあるという事実を理解していないようだ。オールドタイムス農園は慣行農業化や集約化ではなくて、経済的に持続可能な最小規模での運営を模索していたのである。

　卸売出荷している農園であっても、一般的には、慣行農園とは大きく異なったやり方で運営することが可能である。今回の調査先のほとんどすべての農家が、卸売りはレストランに限定していた。しかし、そのほとんどは、自分自身が決める条件に合った場合のことである。ケイティとマークは、シーニックビュー農園で働く前に、食材を農家との直接取引で仕入れようとする地元レストランで働いた経験があった。縁故があって、彼らはシーニックビュー農園で働くことになったのだが、農園はレストランへの販売も続けていた。しかし、それは農園の売上げでは18％という小さな割合にすぎない（販売額で1万4,000ドル）。ヴィリディアン農園のコリンは、出荷するレストランの数を絞って、レストランが求めるより細心な収穫、包装、そして輸送を保証できるだけの注文を受けるようにしてい

る。出荷契約できないレストランには、農園が店を出しているファーマーズマーケットでの買い付けを提案している。

　オールドタイムス農園は、サリーによれば少数のレストランと取引がある。「でも、それは私たちにとって都合がいいからだけなんです。近場にあって、ある意味で洗練された客向きの、ローカルで持続的な食べ物について気にかけているレストランです。」パイオニア農園は最近、地域のフードハブ（食品センター）に卸売りを始めた。フードハブは基本的に小規模生産者の仲買業者だが、全量販売が保証されている――ファーマーズマーケットと違って――だけでなく、最終消費者やレストラン、小売店に届けられる際にも、農園の名前がそのまま生産物に添付されることに意味がある。エレインによれば、パイオニア農園が受け取っている価格が低いので、農園がCSAとファーマーズマーケットの両方で販売することが、持続的であり、農園の安全のレベルを高めるということであった――出荷の最終期に出荷先の奪い合を防ぐ。ジョンによれば、シーニックビュー農園にはそんなことはないのだが。しかし、他の農園にとっては、収量が大きすぎた時には卸売は最後の避難場所である。ピースフルバレー果樹園のマシューによれば、「特別な作物、たとえばリンゴが取れすぎた時だけ卸売りしています。」

　農務省の有機農業の定義――すでに見てきたように、農業投入財の許可と禁止に基づいている――は、私たちが見てきた有機農業のビジョンの中心にあるライフスタイルへの関心を見えなくしている。しかし、慣行化と二極分化理論が有機農業セクター内の「慣行化したもの」と「運動」主体を区分する方法は、真の有機農家――すなわち「運動農家」――になるためには、マギーが話したようなある種の「○○主義」に関心を持たなくてはならないことを示している。有機農業についての議論に経済社会学の専門用語を持ち込めば、私たちはお金と道徳が交錯することの多い有機農業の経験において、ライフスタイルが問題になることは理解できる。シーニックビューの農民は彼らの生活のなかで、彼らが良いと感じるやり方で、経済的、社会的、そして環境的関係性がうまくマッチングするような生活様式を、有機農業を通じて探し求めたのだ。

　シーニックビュー農園は、オルタナティブな有機をめざす農民の小さなグループが根付いた場所であった――そこでは、彼らが土地やコミュニティ、そして家族や友人たち、さらに自分たち自身に前向きな影響を与えることができる生活様式

で生活しようとしたのである。しかし、小規模な有機農園で、どうやって「良い農業」を実践するのか。日々の小規模農家の生活に求められる実際の経済的必要性は、良い農業がいかなるもので、いかなるものではないのかを方向づけるイデオロギーと倫理とどのように折り合いをつけるのか。有機農家の生活は、さまざまな理由からシーニックビュー農園の個々人にとっては良好なマッチングだが、しかし、私たちには、来る日も来る日も有機農業を行うことは、同様なレベルでの経済、社会、そして環境的問題を処理することが必要になるのではないかと考えられるのである。しかし、「良好なマッチングであるかどうかは、ローカルな環境で、その意義、評価、そして実践の蓄積が実際に利用できるほどあるかによる」のである（Zelizer 2006, 307）。したがって、私たちは今、それらの農家個人が満足でき、社会的に価値があり、環境的に責任を持っていると感じられる生活を生きようという日々の生活の努力のなかで、どうやってより大きな構造的条件——経済的、政治的、社会的、そして環境的な——にそれぞれが対処しているかに話題を転じなければならない。

第6章
茶色バッグの海と有機ラベル
—実際の有機販売戦略

　シーニックビュー農園はしばしば大忙しになる。収穫最盛期には、CSAで100世帯にも供給しなくてはならない。CSAの方式は、それがおそらくオルタナティブな農業に対する期待が農業とコミュニティ生活の双方において最もうまく機能するやり方だということだろう。たいていの時間、シーニックビュー農園の農地やその周辺は静かで穏やかである。同じくたいていの時間、労働者はビーツやニンジンの列に、また草引きのためにしゃがみこんでおり、もちろん大いに疲れている。しかしながら、CSAは、疲れはするが同時に農園生活の喜びをもたらしてくれる。

　農園に薄く霧がかかった2009年6月のある水曜日の朝は、それこそたくさん新人が出荷のための作業台づくりに精を出している。水曜日の朝は、いつもシーニックビュー農園がCSAの1週間分の注文をこなす時である。CSAの運営によって、どんな小規模農家にも新しい局面が生み出される。トンプソンとコスクナー・バリは、CSAの生産者と消費者に関する研究で、CSAは垣間見るていどではあっても、消費者に農業の舞台裏を覗くチャンスを与えるのだとしている。「CSAのイベント、たとえば持ち寄りパーティ、スイカの味見、農園ツアーなどは、生産と消費が乖離したことによる無感情や無関心を是正すると好評である」（Thompson and Coskunner-Balli 2007b, 285）。そして、体験イベントだけでなく、CSA農園で実際に働くことになったメンバーは、農園生活に少しでも参加することで、よりいっそうの魅力を体験できる。こうした方法によって、CSAへの参加は、生産者と消費者がいっしょになって「市場がつなぐコミュニティの結びつき」を創りだす（276）。

　毎週水曜日の朝に農園にやってきて、ボランティアでCSAの茶色バックに野菜を詰めるシーニックビューの新人たちは、友達であり、隣近所の女性たちである。昨日収穫された野菜はすべて、納屋から裏のポーチにまで広げられている。バッグ詰め担当者は野菜の山の前に立ち、別の作業担当者は品物が少なくなると、

大型冷蔵庫から野菜トレイを運ぶ。また別の担当者は、午後の収穫で一杯になったバッグを納屋の前のファームスタンドに運ぶ。

　農園では、バッグ詰めが始まる前に、常時雇用のスタッフがジョンの指示のもと、大急ぎで畑に残った野菜を収穫している。彼らがトレイに並べられた野菜の過不足を数えている間は、1日だけのボランティアはおしゃべりをしていた。1週間の注文に必要な傷みやすい野菜が選別されている間、鮮度保全のための野菜洗浄樽には水がいっぱい入っていた。ケイティは、積み重なったカブの山を見まわりながら、前日に準備したいくつかの束は小さすぎて十分でないと判断し、追加で収穫し、それを素早く洗って量が少ないバックに滑りこませた。最後の準備作業が終わって、ようやくその時が来た。

　「みなさん、用意はいい」と、一人の女性が列をなしてにぎやかにおしゃべりをしているボランティアやスタッフたちに向かって掛け声をかける。紙バッグを開けるバサバサという音が納屋中で聞こえ、一つひとつのバッグに、その週に配られる作物がきちんと入れられ、棚に並べられる。バッグ詰めの最後には、野菜の上にラベンダーの花束が飾られ、ファームスタンドに持ち込まれる。キビキビとした作業であったが、納屋は笑いや、気さくなボランティア、新しい人々のつながりで溢れている。ジョイの母親にとってはそれが初めてのボランティア活動であったが、すべてのボランティアとスタッフに歓迎され、自分の持ち場の作業をこなすことができた。これらはおそらく「市場がつなぐコミュニティの結びつき」であろうが、活動に参加したボランティアたちは、CSAモデルがもつコミュニティ的側面を肌で感じることができたのではないか。

　先ほどバッグ詰め作業の開始を告げたのと同じ女性が、ほどなくして「最後の一つ」と叫んだ。最後のバッグがファームスタンドに運ばれると、グループが再度組みなおされ、次の作業が始まった。今度は近隣への配達のためのピックアップトラックの荷台への積み込みである。すべての作業がもう一度繰り返され、バッグはさらに別の集積所に向けて、ジョンのミニバンに詰め込まれた。午前10時過ぎには慌ただしい作業は終わる。そして、ボランティアとして働いてくれた人が希望する野菜を持って帰ってもらうのを、ケイティはありがとうねと言って見送るのである。社会経済学者は、人は贈り物や無料品をもらうだけなのに働くことがありうるのを見てきたのであって、とりわけ社会的地位への関心の方が短期的

第6章　茶色バッグの海と有機ラベル　151

利益よりも重要である市場ではそうである。同様に、あの朝納屋を埋めていた人々は、彼らが行っていた作業のなかに、経済合理性を超える社会的、そして道徳的価値を見つけていた。農園とCSAの目的に価値を見出し、関係性と、かれらの作業によって生まれるCSAの一員であるという帰属意識に価値を見出しているのである。

　別の水曜日、午前はCSAの注文で忙しかったのだが、午後にはマギーとジョイはニンジン畑の除草でしゃがみ込んでいた。雑草の成長が速く、作業は何時間も続いた。管理不十分で、ニンジンの3列分がダメになる可能性があった。その3列は、他の列と比べるとすでに生育が遅れ、旺盛な雑草の下で当のニンジンはほとんど見えなくなっていた。数時間すると、天候が変わっていることに気づいた。風が変わり、鳥のさえずりも聞こえなくなった。ジョンは携帯電話で、みんなに畑から納屋に戻るように指示した。今週のCSAのシェアを取りに来ていた一人のお客によれば、途中で激しい雨が降っていたという。遠くから黒っぽい雲の厚い壁が近づいてきた。

　すぐに土砂降りになった。この日の作業は中止になった。すべてのスタッフが家に帰り、その日のシェア分を取りに会員が納屋に来るのを待っている間、ジョンとケイティと話す時間ができた。私たちは、シーニックビュー農園ではもうどれくらいの期間、有機農業をやっているのかを聞いてみた。「最初から」というのが、ジョンの答えだった。もちろん、10年前に彼が農業を始めた時には、まだ「有機」の定義や認証制度はなかった。農務省の有機認証制度が始まった6年ほど前、すぐに認証を受けたという。

　有機認証の取得をジョンが選択したのは、彼の農業に関する助言者（農園に重大な影響を与えるこの人物については次の章で取り上げる）の意見による。二極分化アプローチを採用する論者は、認証に懐疑的であって、有機認証を受けて慣行化した農家と認証を受けない運動家とを対抗させる分類を行いがちである（Constance, Choi, and Lyke-Ho-Gland 2008参照）。もちろん大規模な生産者は、認証制度が卸売出荷のためには必要であると考えるだろう。他方で消費者に直接販売するか、認証のための煩雑な手続きの余裕のない、ライフスタイルや運動家としての生産者には認証取得はうんざりであろう。しかし、ジョンとその助言者は、オルタナティブな農業の運動を確立するためには、認証取得は重要であった。

農務省から公式の認証を取得するについては、少なくない農家が、政府と消費者に対してもうひとつ別の方法での農業が可能であることを示した。もし小規模農家になって苦労するなどしなかったとしたら、農業の持続的なビジョンを引き受けるような農家が存在することを知ろうとはしなかったであろう。NGOの倫理的な生産基準や、そもそも基準そのものが不完全なものだということは予想されたことだ。しかし、完全な信ぴょう性は、価値があると見なされる努力には必要のないものだ。そうではなくて、こうした努力に価値があるのは、それが自分の世界をどのように良い場所に変えていくかという物語に、認証獲得をフィットさせる個々人の能力から生まれてくるからである（Gourevitch 2011）。ケイティとジョンが認証を得るのは、自分たちのライフスタイルや日々の決断、農業の実践が、大きなスケールでの農業変革の一部であると理解する最初の方法だった。そして次にジョンが付け加えたのは、「有機農産物の生産に相当な労力をかけるのであれば、認証を取るのも同じようなものだ」であった。

　シーニックビューの納屋での、一見つながりのないCSAの取組みと有機認証とについての二つの相互作用が、ジョンとケイティの、あるいは私たちが取り上げる他の小規模農家の基本的な社会経済的な決断がいかなるものかを明らかにしている。ジョンとケイティの主要な販売戦略としてのCSA、そして有機認証農家であり続けようという選択は、どちらも自分の農産物販売と、ビジネス遂行の中心にある。しかしながら、そのいずれも、彼らのまた切望する一種の社会的関係性によるものであり、それを反映したものである。私たちが学んだように、この農園のもっとも「経済的」に見える決断—たとえば値付け—でさえも、需要供給や市場の状況をどう見るかだけでなく、ジョンとケイティが自らを農家として、コミュニティのメンバーとしてどう見ているかを反映している。こうした販売戦略は、霧の立ち込めた夏の朝に、納屋がボランティアの笑い声で溢れるというようなタイプの関係性を育てることを保証するのである。オルタナティブな農業によって育成されたそういうタイプの関係性が、より深化し、オルタナティブであり持続的であることにさらなる大きな意味を与えるものであろう（DeLind 1999参照）。これは第4章で取りあげた課題であり、結論でも取り上げるが、私たちは持続的な農業の将来を考えているのである。ここでの例が示しているのは、農家の理想と消費者が重要だとすることの双方は、恐らくここで見たようなもっと

も合理的だと推定できる販売方法によって実現できるのであって、慣行的なアグロインダストリーには真似することはできないものなのである。時にはそれらは、贈答や扶養、貸与といった霧の水曜日の朝に農園の納屋を満たしていたようなやさしい顔と顔の見える関係においても実現できるのである。

CSAを支援する

　有機農業には重労働が多い。しかしながら、CSAという経験からわかるのは、ハードな手作業よりもずっとたいへんなことがあることだ。そして、そのことは周辺のコミュニティとつながった農場に関わっている人だけにわかる。ジョンはシーニックビュー農園がCSA事業を行っていることで、他のたくさんの小規模農場とは異なっていると思っていた。
　「今この時期、他の農場は作物を売るためにかなりの時間を費やしているはずです」と、暖かい7月の風がミニバンの窓から吹きこむなかで、ジョンはそう語った。「CSAのお陰で、毎週私たちが収穫するもののほとんどはすでに売れている。」結果的に、大慌ての電話もかかってこないし、配達のための運転も必要とせず、競りに出されてがっくりくることもない。ローレンス・メンディースのような農家（競りで、1ブッシェルわずか1ドルという利益でズッキーニを売らざるをえない悲しい決断を迫られて、CSAに移行したニュージャージー州の農家）は、自らの経験からそれが保証するものの価値を知ったのである。ジョンは農業を始めた時からCSAを利用していたので、自分のハードな仕事が1ブッシェル当たり1ドルにしかならないというような現実に耐える必要はなかったようだが、多くの農家にとってはそうではなかったのである。
　CSAの予約支払いが経営維持をほぼ可能にする価格を保障することでメンディースのような農家を助ける一方、作物の予測できない需給サイクルの乱高下を安定させるというCSA事業のあり方から利益を得る農家もある。他の企業とは異なって、農家は収穫前には、作物の供給量を確実に保証できるわけではない。時には豊作で余剰が出るが、病害が——2009年の終わりごろのトマトの疫病のように——すべてを一掃してしまうこともある。季節ごとに作物を脅かす大きな災害——豪雨や水不足、低温や季節外れの高温、病害虫など——がなかったとしても、季節ごとに作物の種類が多く、安定的な供給はむずかしいのである。小規模農家の作

物が多様であること—エコロジカルな側面でもまた経済的な判断からしても—は、数種類の野菜がいつも畑で育っていて、常に売るものを確保できる。ただし、早春は、利益の少ないホウレン草や若い青物だけだ。

　前払いを受け取ることによって、CSA農家は季節の変動や、恐らくそれより重要であろうが、不作の年の予測できないロスによる影響を少なくすることができる。そうすることで、「CSAのリスクと報酬をシェアするという方式は、通常は対立する消費者と生産者の経済的利害（市場では需給価格による調整によって処理される構造的緊張関係）を解消させる」(Thompson and Coskuner-Balli 2007b, 296)。ポール・アキンソンは、オレゴン州の採卵鶏農場であるラフィングストック農園のオーナーであるが、小規模採卵鶏農家が冬場に直面する所得の低下を抑えるためにCSAモデルを利用している。鶏は、夏場は毎日産卵できるが、冬になると日が短いために産卵行動が抑制される。夏場の1日の産卵量は合計で400個を超えるが、冬場にはその半分あれば良い方だ。そうした生産量の激減は、確実に収益を減少させる。多くの採卵鶏農家は、人工光で冬場の産卵を誘発させて、産卵量の減少を避けているが、アキンソンは自分の鶏にはそうしないことにした。(Cagle 2011)。鶏に自然の季節的なサイクルを続けさせることができたのは、CSAモデルによってそれが経済的に実現可能な方法であったからである。

　こういった型の利益が、おそらくシーニックビュー農園の助けになっている。たとえば、ケイティによれば、まだ季節の早い時期には、農園がCSAのシェアとして供給できる野菜はわずかである。もしCSAでなければ、わずかな量しか供給できない週はわずかな所得であることを意味するが、この時期はまさに農園の投入財や雇用労働力に対する出費がもっとも大きくなる時である。結局のところ、夏の恵みとトマトの季節が突然の儲けをもたらすのであるが、農園の運営費用はきちんと数か月前には集められている。この農園にとって、CSAのシェアは、経済問題と持続性と生計の倫理をバランスさせ、収益を生み出す方法であり、そしてまたジョンとケイティが良いと考えている農業の実践を支える手段でもある。それ以上に、収穫される野菜がすべて、ファームスタンドで販売される少量を除いて販売済みであるという事実によって、ジョンの目には、CSA農園が他に見られない特別なものに見える。そしてこのことは、ジョンとケイティに気持ちの上でゆとりを持たせている。ともかくも作物が腐る前に売らなくてはならないと

という大きなプレッシャーがないのである。

　私たちが話す機会のあった他のニューイングランドの農家にとっては、もちろんCSAは農業の季節性に関わるすべての経営上の不安定性に対する万能薬ではない。オールドタイムス農園のサリーが言ったように、「時に、彼が経営に苦労していたのを知っています。今は収入があるので良いのですが、冬は彼にはたいへんです。」しかしながら、CSAは経営の安定のレベルと農家の持続性を確保するうえで重要な役割を果たしている。ヴィリジアン農園のコリンにとってもCSAは、季節的な経営費用をカバーしている。オールドタイムス農園では、CSAはやっかいな冬場の後に、喉から手が出るほどであった現金を注入してくれる。パイオニア農園のエレインにとっても、CSAは販売を保証するものであった。農業の季節性によるさらに一段高い経営の不安定性に対しては、ヴィリジアン農園のコリンは、冬場には地域の他の生産者の作物で補てんするCSA冬期シェアを導入した。オールドタイムス農園とパイオニア農園は、屋内型冬期ファーマーズマーケットを始めた。総合的に考えると、こうした努力は、彼らが望むライフスタイルを継続するための農業を続けるために、経営の安定性を確保するのに役立っている。要するに、そんなにがむしゃらにやる必要がなくなったのである。

　CSAは、明らかにシーニックビュー農園を非CSA農場から区別させているようだ。経営の安定性を高めるだけでなく、コミュニティを構築するのにも力があった。毎週、収穫物を並べる棚は、食べ物の周りにいろんな人を集めた。食べ物の配達は、また違う人たちを集めた。コミュニティにはさまざまな意味があろうが、それが共通の活動をシェアするために人々が集まるのを意味するというのは共通の認識だろう。CSAはそうしたコミュニティの構築の核をなすものであって、それは一般食品流通の主流となるチャネルの外側で運営されるものである。CSAがあることで、出荷シーズンの開始前にすでに収穫物の大半が販売されており、最終的にスーパーマーケットの棚に行きつくことはない。食料品店が食料品の流通の主たる担い手にはちがいないが、シーニックビュー農園の作物は、CSA、レストラン、またはファームスタンドのいずれかを通じて、すべて直接消費者に販売される。いずれにしろ、CSA事業によってもたらされるジョンの心の平和こそ、その農園の最大の特徴であって、いかに農園がCSAを通じて人々を食につなげてきたかを考えるポイントなのである。

CSAの顧客は、少なくとも建前としては、すべての野菜はある特定のグループによる一つの農場で生産されたことを知ることで、食料の供給とつながっている。ボランティアを基本にしたCSA—ボランティアがそのフードシステムの生産に参加し、農場の農産物の流通がスムーズに行くように支援する—は、潜在的にはまさにコミュニティをベースにしたものである。シーニックビュー農園の納屋いっぱいの人々の６月の水曜日の朝のいきいきとしたエネルギーとともに、有機農業が有望であるのはそれがコミュニティに埋め込まれているからである。朝霧の寒さで包まれたこれらの人々のすべては、共通の目的のために食べ物の周りに集まってくるのである。

　シーニックビュー農園のボランティアは、自分たちと農園の間にある社会的かつ経済的な関係のバランスをとるために良く働く。彼らは、CSAのメンバーになっていようとなかろうと進んで農作業を行う。彼らは現物で報酬を得ている。スタッフはボランティアと同様に、ふれあいと自分たちがつくりだした社会的雰囲気のなかで、出勤時間を記録して仕事をするというよりは、隣人を手伝うようにCSAの注文品の袋詰め作業をする。それはいわば「追加報酬」であって、それが社会的関係を強固にし、その贈与的な性質は、まったく現金には換えられないことを意味している。「そうした追加報酬はどこの市場でも買えない」(McClain and Mears 2012, 140)。実際、多くのボランティアは、自分が袋詰めした野菜のバッグに対して対価を支払うCSAメンバーである。しかし、無料で受け取る野菜は、ファーマーズマーケットで買う野菜や、CSAのシェアからでさえも得ることができない関係的な意味を持っている。ケイティは、ボランティアを見送る時に渡す野菜について、「大事にしてね」と強調した。彼らには従業員のようには労賃が払われておらず、友達に贈るように野菜が提供されている。友情やコミュニティという形をぼやかすことなく、CSA経営という経済的仕事を達成するという点で、こうした社会的取引はぴったりだった。そうした取引に注意を払うことは、構造的な政治経済学を超えた現代の有機農業セクターだけでなく、実にオルタナティブで持続的な農業システムを牽引できそうな経済的、社会的な連携のあり様を理解するうえで重要である。

　茶色バッグの海に野菜を詰め込むために、朝霧のたちこめた水曜日の朝に、あんなにいろんな面白い人々を集めたものは何なのか。人によっては農的理想のた

めの情熱であったろうか。つまり、いっしょに、水を得た魚のように働くということだ。共通の目的は、無農薬、無合成肥料で、高品質で健康的な野菜—それこそ有機野菜—を生産する（そして食べる）こと。また他の人にとっては、そうした努力を行っている人たちを手伝いたいという願いが目的のようだ。彼らの実践と関係性は、継続的な取引と、経済と社会そして個人的な問題—より持続的な農業システムのなかで役割を果たしているという満足の代わりに、労働が贈与されるという経済を創り上げること—のバランスにある。また何人かの人にとっては、それは自給自足を意味する。朝の労働はフードシステムにおける取次店程度の意味を持っている。また他の人にとっての報償は、やはり、家から出て、新しい人と出会い、無料の健康的な有機農産物とともに家に帰ることにある。

　有機農業への関わり方は個人でさまざまであって、その理由も同じくさまざまである。にもかかわらず、「有機」というコンセプトは、農家にとっては協同のアイデンティティの中核をなし、周辺地域にいる人々と彼らが食べる食べ物とを結びつけるためのベースを提供しているのである。

現場で有機認証を検証する

　私たちが取り上げたパルナッソス農園やラフィングブルック農園のような有機認証取得農家を含む小規模農家は、原理的にもまた販売戦略としても有機の重要性について同じように感じていた。サスティナブルハーベスト農園のミーガンが言うように、彼女が働いていた農園の経営者は、ジョンやケイティと同様に、原理的な問題として認証の重要性を固く信じていた。同様に、パイオニア農場のエレインは、認証には以下のような価値があるとしていた。まず、多くのパイオニア農園の顧客にとって重要であること。次に、どうやって農産物を生産しているかを農家には聞けない、あるいは気楽には尋ねられない消費者に対して、持続的な実践の基準をはっきりと指摘する一つの方法として重要であること。「人々は（認証を）求めています。直接農家と話をしたり、農園まで行って確認ができない消費者にとって、それは大切なのです。」グレイトフルハーベスト農園のモーリーの感じるところも同じであった。顧客がそれを気にしていたので、有機認証を始めたという。しかし、認証を受けたからといって実際の農業生産は何も変わらなかった。たとえ認証の取得を選択したからといって、モーリーによれば、「『有

機認証』と表示することよりも、農園での生産活動がどれだけローカルで、どれだけエコロジカルに健康であるかを知ることが、購入決定に大きな重みを持っているのです。」とはいうものの、彼女の小規模農園の有機認証は、消費者を確保するための重要な販売戦略になっていた。

　コリンは、農務省が認証制度を開始しても、それにもう意義を感じなかったので、自分のヴィリディアン農園については認証を受けないとしたのであるが、認証自体には価値を認めていた。コリンによれば、「消費者にとっては認証有機は実際重要だろうね。認証は、消費者に「有機」という言葉が何かある物であることを信頼させるから」である。「しかし、消費者に直接販売しているという事実を考えれば、消費者は認証を信用するのと同じくらい私たちを信用してくれていると思うよ。」「現在行われている認証方法に自分は反対しない。」しかしながら、コリンは認証をめぐる問題について、農務省に有機認証を受けた6つの農園、すなわちヘリテイジハーベスト農園、パルナッソス農園、パイオニア農園、ラフィングブルック農園、サステイナブルハーベスト農園、そしてシーニックビュー農園とは見解が異なったのである。

　小規模農家からの不満や有機農業運動の一般的評価以上に、農務省の認証事業を支持する声は聞かれなかった。不満の声はたくさん聞かれる。法制化過程で有機基準がレベルダウンされたという議論—研究者（Guthman 2004a, 2004b, 2004c参照）と小規模農家の両方による効果的な議論—を別にしても、多くの小規模農家が言うのは、認証の申請方法が煩わしく、時間と費用がかかることである。もっとも目立った批判が、バージニア州のポリフェイス農園の経営者ジョエル・サラティンであって、彼はマイケル・ポーラン著の『雑食動物のジレンマ』（"The Omnivore's Dilemma," 2006）の主人公であった。彼の話は人を引き付ける。「もっとも素晴らしい有機認証とはどんなものかわかりますか。それは、予告なしに農園を訪れて、農家の本棚を良く見ることです。なぜなら、感情と思考を養っているものが本当にすべてのことだからです。鶏をどう飼うかは、私の世界観の延長です。私に申請書類の束に記入させるより、私の本棚にあるものを見る方がよっぽどわかるでしょう。」（Pollan 2006, 131-132からの引用）とも皮肉っている。「私たちは自分たちのことを有機とは呼びはしない—『有機を超えたもの』と呼びます。自分たちより低いレベルに合わせるようなことはしないよ。」サラティンと

の話のなかでポーランが結論づけたのは、「逆説的だが、ポリフェイス農園は技術的には**有機農園ではない**。しかし、何らかの基準によれば、実質的にはどんな有機農園よりも『持続的』である」ということであった（131）。

　公式な認証管理体制を否認する同様の主張には終わりがない。2010年に認証を得る11年も前から有機農業を行っているヴィッキー・ウェスターホフは言う。「私には負担が大きすぎる。有機認証は、小規模農家のために設定されたものではないと思う」（ibidに引用）。彼女はよく行っているファーマーズマーケットが出荷者に認証を取ることを求めたので、そのためだけに認証を取得している。小規模農家の共通の考えは、ローカルな農業と同じように、有機認証は意味がないというものらしい。そうした農家の一人であるヘンリー・ブロックマンは、認証が大事だと思えることはほとんどないという。「認証が不可欠だと思えるのは、まとまった量の農産物をホールフーズに卸売する時だけだよ」（ibidに引用）。

　私たちが事例としたニューイングランドの農家の多くも同じ意見である。ヴィリディアン農園のコリンは、認証を受けないことにしたが、それは直接販売をしており、認証の価値は認めているものの、顧客が農園で直接に意見できて、認証ラベルと同じくらい彼を信用できるうちは認証にはそれほど意味がないと考えているからである。オールドタイムス農園のサリーによれば、認証はもはや小規模農家のためのものではない。同農園のCSAメンバーは22名と比較的規模が小さい。サリーは、自分の農園にとって認証にかかるコストが高すぎること、2人の常用雇用者しかいない農園にとっては経営履歴の記帳も余分な負担である。結局、彼女は認証を取らないという結論を変えることはなかった。もちろん、彼女にとってオールドタイムス農園の作物は「有機」である。取引のある市場で、自分の作物を有機と言えなくなっただけのことだ。

　有機認証に関わって、「有機以上」説が抱える問題は、それが全体を捉えきれてはいないことにある。一つには、ニューイングランドの非認証であるが持続的である農場の大多数にとって、認証を受けないという選択肢は、「有機以上」であろうとしているためではない。むしろそれは、認証の厳しい官僚主義的な規制が、実際の農民的生活の世界に—まる1年の文字通りの血と汗と涙が、作物の予期せぬ病害、または天候によってほとんど一瞬でなくなってしまうという生活—合わないという現実的な選択だった。

2009年の初夏、ニューイングランドでの晩生トマトの疫病発生について述べた際に強調したように、多くの農家は有機を維持するための時間と金、さらに労力をかけることをあきらめた。作物の全滅を防ぐには、農薬散布が避けがたかったからである。認証を諦めることによって、これらの農家は、自分がやっていることが「売り切る」ためにしているのか、それとも「手を抜く」ためなのかわからなくなっている。これらの農家は自分の良心に恥じない選択をしているのである——IPMが農薬散布を勧める時に、収穫のできるだけ前に散布し、また最も安全な農薬だけを使おうとする、ジョンソンファミリー農園のエリックのような農家や、ピースフルバレー果樹園のマシューは、農業生産に「責任」を持ち、「正しいことをしたいと思っている」という。マシューは、自分の農業の方法について満足していることを、顧客をまともに見、伝えたいのだ。

　おそらく、これらのすべてが、自らが知ること——農業についても、自分自身についても——でもって、ベストを尽くしている農家である。マイケル・ベルが言うように、「それこそが農家が自ら農業を経営することで得られる知識である」(Bell 2004, 129)。これらの農家にとって認証を受けないということは、農務省の有機認証を超越した——あるいは「有機以上」——という感覚の結果ではない。これは、現代の農業において倫理的な仕事をしようとする個人によって選択される現実的な選択である。彼らにとって、官僚的な農務省の認証プロセスでは、不確実な農家の生活には対応できないのである。シーニックビュー農園とは異なって結局認証を得ることがなかったとしても、責任ある農家であろうとすることへの懸念はない。

　こうした「有機以上」議論は、消費者やマイケル・ポーランのような評論家を、有機を実践しているが有機認証を受けていない農家——ジョエル・サラティンのような——を、「ほとんどの有機農園よりも、ある意味、より『持続的』である」(Pollan 2006, 131) と結論づけさせることになった。もし、ポーランの言う「ほとんどの有機農場」が、この本の冒頭で議論したような、ほとんどの工業的規模の、スーパーマーケットに出荷している有機農園を指すのであれば、ある意味それは正しいかもしれない。そしてまた、サラティンのような農家の多くは、「有機」というその言葉そのものを、真の持続的農業のレベルを引き下げた複製だとののしることになった。しかし、サラティンは今や有名人で、大学の講師として給料を得、

第6章　茶色バッグの海と有機ラベル　　161

図6：病害の管理：このリンゴのような果樹園の作物は、公的な有機認証が無意味であることを証明するものとしてしばしば引き合いに出される。（フィッツモーリス撮影）

そして大規模な農場を持っている。それは、農務省有機認証の利点を拒否することによって得られたひどく特権的なものである。シーニックビューのような小規模農園は、（認証を）そんなに軽く拒否することはできない。シーニックビューやパイオニア農園、ヘリテイジハーベスト農園のような認証を得た小規模農家にとって、「有機」はまだ彼ら自身にとっても、その顧客にとっても、その生産方法に対する消費者の信頼を得、安全なレベルを保障する意味を持っている。

地域で有機認証が意味を持つのは

　シーニックビュー農園の事例が立証しているように、有機をよく実践している小規模な生産者が存在する—農務省の規制体制のなかであっても。有機農業と地域と持続的な食料運動は、いずれの小規模農家にとって必ずしも矛盾するものではない。ウォルマートやホールフーズの棚に出荷できる企業的な有機産品ではなくて、認証を受けた小規模有機が存在する。大げさかもしれないが、小規模で持続的な農家のなかには有機認証を**選択する**農家もあるのである。そしてそれらの農家は、アメリカの持続的農業に関する幅広い議論のなかで評価される必要がある。

　ジョンとケイティの農園はそうしたもののひとつだ。彼らがサラティンのような農家からの、認証に反対するきつい抗議を耳にしたことがないとは想像しにくい。（上述のように、マイケル・ポーランの著作は、シーニックビュー農園の従業員たちは読むことになっている。）同様に、ジョンの認証取得も「大規模」にしたり、ホールフーズのようなスーパーに卸売りしたいためではない。消費者に直接販売する者として、認証を受けずにおくこともできたのである。顧客の一人ひとりに自分の農業について語れば、顧客は疑いなく信用しただろう。何よりもジョンやケイティは、ぼんやりと盲目的に規制に従ったのではない。彼らは、政府規制という試練を受けるのをいとわず、第三者認証に必要なコストを支払って認証を受けたのである。

　小規模なオルタナティブ農家のなかには、有機認証はもはや意味を持たない場合もあろう。しかしながら、政府による有機に対する規制や吸収に対して、それに対立する議論で対処しようとする二極分化理論は、小規模農家が事情の変化—すなわち、「市場」対「運動」、または「認証」対「有機以上」という2変数とは整合的でないかもしれない変化—に対しての対応で微妙な変化をみせることを理解することができない。認証は、一定の小規模生産者のライフスタイルや現実にマッチしている。しかしながら、そう説明するには、そのようなマッチングがありうるとする民族誌的アプローチが必要である。有機セクターの二極化は前もって決まっているわけではない。それよりもむしろ農家が認証を選択するかどうかは、農場とコミュニティで育てたいある種の関係性という利益、農家としての自

分自身のビジョンに見合うような利益と、認証にかかる経済的コストとがバランスするかどうかであると彼らが理解していることによるのである。

　ファーマーズマーケットの小規模農家の多くによれば、彼らが認証から手を引いたのは、彼らがみな、「有機を超えている」からだ。しかし、ジョンとケイティが確信しているのは、認証農家になることは、農務省と消費社会に対して、小規模農家でも有機農業がやれることを知らしめる唯一の方法だからである。シーニックビュー農園にとって認証を受けることは、堕落し骨抜きにされた理念を承認する—あるいはシニカルに言うなら、そこから利益を得ようとする—ものではない。むしろ、アメリカ農業システムの新しいビジョンに一票を投じるものである。もしくは、ジョンにはっきり言わせるならば、それは「運動に参加する」ようなものだ。ということは、ジョンが現在の有機農業に関する情勢が完璧だとも、またサラティンのような農家の批判が妥当ではないと思っているわけではないのである。しかし、ジョンはこの国の農業システムを変えるためには—そのなかにニッチをつくりだすだけでなく—、農家は農務省の体制内で、農家には持続的であることの必要性と願望があることを明白にする必要があると感じているようだ。さてそれでは、アメリカの農業経済に現実的な持続性を実現するためには、どのように国の資源が活用されるべきなのか。

　こうした論点を超えて、ローカルな生産者が「有機以上」生産者であるとする対立を際立たせた議論は、有機認証システムが—多くの不備にも関わらず—（不正を）防止するために成立したという重要な現実的問題を無視している。たとえば、消費者が地域の生産者にただ農法について聞く場合でも—または訪問する—、彼らはそれが有機基準を満たしているのか、基準をしのいでさえいるのかを、確認できる立場にはいない。平均的な有機の消費者は—シーニックビュー農園のような美しい有機農場を目の前にして—シーズンオフに農園では土壌浸食を防ぐための被覆作物を栽培しているか、病害や肥料不足を防ぐために輪作体制を組んでいるか、さらに休耕年を入れているか、などとは聞かないだろう。彼らは、複合栽培の農場を見るだけで、また農薬や肥料について聞くだけで、満足するのである。実際のところ、消費者としての私たちのほとんどは、その農場が本当に有機なのか—あるいは「有機以上」なのか—を明らかにできるほどの知識は持っていないというのが基本的な問題なのである。

そして、現在のところ有機ラベルを廃止しないもっと重要な理由があるのかもしれない。一例をあげれば、2010年、ロサンゼルスのテレビ局NBCが、同市内にいくつかのファーマーズマーケットで覆面調査を行った。一つの例では、調査員は、農家のジュアン・ウリオステジの後を追い、売っているものはすべてサンベルナルディーノ郡のレッドランドにある自分の農園で生産されたものかどうかをたずねた。ウリオステジはそうですよと答えた。調査員はブロッコリをいくつか買って、同郡の農務課職員とともに農場を視察した。ブロッコリの生産場所を聞かれたウリオステジは、ただ乾いた埃っぽい土地を指さすことしかできなかった（Grover and Goldberg 2010）。もっとひどいのは、調査員が5人の売り子から買ったイチゴは、5箱すべてに「農薬不使用」とあったが、後日の州認可検査室でのテストでは、5箱のうち3箱から、たまたまの汚染とはいえない高レベルの農薬が検出された（ibid.）。

　認証は、ファーマーズマーケットでの販売という方法ではできないやり方で、オルタナティブな小規模農家を保護する。多くのファーマーズマーケットでは、「農家」が買って自分のスタンドで販売する卸売商品も売られている。「生産農家のファーマーズマーケット」でだけ、実際に栽培した人がそれを販売する。ファーマーズマーケットを訪れる多くの消費者がそれを知らない。

　「有機以上」議論で理解されていないことは、シーニックビュー農園や私たちが取り上げた他の農園のようには、必ずしもローカルな農家すべてがオルタナティブな農業を行っているわけではないという事実である。いくつかの農家にとって、「有機」は都市消費者を魅惑するために、いわば設計された単なる「ファーマーズ」マーケットという言い回しに過ぎないのである。

　これは、ファーマーズマーケットはまやかし物に悩まされているという決定的な証拠にはならない。しかし、有機認証は消費者が地元の生産者に直接会うことができればそれほどの意味をもたないという主張はあるにしても、消費者は有機農業がどう「有機以上」のものかを判断できる立場にはない。おそらくそうした農家の多くは、有機認証制度が求めるものを超える持続的な農業を行っているが、一般的な消費者はそうした決断をするための材料を持ち合わせてはいない。ジョンのように誠実に持続性を追求している農家にとって、直接販売は認証を必要とするものではないが、認証を受けるために必要な栽培履歴を記帳し、検査を受け

ることは、顧客に対してより責任を持てるようになる。そうした透明性があって、彼らは持続性の最低限の基準以下に滑り落ちてはいけないと感じている。しかし、他の農家は同じ理由で認証を避ける。2009年のトマトの胴枯れ病が証明したように、有機認証は、小規模農家が対応を迫られる地域のエコロジマルな生産条件に必ずしもマッチしておらず、農家は全滅に任せるか、認証ラベルを放棄するかのどちらかなのだ。

　透明性に加えて、ジョンとケイティは、小規模農家の多くが不満である認証に必要な細かすぎる記帳については、それは有機農業にとって一種の「ベストな実践方法」であると感じている。というのも、有機農家は農薬に頼ってす早く対処することはできず、過去に何をしたかという詳細な記録が、よりよい管理戦略を立てるうえで役に立つからである。たとえば、以前どんな間作の方法が有効だったか、どの畑の出来が良くなかったかを知ることができる。まさに認証を受けるという選択—そして、認証が課す構造的な要求—が、彼らをより良い農家にするのである。播種、収穫、有機肥料の施肥、そして許可された方法での防除、その度ごとにジョンとケイティには記帳が求められる。毎年の検査に加えて、この記録は認証団体に提出される。

　私たちには、農園生活を観察し実際に参加することで、なぜ、シーニックビュー農園では、どんな評価でも—それが政府によって水割りされた基準であっても—それを歓迎するのかがよくわかるようになった。まさにCSAの水曜日に、農園での生活や、農民の理想と倫理を何とか実践しようとするときに小規模農家が直面するものを立証することで、コミュニティと一体化した有機農業がもたらすものが明らかになる。有機での野菜栽培には、苦労がつきものだ。農作業の開始から日暮れてそれが終わるまで、毎日解決しなくてはならない問題がある。ケイティによれば、「毎年問題があり、それはまた毎年違った問題です。」

有機の価値を試す

　2009年に北東部のトマトを襲った胴枯れ病が始まった時、ジョンとケイティは自分のトマトについてはまったく心配していなかった。彼らを不安にさせたのは、その年の初物になる新ジャガイモを収穫した時に見つけたものだった。肥沃な土から小さなジャガイモを掘り出してみて、ジョンは不安になった。ジャガイモに

病気が発生しているようだった。

　「このトマトの疫病は、ジャガイモにも移るのだ」と、ジョンは明らかにいらだっていた。「これはアイルランドから持ち込まれたのと同じ疫病だ。」ジョンは全員にジャガイモの畝を歩かせて、感染の有無をすべての葉について調べさせた。ドナが、一つ見つけたと叫んだ。そしてジョイも見つけた。調べられたジャガイモのすべてが、塊根までやられているわけではなかった。ひょっとすると最初に見つけたのは病気ではなく、ただ傷がついていただけかもしれない。ジョンはもう一度チェックしなくてはならなくなった。もし疫病が発生していたら、すべてのジャガイモは早期に引き抜かなくてはならない。

　2009年のシーニックビュー農園のジャガイモは、疫病の恐怖だけでなく、有機農家が毎年毎年直面する他のタイプの問題を発生させていた。すべての株に花が咲き、土の中ではジャガイモが実っていると思わせた。枝葉が枯れると収穫の時であるはずだった。しかしながら、収穫期になっても畑は濃い緑色のままで、あちこちにラベンダー色の花が咲いているだけであった。畑は遠くから見れば、確かに美しかった、ところが、すぐ近くで作物を観察していたジョンとケイティには、ジャガイモすべてが疫病だけでなく、他のリスクにも侵されていることがわかった。枝葉はすでに、ゆっくりそれを枯らしてしまうコロラドハムシで覆われ、新しいジャガイモの成長が妨げられているようであった。

　午後、ケイティは、コロラドハムシが成長し繁殖してジャガイモが全滅させられる前に、農薬を散布したいと報告した。農園では、前年には有機農薬を散布しており、成功していた。有機農薬のバクテリアが、コロラドハムシに摂取され、「ハムシの胃を食いつくして」て、殺す。しかし、問題は、作物の開花期には、受粉を仲介する蜂にも影響があることだ。蜂がラベンダー色の花から蜜を摂取する際に、バクテリアも摂取して死ぬのである。結果的に、ジャガイモの花はまったく都合の悪い時に咲いたというものだ。

　解決策は、シンプルだが労働力を必要とするものだった。そして、それは農園の大切にしている価値を大きく反映したものだ。ジョンは、ケイティが有機農薬を散布できるように、ジャガイモの花をみんな摘むように指示を出した。彼らは、農繁期の真っただ中で、価値のある労働時間を、すでに弱くなった蜂、それも野生の蜂たちを守るために「無駄に」しようとしていた。手をつないで私たちがジャ

第6章　茶色バッグの海と有機ラベル　167

ガイモに近づくと、美しい光景は悪夢に変わった。遠くからは深緑の「葉」に見えたものは、ただの抜け殻だった。身もだえするような何千もの素焼き陶器色のコロラドハムシの幼虫が葉っぱを覆っていた。その軟らかく、黒い斑点のある体が、休むことのない口の動きとともに、リズミカルに波のようにうねった。葉に残っていたのは固い中心の葉脈だけで、それも食べられようとしていた。ジョンは蜂に関係なく、有機農薬を散布することもできたはずだ。誰もそれを知ることはなかったであろう。しかし、私たちは畝ごとに、数千ものラベンダー色の花を地面にひらひらと落としたのである。

　コロラドハムシの蔓延との闘いに、無神経にバクテリア有機農薬による処置を行う農場は、単なる投入財の代用にすぎない慣行的な農業の代表的なものかもしれない。しかし、シーニックビュー農園のような畑では、農家はどんな状況下でどんなやり方をするのが自分にとって好ましいかを注意深く決めるのである。ジョンとケイティは、コロラドハムシの発生によるジャガイモの全滅を恐れていた。彼らは、その損失を防げる可能性のある有機農薬の使用が可能であることを知っていた。そして、ジャガイモに花があるということは、そうした許可された散布をすることによってミツバチのような授粉者を危険にさらす可能性があることも知っていた。そこで、ジョンとケイティは、彼らに利用可能だと考えられるベストの選択をした。散布はするけれども、すべての花を落とした後にであった。ジョンとケイティのような農家は、いずれの有機農業の背後にも、ビジネスとしての農場の経済的持続性についての関心と、同じくらい重要な社会的かつ生態的なコミュニティの一員としての農場の持続性についての関心との均衡を模索する、実際的な選択があることを立証している。

　ジャガイモ胴枯れ病とコロラドハムシとの闘いは、シーニックビュー農園の日々の苦労のひとつに過ぎない。アブラムシはセリ科の香草チャービルをむさぼり食うし、イモムシはトマトに群がり、キュウリ虫はキュウリと瓜の両方を食害する。うどん粉病はエンドウを台無しにし、ネズミはビーツを食べ、ハムグリムシはルッコラにひどい傷をつけて台無しにする。もちろんそうした問題のすべてに、簡単な科学的解決策があるにはあるのだ。防かび剤の散布を拒まなければ、トマトの疫病は未然に防げた。コロラドハムシは、もっと強力な殺虫剤で一掃できたはずだ。そして農園が有機でなかったら、数百、いや、数千の蜂が死んだと

しても、誰も気にしなかっただろう。そんなに簡単な解決策があるのに、なぜ有機なのか。

　水曜日の朝、納屋に立ったジョンとケイティは、有機であるための費用についてじっくり考えていた。彼らは、もし、病虫害でたくさんの作物を失わなかったなら、どれくらい稼げたかと考えたことがあるだろうか。「本当のことを言うと」とジョンは語り始めた。「そんな風に考えたことは一度もないよ。何があろうと、慣行的な農業を行うつもりはない。だから、そうして経費を抑えるといったことについても考えてはないよ。」ケイティも同様であった。「現状でも心配はたくさんあるのに、いつも毒を散布することで問題を解決しようとするなんて信じられないわ。」こうした損失は、シーニックビュー農園だけのことではない。「毎年問題がある」というのは、有機農場コミュニティのスローガンのようなものだ。おそらくすべての農家——有機や持続的な農業を行う農家だけでなく——は毎年問題に直面している。そしてそれはケイティとジョンの経済的な問題が、単純に殺虫剤と殺菌剤を散布するだけで解決するはずだといったようなものではない。近代的な農業——慣行農業であれ持続的農業であれ——の課題について、ベルが正しく述べているように、「農業をとりまく不確実な情勢は、すべての農家が闘いを迫られている」(Bell 2004, 160)。しかし、有機認証を維持する場合には、毎年直面する問題はもっと複雑である。しかし、すべての農家は疫病と天候の両方が予測できないのだが、持続的農業の農家にはその恐れはもっと大きい。彼らは農業への投資やそのための借入が少ないので、災害時の補助金給付対象にならず、融資を受けにくいのだ。その結果、「持続的農業生産者は、農業というロデオ〔カウボーイが、荒牛や荒馬を乗り回したり、投げ縄で牛を捕えたりする公開競技会〕においては不利益を被むることが少なくない。」

　有機認証を受けないことを選択したニューイングランドの農家の多くは、まちがいなく考えている。とくに、認証有機農家よりも、むしろIPMプログラムや持続的な無農薬または低農薬農法を選択した農家の場合——ピースフルバレー果樹園、ロングデイズ農園、そしてジョンソンファミリー農園のような——は、彼らは、病気になりやすい作物の全滅を避けるためには、時には殺菌剤を使う必要があると考えている。こうした農家は、経済的関心と倫理的な問題についてのバランス、

また農法とライフスタイルについてのバランスには異なった考えをもっている。ジョンとケイティの場合には、有機が彼らの農産物に与え、農園の生態系に与える付加価値こそ問題なのであって、有機であるという認識によってこそ農園─ただ畑で取れたニンジンをそのまま食べるというシンプルな楽しみだが─を十分に楽しむことができるのである。しかし、ここにみる農家のすべては、認証やライフスタイルと自分たちのボトムライン─経済的、倫理的の双方で─とのバランスを取ろうと考えている。彼らのすべては、責任ある農家になりたいと思っている─それこそ、途方もなく大きな経済的リスクに直面しても、「良い農業」をめざすというビジョンに忠実であり続けようというオルタナティブな農家の能力の証である。

　農家は有機認証を受けると、大きなリスクがあった場合にうまく対処しなければならない。たとえば、ニュージャージー州のブルーベリー産業を例に挙げてみよう。ニュージャージー州はアメリカでもっとも果実栽培が盛んな地域で、ブルーベリーを基幹作物として栽培している農家が300戸ある。そのうち有機認証を受けているのは4戸のみである（La Gorce 2011）。有機生産者が少ないのは、需要がないからではない。20エーカーの有機ブルーベリー農園を経営しているジョン・マルセスは、需要を満たす生産ができたことがない。「毎年すごい事ですよ─電話は鳴りやまないし、来てくれる人でいっぱいだ。ホランド・トンネル〔ニューヨーク市マンハッタンとニュージャージー州を結ぶトンネル〕の方やデラウェア川の向こうからも道を聞かれる。本当に圧倒されるよ」とマルセスは言う（ibidの引用）。

　有機農家が少ないことは、予想される損失と大きく関係している。ルガー大学教授で植物病理学者のピーター・オウドマンによると、典型的な慣行農法の農家の病虫害による損失が5～6％であるのに対して、有機ブルーベリー農家の病虫害による損失は50％以上になるとされている（La Gorce 2011）。オウドマン教授のおもしろい比喩では、「ニュージャージー州の大規模有機ブルーベリー栽培は、幼稚園児でいっぱいの部屋にピーナッツバターサンドを投げ入れるようなものです」（ibid）。同州原産のブルーベリーには、それに完全に適応した捕食者が存在するのだ。

　環境的に問題のある作物を栽培する場合には、問題は有機農業には特別のコス

トがかかるというだけではない。奮闘する小規模農家にとって、すべての農産物を失うというのは経済的に許されない。ニューヨーク州ニュープラッツのエボリューショナリーオーガニック農園のキラ・キンニーにとって、トマトは営農にとって重要な資金源だった。「トマトはいつも私を借金から解放してくれる。」「クレジットカードには借金があるなかでシーズンを迎え、そしてトマトで返済する。それが私の農園すべての年間費用を賄う方法だ」(Moskinによる引用 2009)。シーニックビュー農園のジョンとケイティも同様であった。トマトは農園の最大の収入源であったから、2009年の疫病は大問題だった。ジョンに不安はあったが、いくつかの理由からそうした損失は、有機だから起こるとは考えていない。彼の有機農業は、栽培品目を多様化させることや、CSAモデルで有機認証のリスクの一部を消費者に転嫁することなどで得られる保障があるので、有機認証は自分の地域的な条件にうまくマッチしていると考えている。CSAなしには、シーニックビュー農園の仲間たちにとって、有機認証はおそらく判断力のある販売戦略にはなりえなかったであろう。

　なぜ小規模農家のなかには、自分たちの状況をこうした観点で考えようとしない農家があるのか。上に見たようなほとんど悲劇に近い出来事のすべては、人々に違う選択肢を選ばせるだろう。何千ものコロラドハムシの幼虫に覆われたジャガイモは、士気を失わせる光景だろう。一部のオルタナティブな農家にとってはそのとおりなのだ。彼らは責任ある農業とは何かというビジョンに対して、大規模有機農業の限定的で低投入モデルに賛成するのではなく、自分たちの小規模な農場では潜在的に病害による深刻な損害には対処できないという問題から答えを出さざるをえないのである。しかし、その他の農家にとっては——シーニックビュー農園のように——地域の状況によって、有機認証は農民的関係性や自ら創りだそうというライフスタイルと経済的制約の間での実現可能なマッチングであると見られている。

　これは、もし全国有機プログラムにもとづく農務省有機認証システムがなければ、シーニックビュー農園は農業をやめていただろうと言っているのではない。結局、シーニックビュー農園は、政府が有機食品を規制し管理し始める前から「有機的な」農業を行ってきたのであって、むしろ、それは「有機以上」のことをやっている人たちに容易に当てはまるだろう。シーニックビュー農園の労働者は、農

業を行うことで、有機認証の法文を支持するというよりも、有機運動の理想を支持しているのである。彼らは、胴枯れ病に例外として認められている硫酸銅は使わないだろうし、ただ許可されているというだけで、授粉者である昆虫に害を与える生物学的なコントロールを行わないだろう。多くの点で、シーニックビュー農園の農業からすれば、同農園の労働者には有機認証が水割りされたものであると感じられるだろう。それにもかかわらず、ジョンとケイティは農園が認証を受けることを選んだのである。

　認証を受けても、ジョンとケイティは基準を落とされた有機農法ビジョンを是認することはなかった。むしろ、認証ラベルがあるのなら使ったらいいだろう程度に、現実的に考えていた。そしてそれに意味があったのだ。この数十年間、有機運動の多数派は認証を支持していなかったのか。運動の関係者は、ジョンとケイティが有機認証を選択したのと同じ理由で——つまり、それは消費者にとって言葉の意味を確実にし、農務省に支援と研究を拡大させる可能性があった——で、有機に対する連邦政府の認証を求める動きの背後にいたのである。そして、有機市場の二極化に関するいくつかのアプローチの主張とは異なって、認証は慣行農業化と同義語ではない（Constance, Choi, and Lyke-Ho-Gland 2008）。小規模農家のなかには、全国有機基準委員会から支持された農法が、その生活や生活に関する関心とうまくマッチしている場合がある。シーニックビュー農園の「有機以上」の農法と農務省有機認証への参加の間に何らかの矛盾があるとすれば、それは私たちの現在の農業経済システムが、経済的有用性を超えた価値の源泉を認識する形で農業をしようとする農家にそうした矛盾を強いているだけなのだ。すでに議論したように、有機の歴史は混乱している。そして、消費者のなかには「有機」という言葉の意味が価値を失ったものとする人もいるであろう（Adams and Salois 2010参照）。しかし、ジョンとケイティのような農家は、持続的農業を実践する農家に限りない矛盾が対処を迫るシステムのもとで存在しなければならない。まったく持続的とは言いがたい農業システムのもとで、持続可能性のための余地を切り開きながらである——それは認証されることを選択するかどうかに関係なく。

社会的関係としての価格

　ある日の午後、圃場に入るとケイティがジョンを呼んだ。「チャービル〔パセリに似た葉のセリ科の植物。香味用〕がもう種を付け始めているわ。」「つまんだ方が良さそうだな。」「もうやっちゃったわ」とケイティが答える。「それにアブラムシがついている。」「そうか、テントウムシが早く来るといいんだけどね」
　厳密には何もすることはない。有機農業では自然の力に身を任せるということだ。もし自然がアブラムシという形で一荒れさせるなら、自然にはそれの解決方法があるはずだ。数週間のうちに、すべてのチャービルの苗は枯れるか、成長が抑制されるだろう。
　数週間のうちに、多くの似通ったできごとが、農園の有機農法を通して、市場の力が倫理とライフスタイルの間でどう釣り合いがとられるかについてのデリケートな方法をしめすことになる。しばしば、胴枯れ病、コロラドハムシ、キュウリ虫、細菌、アブラムシ、ネキリムシ、ハモグリムシなどのように、対応を迫られる困難がたくさんありすぎるように思われる。そして、これらの苦労は、ジョンとケイティがいいなと感じる実践とマッチし、そして農園の将来にとっての経営センスが求められる。
　ジョンとケイティには、農業で裕福になっていないことは明らかだった。ジョンの夢は、家族がいつかアメリカのミドルクラスに入ることだった。市場の力が有機農家の動機になっているという根拠は、彼らが有機作物に対するプレミアムをすべて受け取っているという仮定にもとづいている。こうした仮定は、スーパーマーケットで有機農産物を見れば正しいように思える。有機農産物は慣行品よりも高い。しかし、シーニックビュー農園で私たちが参加したコースを見れば、有機農業は必ずしも儲かるわけではない。ケイティによれば、有機農業で被る損失は、消費者への請求を高くすれば取り戻すことができはするが、利幅は大きくない。「今の時期の都市部の市場価格を知っていますか。」ある日の午後、私たちが値段の安さに感心しながらファームスタンドに立っていると、ケイティは聞いてきた。今週は、1束2.5ドル以上の値をつけたものはなかったのである。
　「ずっと高いですよ」コカブの束を指さしながら、コナー・フィッツモーリスは言った。「これは、4ドル以上で売っている農園もありますよ。」

第 6 章　茶色バッグの海と有機ラベル　173

　ケイティはショックを受けた。彼女のコカブは、1 束わずか2.00ドルで売られていた。彼女はチョークを取りだし、ゼロをぼかして0.5ドルだけ値上げした。「高くしたくないんです。でもお金を稼ぐ必要もあります。」それでも2.5ドルは高いとはいえない。

　ナチュラルに見える「野菜の束」は、平均的な消費者はどれくらいを求めているか、野菜の価値はどれくらいか、農家が考える販売可能な価格帯はどれくらいか、といったことを意識した農家の決定を反映している。つまるところ、野菜の束に、「ナチュラル」だといったことは何もないのだ。束は、同じサイズに育ったものですらない。しかし、価格は—経済的だけでなく—社会的価値を伝える手段でもある。同じように、平均的なものより束を大きくして安い価格にすることは、農家が消費者に対して、彼らがどんな経営を行っているのかというメッセージを送ろうとする方法である。結果的に、ケイティとジョンによる作物の束の大きさについてのふつうの判断も、農家の実践的な判断による経済的かつ社会的に微妙な計算を反映しているにちがいない。適当な大きさの束を作った後で、ケイティは必ず少し量を付け加えて、「安く売りたいよね」と言う。消費者にこうして「安く売る」ことは、いくつかの意味で農家のニーズにマッチする。実のところ、トンプソンとコスクナー・バリが主張するように、「自然の恵みが大きいことを象徴的に肯定しているのは、CSAの野菜ボックスには、消費者が腐る前に消費できる以上の多めの野菜が入っていることだ。家計の消費量に適切に一致していないという意味で、この非合理的な野菜の量は、ネットワークを共有しており、コミュニティのつながりを感じさせる（Thompson and Coskuner-Balli 2007b 287）。CSAを経営したり、有機認証を維持したりすることと同様に、値段をつけるという販売活動は、農家の現実の好ましい社会的関係を反映したものである。適正であるべき価格は、ジョンとケイティが共有する公平感と、彼らが望んでいるフードシステムのビジョンと、満足してもうひとつシェアを増やそうとするかもしれない消費者—彼らは、農園に来て、100家族分の野菜を袋詰めする作業を手伝ってくれるかもしれない—とマッチしなくてはならない。

　消費者に「安く売る」努力をするというのは、ルッコラ〔またはルーコラ。和名はロケットサラダ〕の束の大きさから、シーニックビュー農園のファームスタンドでのカブの売値にいたるまで、あらゆることを方向づける。こうした問題は

農家の年間の手取りに大きく影響する。もちろん、CSAのシェア価格をいくらにするかということにまで。ケイティによれば、この数年間、CSAの価格を値上げしていない。値上げの必要性を感じていた—彼女はジョンといっしょに実際に値上げしようとした—が、景気が悪くなったのである。ケイティは、買ってもらえるには、価格を上げたくても上げることはできないと考えた。景気がようやく回復してくれるかと思われたのだが、しかし不況が始まった2009年には、値上げどころでなくなった。

　多くの人は、有機農家はできる限りコストを削減しながら、プレミアム価格を求めていると思うであろう。そして、有機農家はたとえばケールを束ねる輪ゴムが緩められるように、消費者に野菜を値引きして提供したいという思いに支配されているといったありきたりな議論を想像してはいないだろう。こうした議論が意味しているのは、有機ラベルによる大きなプレミアム価格を受け取ることに失敗した時でも、ジョンとケイティには、いいねと感じられる価格を手に入れられるということだ。こうした価格は、シーニックビュー農園の販売についての判断が悪いというよりも、私たちの研究で取り上げた他の農家たちも共通して持っているところの、作物を消費者が手に入れやすいものにしたいという願いと、コミュニティのより多くの人に手に入るものであってほしいという倫理的な思いを反映しているのである。

　パイオニア農園のエレインは、スーパーマーケットで売られている慣行品より彼女の価格は高いと感じているが、有機のローカルな作物をより手に入れやすくすることにも大きな関心を持っている。「農園だけでなくコミュニティとして、私たちは消費者の多くが受け入れられる有機農産物の価格がどれくらいであるかを知る必要がある。」トゥルーフレンド農園のメアリーとジェーンは、新鮮で健康的な食品にアクセスすることが大切だという。彼らの農場は、農務省の「女性・乳幼児・児童食料栄養サービス事業」（WIC payments）での支払いを受けつけている。ジェーンによれば、「農園はWIC助成を受けている人が多い地域に立地しています」。「私たちのコミュニティ（トゥルーフレンド農園が販売している都市部の市場だけでなく）では、健康的な食品を買うことができるのが重要なのです。」シーニックビュー農園をはじめニューイングランドの農園は、「安く売る」ことで、貧弱なビジネスをやっているわけではない。私たちがインタビューした

多くの農園で、そうした決断は、学者によれば「ヤッピーの食べ物」とされるものよりも、有機農産物をもっと手に入れやすいものにしたいという思いを反映するものであった（Guthman 2003）。

　ジョンとケイティは、2008年と翌09年にも値上げしないことにしたが、それは有機食品セクターの趨勢とは食い違っていたようだ。景気がしだいに後退するなかで、なるほど有機農産物の価格上昇は慣行栽培農産物より緩慢なものだった。有機牛乳は供給過多で、大規模量販店のプライベートラベルの有機農産物が導入されており、そしてすでに価格が高かったための動きであった。（Martin and Severson 2008）しかし、2008年から価格は急激に上昇する。ストニィフィールド農園のCEOであるゲイリー・ヒルシュバーグは、「おそらくこの25年間で、私が見た中で最もダイナミックで爆発的なものだった」（ibidによる引用）と言っている。有機牛乳価格は0.5ガロン〔米ガロン＝3.79リットル〕当たり3.49ドルから4.00ドルに上昇した。2007年、最上級の有機鶏卵は1ダース当たり3.79〜4.29ドルだったが、2008年には4.59〜4.99ドルになった。有機穀物価格の高騰で、有機酪農家のなかには有機での生産を完全にやめる農家も現れた。残った農家も、小売価格は変化がないと愚痴をこぼした（ibid.）。

　全米で、有機農産物のプレミアムには大きなばらつきがある。調査によると、平均で、ニンジンは15％、ジャガイモは60％、慣行品価格より高い。そして有機イチゴでは1ポンド〔454g〕につき86セント、アメリカの消費者は多く支払っている（Lin, Smith, and Huang 2008）。そうした非常に大きなばらつきは、生鮮品だけでなく、アメリカのすべての有機食品で10〜100％の幅があると見積もられている（Lockie 他 2006, 107）。そうした種類のプレミアムは、シーニックビュー農園もそうだろうと私たちは予想していたものだった。しかし、「有機以上」説と同じように、有機農産物の価格についての議論も全体の一部しか捉えていない。

　確かに、ローカルな有機農産物は高いと思われているにも関わらず、データがそのとおりだとは限らない。アイオワ州のファーマーズマーケットと、慣行品を扱う食料品店での食品価格を比較した調査がある（Pirog and McCann 2009）。この調査では、普通の旬の野菜について、マーケットバスケット（買い物かご）方式（生計費を計るための食品リスト）がとられている。予想と全く異なり、1

ポンド当たりの地元農家のマーケットバスケットは平均1.25ドルだったのに対し、地元でない農家のマーケットバスケットの平均は1.39ドルだった。「4人家族が野菜バスケットの中からアイオワ州の1人当たり野菜消費量の半分の野菜を購入するとすれば……地元野菜のバスケットは15.03ドルで、地元でない野菜のバスケットは16.91ドルになる」(ibid.)。その差は統計的にはたいしたものではないかもしれないが、これはローカルフードに対して一般的に想像される事実とは異なる。東北部有機農業協会による研究は、地元と地元でない食品の比較を超えて(Claro 2011)、地元有機農産物と、慣行品を取り扱う食料品店の商品の価格を比較している。この事例では、比較されているほとんどの食品で、有機農産物に対してプレミアムが上乗せされていたが、それは期待されるほど大きなものではなかった。有機農産物がファーマーズマーケットで購入され、慣行品がスーパーマーケットで購入された場合、14種類の野菜と果物の中で、4種類は有機農産物の方が安かった。同じ条件で、1種類は同じ価格だった。有機農産物をファーマーズマーケットとスーパーマーケットで購入した場合を比較すると、13種類でファーマーズマーケットの方が低価格であった。こうした研究は、有機食品に関する一般的な議論では当たり前とされてきた前提を怪しいものにする。消費者に直接販売している小規模農家で、有機農産物からいい利益を得ている人は少ない。確かに、ジョンとケイティはそうではなかった。それでも彼らは、自分たちの価格はいいものだとしていた。

　消費者と評論家との有機農産物がどれほど高いかについての議論では、ほとんどの場合、小売価格のプレミアムが問題にされている。食料品店で支払う有機バナナや、1ポンドの有機ブドウについていくら払うかということについて。しかし、農家の庭先価格プレミアム—有機農産物で農家が実際に得られるプレミアム価格—についてはほとんど注意が向けられていない。それに、ジョンやケイティのような、大規模小売店に卸売販売はしない小規模生産者のことはほとんど無視されている。言い換えれば、有機食品価格の議論では、スーパーマーケット有機に対するオルタナティブを生産しようとしている農家の価格決定についての説明はほとんどないのである。

　農家の庭先価格プレミアムについてわかることは、スーパーや食料品店で支払われるものよりもずっと控えめであるということだ。農家にとっての有機の収益

性は、典型的には慣行栽培農家のそれと同じである。「例外はあるが、一般的には、大規模な有機農家は、慣行栽培を行う農家とほぼ同程度の、つまりそれほど高くも低くもないレベルの経済的パフォーマンスを達成している」(Lockie 他 2006, 86)。こうしたデータは、高い小売価格が滴り落ちて、高所得農家につながることは必ずしもないことを示している。

そうした事例として、カリフォルニア州でのサラダ菜の生産をとりあげよう。ガスマンは、そうした不均衡の原因のひとつを指摘している。「アグリビジネスが拡大している他の商品でも価格競争が起こっており、農家の庭先価格プレミアムは実質的に消えてしまった。」(2004c)。その結果、慣行品を扱う小売店に販売する有機農家は、消費者が小売店で支払ったプレミアムを受け取ることはない。競争に迫られて、農家は安く売るしかない。結果的に、大規模農業経済の場合と同じように、有機に支払う消費者の金が生産者に届くことはほとんどないのである。

こうした競争や加工業者や流通業者による利益の吸い上げは、有機農業における有機食品の生産費と農家が実際に受け取るプレミアムの間の不均衡を説明するものであろう。慣行品を扱う小売店には販売していないのだから、彼らの利益をすくい取る者はいない。CSAで販売しているため、競合するアグリビジネスもない。彼らの有機の実践は、有機セクター内部の構造変化の結果というだけではない。そうではなくて、それは、農業のローカルな条件と農家と農家で働く人、そして消費者のネットワークに支えられた有機農業ビジョンの構造的な制約を統合する試みであると捉えられるべきだ。今まで見てきたように、農家は、経済的要求と彼らが求めるコミュニティを育むための実践のバランスをとるために、懸命に努力している。CSAの野菜バッグに余分に野菜を入れたり、ケールの束に詰め足したり、ボランティアに特典を与えたりすることは、彼らの販売についての判断が、潜在的に、少なくとも工業的有機フードシステムによるよりもはるかに意義深い、ある種の社会的関係を反映しており、またそれを前提にしていることを示している。

経営の経済的現実と小規模持続的な農家の社会的エコロジカルな関係の良好なマッチングを確実にすることにともなって、犠牲が生じることはシーニックビュー農園に限ったことではない。むしろ、全国のCSAでそうした犠牲は払わ

れている。ケイティとジョンのような農家は、CSA参加者を友人として、そして彼らがボランティアで仕事に来た時はメンバーとして扱っている―そして、感謝を込めてブロッコリーを追加し、小型のカボチャをもういっぱい持って帰ってもらうのである。しかし、物事がうまくいかず―季節外れの高温の1週間で、トマトが胴枯れ病にやられ、チャービルが早熟に種をつけたり、またはニンジンが雑草にやられそうになった時には―、CSA参加者に対しては、出資した顧客としての扱いがむずかしくなる。CSAプログラムは、リスクを小規模有機農家とその参加者で分担することになっているとしても、デリンドが言うように、メンバーが実際に農業につきものの不安定性の矢面に立つことはほとんどない。彼女の実際のCSA運営の経験から、「私たちは、シェアの購入者が投資分を十分に取り戻せるように、自発的に自己搾取をしている」と言う（DeLind 1999, 6）。CSAのように、苦労する小規模農家の負担を軽くするように計画された販売構造下においてさえも、偽りのない有機と貧弱な支払能力の間のバランスを追求するために、シーニックビュー農園のような数えきれない程の農家が犠牲になっている。

　小規模農家を、反映政治学や交換に関する関係論という位置からみるべきだとすると、―小規模農家が、構造的な経済論理とローカルな関係性、規範、そして価値などが、その相互の構成要素となるように繋がれているとみる―オルタナティブの特質と、そうした農家の変化させる潜在能力、そして彼らの関係性は確実なものではない。むしろそうしたオルタナティブという特性は、オルタナティブな生活様式とオルタナティブな農業への個人的な関わりとは無関係に、オルタナティブな実践を弱めることで得られる経済的な利益を犠牲にしているような農家、つまりジョンやケイティのような農家によってそうした価値は生み出されるのである。そうした農家は、破産の心配をし、農園と客に対して責任を持ちたいと思い、虫が穴を空けたケールを名誉勲章のように（もしくは、少なくとも必要悪だ）顧客に見せたり、そして本気で顧客に安く野菜を販売したいと思っている農家なのだ。そして彼らは、移り気な風や天候、そして予想もつかない病害虫などにさらに傷つきやすいままにしておくようなやり方の農業をやりながら、それは「自然」の気まぐれに対しする力を発揮するのに反対するやり方なのだが、そうしながら必死に生きている人々でもある（Goodman, Sorj, and Wilkenson

1987)。彼ら個人とその家族は、オルタナティブな生活様式を選択し、そして闘おうとしている——経済的ニーズと倫理的願望との間の良好なマッチングのための犠牲を厭わずに——そして、そうしたオルタナティブな農民的生活様式と、生計を維持するために。

　もし私たちの願望に理由があるとすれば、それは研究の事例となっている農家や、他の似た農家たちは、彼らが到達した良好なマッチングを通して、農業のオルタナティブなビジョンの継続的な実行可能性を立証したからだ。しかし、それに何が費やされたのか。一定レベルの経済的な成功、もしくは少なくとも生き残れる程度の良好なマッチングにたどり着くまで、途方もない犠牲が小規模有機農家に要求される。こうしたコストを払って、持続的な農業運動の将来はどうやって改善されるのだろうか。より変化しやすく、より持続的で、より公正で、そして何なのか。次章では、シーニックビュー農園のような小規模農家が、有機の将来——環境的倫理と経営の現実の間の、農業にふさわしい均衡のあり方——を切り拓くために求められる複合的な問題に着目する。

第7章
無意味ではない有機農業
―環境、健康、そして農業の美学についての変わらぬ議論

　遅い夏の午後、シーニックビュー農園では大半の従業員がトマトを摘み取っていると、カモメがペポカボチャ畑の近くに迷いこんできた。従業員の何人かがかわいいねと喜んでいると、ジョンが猟犬の吠え声のような大声を出してカモメを追い払った。ケイティも彼の反応に少し驚かされている。その午後、ケイティがタマネギ畑に座り込んで除草をしながら、何かが彼女の頭に浮かんできたようだった。そして彼女から出てきたのは、「ジョンがあんなに有機に夢中になっていて、実に環境保護主義者だと思われているでしょうけど」であった。「彼は実はそうでもないのよ。……いつも彼がプラスチックゴミを埋め立てるのに私は悩まされているわ。彼に言わせれば、それがそこにあるべきものだというのよ。しかも、彼はどこに行くにも車を使うことを考え直してくれない。」この農園でも、「グリーン」と言いがたいことがいくつかあるということを、ケイティは正直に言ってくれた。すべての農業機械が軽油で動かされるし、人々はガソリン大量消費の小型トラックで畑と畑を移動する。ケイティは、電動ゴルフカートがあれば、それで農園内を移動できたのにと、化石燃料への依存を後悔している。今のところ、残念ながら、農園はまだ石油に依存している。
　そうした事情が、ジョンとケイティに、生活習慣や環境倫理と農家としての経営をどうマッチさせるかを決めさせたのである。彼らは有機ラベルの要件に対して、踏み越えることのないしっかりとした線を引いており、殺虫剤を使わなくても食料を生産できることを誇りにしている。しかし彼らの活動の中にもそれほど「グリーン」でない部分、たとえば化石燃料使用の農業機械を使うこともある。少なくとも当分の間、自分たちの経営に必要なものだとしている。
　有機農家として、ジョンとケイティの生計は自然のプロセスに依存してきた。てんとう虫は害虫防除の役目を果たし、バクテリアは菌類の予防に使用され、そして農園が依存している自然のシステムに害を与えないよう配慮されてきた。おそらく教科書的な環境保護主義ではないが、少なくとも農園や一般の農業倫理学

第7章　無意味ではない有機農業　　181

図7　実践的環境保護主義：持続的管理の実践を通して、シーニックビュー農園には、この赤トンボのようなさまざまな動植物が生息している。(フィッツモーリス撮影)

者に与えられたいわば実用的な環境倫理である。コロラドハムシの幼虫を駆除するために使用された細菌を蜂が摂取してしまうのを防ぐために、すべてのジャガイモの花を手で摘み取らなければならなかったことを思い出されたい。そうした行動は、農園と広範な生態系とが決定的に重要な関係にあるという意識の現れと言うべきである。彼らが大事にしている固有の価値観からミツバチを守るための行動なのか、それともただ農園の功利のためにという意識による行動かは、おそらく無関係である。ともかく、ミツバチは保護されたのだから。

　ケイティはおそらく正しい。ジョンにとって、自然はやっかいなことが多い。虫が指で潰され、ウッドチャック〔リス科の半地下性動物〕の一家が掘った穴がホースで水浸しにされている。ジョンは環境保護主義者ではないかもしれない。少なくともステレオタイプのそれではない。彼は農家である。研究者が言うように「アグラリアニズムにインストルメンタリズムは固有のものだ。」たとえもっともエコロジカルとされるアグラリアニズムのビジョンも、それを環境保護主義

として見るのはむずかしい（Major 2011, 51）。環境保護主義と労働とは、まさに次のようなすでに構築された理念の中では対立するものとして捉えられている——「多くの環境保護主義者にとっては、労働自体が……自然の破壊を継続的に必要としている」（Moore, Pandian, and Kosek 2003, 7）。しかしながら、ジョンとケイティが彼らの土地との間で、物理的に働きかけることを通じて真に繋がっていることは否定できないのである。

　ジョンとケイティはエコロジカルなアグラリアニズムに憧れた。そこには、人間、土地、そしてライフスタイルの間の実際の結合を通じて表現される環境への関心がある（Major 2011）。私たちが見てきた農家、それはシーニックビュー農園からニューイングランド中の農家にいたるまで、その経営と、彼らの環境や人間の健康、そして健康に良いと誇れる農産物の生産についての責任との、現実的かつ存立可能な結合を築くことは、農業の日常経験を形成する力強いパワーであった。しかし、ジョンの環境保護主義に対するケイティの評価と同様に、これらは真空のなかから生み出された純粋な理想を表現するものではなかった。むしろ、自然、健康、そして高品質な農産物の生産の重要性への配慮といった理想は、暮らしの課題や機会といった枠内で実践していけば理解できるはずである。倫理的な関心も、価格設定や販売戦略など市場関連の意思決定と同様に、慎重な社会的交渉を必要としている。

ゼロからの作業——生きた有機農業の経験

　ある日、トマト畑の縁にある小さな木陰で昼食を食べながらジョンが語ったのは、現在のところ輪作に休閑年を入れていないのは需要に追いつくためであったということであった。彼は多くの良心的な有機農家が休耕年を入れていることを知っており、それは上述した有機農業の創始者がやっていた原則の一つだからである。しかしジョンは、たとえ畑を増やしても、休耕すると、それはただちにその分、農園には稼ぎがなくなることがわかっている。

　「金のことに全く気を配らないわけにはいかない。」ジョンはしぶしぶ認めた。「稼ぎがあるから、ここ数年経営を維持できたのだ」と。そしてくすくす笑いながらケイティを見て、「つまり我々は実際に**うまく経営している**ところまでに来ているね。おそらくようやくそれなりの経営の点数を取れるところまで来ている

のではなかろうか。そう思わないかい。」「私もたくさんのことをやっていると思うわ」とケイティが応じた。

　こうした冗談を交えた会話は、シーニックビュー農園の有機農業の背後にある恒常的な緊張を現すものであろう。ジョンの冗談はともかく、100人の会員を有するCSAで、年間8万ドルの販売額を挙げる6エーカーの農園は間違いなくビジネスである。とはいえ、その笑いは、ジョンとケイティの農業が彼らのライフスタイルではなくビジネスになりつつあることについての不快感を隠すためであった。農園生活の日々において、そうした緊張は、彼らの経営実践を形成した諸原則によるものだ。時には、その実践は彼らができるほどには持続的なものではないし、破産せずにそのまま継続するか、それとも快適なライフスタイルを生きるかという選択のプレッシャーも、手抜きをさせることにつながっている。しかしながら、その意図は立派なものである。確かにこれらの人は、何も栽培していない畑は利益を生み出す訳がないので、畑を休耕させるのは割に合わないと感じている。しかしこれらの人もまた、歴史的な疫病に襲われた年に、国の有機認証では使用が認められた硫酸銅の使用を拒否した人たちでもある。換言すれば、彼らは真の人間であり、教科書的なイデオロギー患者でもなければ、単なる経済に貪欲なカタマリでもない。金融派生商品のトレーダーでさえ、ホモ・エコノミクスの冷酷な計算能力に従って行動するのに苦労している。彼らの経済合理性は、彼らの人間関係と社会的な関わりの双方によって構成され規定されているからである（MacKenzie and Millo 2003）。シーニックビューのような農場にみられるプラグマティックな環境保護主義は、農家の価値観、倫理、損益間の細かいバランス調整で成り立っている。

　そのような経済、環境、ライフスタイル間でどう折り合いをつけるかは、慣行的有機セクターの線形モデルにはほとんど不適である。逆に、それは現代有機農業の「異議を申し立てられた世界」を指し示している（Rosin and Campbell 2009, 40）。いろんな種類の有機市場があり、それらは異なった実践と関係性をもっている―経済取引で生まれた人のつながりにはいろんな種類があり、それらは地域によっても異なっている。CSAのシェアを通して販売される地元の有機食品は、企業的食品販売チェーンによって販売される有機食品とは異なる市場を形成し、有機の意義について異なったビジョンを将来の世代に提示している。農

家は他にもさまざまな折り合いをつけたマッチングの責任を担っている。そしてこれらすべてが有機経営のさまざまなビジョンと意義をもたらしている。有機セクター——そしてその持続的で有機的な将来をもたらす可能性——を理解するためには、とりわけ、農家がどのようにして市場と運動の課題をマッチさせるかを理解することが必要である。農家が考える有機の実践の持続可能の程度、つまり持続可能性は十分か、それとも、もうそれ以上は立入禁止か、といった実践についての意思決定の際においてそうなのである。いくつかの点において、有機農場における良好なマッチングというのは、それぞれが自分のために「これぐらいで良し。それ以上はない」というラインを引くことである。そのマッチングが達成されたかどうかを問わず、持続可能な農家は、その生活上の選択と地域の農業環境に適合する経済と環境倫理間の関係性を整えようとしている。

合衆国中の有機農家はいずれも、有機という課題に深く関わった仕事の不安定さという経営的現実とのバランスを取ることで、有機農業の良好なマッチングを成し遂げている。

イリノイ州で野菜、穀物、畜産の複合経営を行っているジョエル・リスマンは、慣行農法でのトウモロコシ生産が自分自身、家族、そして農園の持続性にそぐわないと気づき、それをきっかけに叔父の農場を有機農場に転換した経験を物語っている。彼が叔父に有機経営への転換を伝えたときから、これはきっと容易でないことだと覚悟していた。「それは本当にたいへんなことだった」と、ジョエルがその経験を振り返っている。「でもそれ以上に楽しさがあったし、殺虫剤使用後の洗い物や、子どもたちの状態を心配する必要もなくなる」（Duram 2005, 117に引用）。ジョエルの農場が隣の慣行農業経営よりも利益が多いとわかって、彼が背負った重荷は家族と農場のために正しかったことが判明したのである。それは決して容易なことではなかった。彼は単に有機認証制度に内在する経済的地代を回収するために有機農業を営んでいるわけではない。むしろ、彼のはっきりした動機が農場を経済的にも環境的にもより持続可能で、より楽しい方向へ導いたのである。

それらの農家が過小評価されている。有機市場へのアグリビジネスの参入が、すべての小農家がアグロエコロジカルな経営方式を継続的に取り組む能力を損なってしまうとみているからである。マッチングの正確な特徴は必ずしも一様で

はない。たとえば、ニューイングランドの一部の農家にとってのマッチングは、政府の有機認証を意味する。ヴィリジアン農園のコリンの場合、農務省の規制に沿った農業をやりながらも有機認証は受けないことにしている。すべての取組みが消費者に直結しているために、農場では、認証費用を追加コストにすることが妥当かどうかを判断できなかったからである。他の例では、IPM防除は、2009年の初夏にニューイングランドを襲ったトマトの胴枯れ病のような疫病による農作物の全滅を防ぐため、農場には必要な柔軟性を提供しているとみなされている。ヴァーダントエーカーズ果樹園のショーンのような、有機を「ファーマーズマーケットだ」としている農家でさえ、経済面と個人的価値観とのマッチングに苦労している。彼にとって、良い農家であることは、消費者に、食料品店で手に入れるものよりも美味しくて申し分のない食品を提供することである。ショーンは、前述のアグロエコロジカルな農家とはまた異なって、自分のやり方で顧客を公平に扱いたいと考えている。

　これらの人々がエコロジカルな持続性、食べ物と健康の関係性をどう理解し、また収穫作業のような仕事をどううまくやれるかを分析するには、まず彼らの日常経験からみていく必要がある——これはバーガーとラックマンが「現実の卓越性」と呼んでいるものである（Berger and Luckmann 1966, 52）。ここから私たちは、彼らがどのように相互に影響しあう社会的現実を通して「有機的」な現実を構築していくのかを理解できるかもしれない。ある意味では、シーニックビュー農園の人々は「習慣的に」有機を実践しているようにみえた。ジョンには、なぜ農家なのか、またはもっと重要なのだが、なぜ有機農家なのかと聞かれると、それはまるで「なぜ種は芽生えるのか」と聞かれるのと同じようなものであった。これらの状況説明にはいろいろあろうが、しかし、私たちには彼らの現実にはよく慣れているので、改めて説明するのもばかばかしくなっている。「種は本来芽生えるもの」のように、ジョンにとって自分が有機農家であるのはごく自然なことである。時間の経過とともに、有機経営の倫理と経済は、「思考と表現の仕組み」あるいは社会学者ピエール・ブルデューが言う「体質」（Bourdieu 1977, 79）として内在化されている。このようにシェーマ化された考えは、ジョンとその他の人々が持続可能なライフスタイルの追求のためによく考えた農業経営を実践する「構造化する構造」として機能する。シーニックビューのような農場では、その

農業経営の日常的現実は持続可能性という抽象的な概念よりもはるかに厳しいものであった。

　シーニックビュー農園の農業での日常の出来事の多くは、ジョンとケイティ、そして従業員たちの有機農業の経験に非常に大きな影響を与えているが、見かけは目立たないものである。最も基本となるのは毎週の決まった作業の繰り返しである。月曜日は、午前中はしっかり育った野菜を収穫し、午後は畑を耕す。火曜日は残った野菜を水曜日のCSAの持ち帰り用に摘み取る。水曜日の午前中は野菜を袋詰めしてCSAの持ち帰り用と出荷用に仕分ける。このように、農園の収穫期においては毎日、そして毎週同じように続く。もちろん、予想外にレストランからの注文があったり、突発的に除草が必要になれば、この作業パターンは変えられる。しかし、そうしたことが起こらない限り、明日はどうなるのかという疑問はほとんど生じない。野菜の献立てをするかどうかではなく、どの野菜が栽培されるべきかだけが問題であったのである。

　同じく日常の仕事が有機農法を行ううえできわめて重要である。雑草がインゲン豆の列を覆ったときには、誰かが鍬で雑草を取り除こうとするだろう。もし鍬でうまくいかないなら、しゃがんで雑草を引き抜く。もちろん他の雑草管理の方法もある。しかし、シーニックビュー農園の個々人にとっては、これら一連のやりかたが当たり前になっているのであって―そうした一見して何もない平凡な行動が、農園の農業をめぐる関係における経済的、倫理的、感情的な要素のバランスをとるような良好なマッチングの現れをあいまいにしている。農繁期を重ねていくうちに、このような習慣は農園の客観的な行動規範として機能するようになる。「また同じことをやろう」ではなくて、「このやり方でやるのだ」になった（Berger and Luckmann 1966, 59）。たとえば、消費者の需要があったのに、パースニップ〔ニンジンに似た根菜で、別名アメリカボウフウ〕の栽培を意図的にやめたのは、ケイティがその葉で重いアレルギーになったからである。

　誰もパースニップがないことでシーニックビューを非難したりはしないが、どのようなやり方が習慣的になるかを決める経験や約束のいくつかは、農園がどのように持続可能性にアプローチしたかについて大きな影響を与えるものであった。アグロエコロジカルな持続性をめぐる議論では、家畜は閉鎖型のアグロエコロジーの創出には不可欠であるにもかかわらず、シーニックビュー農園には家畜は

いなかった。ある午後、家畜の飼育が話題になった。その午後の会話は、気楽なものであった。ジョンはみんなのインゲンマメの摘み取りペースが遅いと冗談半分に言っていた。

　しかし突然、その雰囲気がギクシャクしはじめた。ケイティは農園でニワトリを飼いたいと言い出したのである。一見たいしたことのない願いであったが、それがジョンの辛い記憶を呼び起こした。ジョンは黙って摘み取り作業を続けていたが、ケイティは彼の沈黙の理由について説明を始めた。数年前、農園はある高級レストラン向けの伝統品種の豚を飼っていた。雌豚のうち1頭が妊娠し、農園のみんながその出産に心待ちにしていたのだが、合併症を発症し、獣医に見せる時間もなく、この雌豚が難産で死んでしまったのである。ケイティは、母豚とその仔が、自分たちが見ていながら死んでしまったので、「ショックで完全にぼう然だったわ」と、その時のことを思い返した。その後、彼らは二度と家畜を飼うことがなかった。このトラウマは、農園の動かしがたい構造となった。とくに今では、農園に2歳になる息子がおり、ジョンはこれ以上悲劇を繰り返したくないのである。

　シーニックビュー農園の実践は、エコロジカル・アグラリアニズムと、経営上の現実や農園が参加している地域の食料市場からの圧力との間に折り合いをつけようとする努力や、さらに数年前に雌豚を失ったような農園生活での深い個人的な経験にもとづくものである。また、その他無数の要因も農家がめざすビジョンに寄与しており、その農場に適合するやり方に道をつける。環境的倫理、健康に関する信条も、有機経営をめざす農場を特徴づけている。シーニックビューはなぜ有機にしたのかと聞かれた時に、ジョンは、作物に毒薬を散布しながら、その中で暮らしていくなんてしたくないのだと答えた。ケイティも、自分は農薬を食べたくないし、人にも食べさせたくないと付け加えた。結果的に、健康や安全に関する信条が、ジョンとケイティにとって有機農法を進めるうえで重要なモチベーションになった。ニューイングランドで調査した農家の多くも同様であった。

　健康と安全への関心以外に、作物の品質に対する関心も役割を果たしている。農家として、調査した農家はすべて、できるだけ品質の良い食料の生産をめざしている。もちろん農薬を散布しないために葉に穴があっても構わないではないか

という考えとは、別の考え方をする農家もある。しかし、ヴァーダントエーカーズ果樹園のショーンのように、農薬散布なしには見栄えの良いものはつくれないと感じていても、顧客に高品質の食品を提供することは重要だと考えている。「新鮮なトマトや桃を田舎から都市に持ち込めば、買ってもらえる。本当に美味しいからだ。我々は新鮮で熟した品物しか出さない。スーパーに行ってご覧よ。未熟なものを出している。我々の品物とは全く比べものにならないし、まったく美味くないよ。」私たちが見てきた農園は、できるかぎり最良の食料を生産することについて、その考えはいろいろであった。それが有機生産の方法に沿った食料生産であるとする農家があれば、また減農薬生産のほうがバランスをうまく取れるとする農家もあった。ヴァーダントエーカーズ果樹園のような有機農法ではない農家も、顧客に高品質の生産物を提供するために彼らが思うところのベストを尽くしている。「農薬を使わないと、こんなきれいなものは生産できないよ」と、ショーンは市場の自分の農園の豊かな商品を指さしながら言った。他の人にとっては、きれいなケールの束といっても、葉もぐり虫がつくった傷がいくつかあり、良いトウモロコシにも虫が付いているかもしれない。もちろん農家はいつでも虫の穴が少ないことを望んでいるのであろうが、虫に食われて穴だらけになってしまった大量のカブやラディッシュをそのまま畑に放置せざるを得ないこともある。しかし、しばしば、それほど目立たない表面の傷は、有機農業を実践した客観的な結果であると堂々と顧客に示されるのであって、これが持続可能性の美学というものである。

　ある日、ケイティはシーニックビューの納屋の後ろで、三度洗いされている野菜の山を眺めて次のように言った。「農薬を使わずにこんなに美しくて良いものを育てられるのに、そうしない理由はどこにあるでしょう。」2009年の栽培シーズンの出来事、すなわち全国的なニュースになるほど深刻であったトマト胴枯れ病が、少なくともひとつの理由を提供したと考えられる。シーニックビューは年々困難に直面している。ジャガイモはコロラドハムシに襲われ、キュウリはメッシュの覆いを被せられ、チャービルはアブラムシに全滅させられた。しかし、シーニックビューの有機農業に携わっている人にとっては、このような落とし穴は問題ではなかった。害虫の侵入や病害の脅威などの問題は、しばしば創造的な解決策が必要とされるが、それは農園の有機的アイデンティティーという当然のこととみ

なされた本質を揺るがすことはなかった。それで、トマトについたスズメガの幼虫を毎年、手でつまんで足でつぶしてきただけのジョンとケイティは、近くのカボチャの列の間にソバを植えようと決めた。ソバの花はスズメバチをひきつけ、スズメガの幼虫に卵を産み付けるのを期待していたからである。

　アイカードが述べたように、そのような判断は、自然に対抗するのではなく、自然とともに農業をするという有機の価値に基づいている（Ikerd 2001）。とはいうものの、自然に関する考え方は、ローカルなレベルでの条件あるいは個人の特異な願望だけでなく、より幅広い論説や構造につながっている。というよりも、自然には構造があり、それを耕作することは、価値あるものの社会的な秩序を再生産することである。ムーア、パンディアン、コセクが主張したように、「人間の労力の先祖でも犠牲者でもない自然そのものが、人類の作品を制作し、表現し、再生産する手段である。自然は、具体的な活動によって作られ、現れる。自然の概念は、論説やイデオロギーとして機能する。自然そのものは物質的かつ象徴的な実践の繰り返しによって支えられる」（Moore, Pandian, and Kosek 2003, 8）。彼らが言うように、耕作を通じて、諸個人は景観をつくりだすだけでなく、社会秩序とそれ自体のアイデンティティーをも形成する。有機農業の技術が使われていたのは、生産性の面でベストであったからでもなく、もっとも手軽な方法であったからでもない。むしろ、ジョンがあの雨の午後に納屋で話したように、シーニックビューでは「何かあっても慣行農法にしたくない」のであって、有機農法こそが正しいと見ているのだ。彼らにとってこれは世界にあるべき正しい道でもあった。作物が全滅した場合においては、その行動規範に規定された実践は、純粋経済学的な観点からみると決して現実的ではない。しかし彼らは、有機農業的ライフスタイルを追求しようとする人々に、道徳的で続けられる選択肢を残した。それは、個々人の選択が可能で、束縛なしに経済利益を得るよりも価値のある生活の質を選択することなのである（Duram, 1998）。

　シーニックビュー農園が環境や健康に配慮し、その独特な美学に関心をもっているのは、一見すると客観的で当然と思われる実践によるもののようだ。そうしたやり方が、マギーとジョーイという二人の若いインターン生に農業を理解させることにもなった。彼らは比較的最近になって農園に加わったので、農園の歴史やジョンが農家になった理由も十分には理解していなかった。有機農場であるこ

とも既成事実であった。二人は一度も農園が有機である理由を尋ねたことがない。私たちがその理由を尋ねて、初めて彼らも関心を示したのである。マギーは、ジョンとケイティが有機農家になっているのは単に、彼らが「良い人」であるからだろうとみている。私たちが取材したほぼすべての農場労働者が、自分が働く農場の持続的な農業への関与をただの既存事実であるとみなしていた。

シーニックビューにおける有機農業は環境的にも倫理的にもある決意を表現しているのだが、そうした決意を裏付けるのは、はっきりしたイデオロギー的言質というよりも、コミュニティにおける日常の農作業であり、環境や健康、さらに作物の品質という実際的な取組みなのである。

有機農業のネットワーク

なぜシーニックビュー農園が有機なのか、そもそもこれらの人々はなぜ農業をやっているのかをたどってみると、ジョンは昔から農業になじんでおり、子供時代の夏はほぼ自家農場で過ごしていたということが重要になってくるであろう。ジョンはその頃のことや家族の歴史を振り返ると、祖母が早期の「有機農家」であったという。彼女は、有機農業が流行るずっと前から農薬の散布を敬遠していた。これらの早期の経験はまちがいなくジョンを農家になる気にさせ、彼の考え方や表現の仕方を生み出した。こうした早い時期での農業の経験こそが、屋外生活が好きになり、大人になった彼を農業生活に導いたのである。しかし、ジョンが有機農業をやるについては、明らかに彼の後の経験、とりわけ彼の農業経営における教師が深く関わっている。

ジョンの経営のやり方と哲学に影響を与えたのは誰であったか。ジョンが初めて実家の農業を継ぎ、有機経営で生計（若しくはライフスタイル）を立てようと決めた際に、彼はひとりの経験豊富な農家と関係をもっていた。この農家の助けによって、彼は地域の有機農業認証団体とつながることができた。有機認証に対するジョンの考え方が当たり前のことになったのは、オルタナティブ農業コミュニティの自分よりも年長で落ち着きがあり、農務省から合法性と認証を得るために永く闘ってきたことを覚えているメンバーとの交流のなかであったとみられる。ジョンの教師は、ジョンが近くで農業を継続するうえで、経営と生活の両面において重要であったことがわかる。そして今でも互いに助け合っている。とくにジャ

第 7 章　無意味ではない有機農業　191

ガイモの収穫といった労働集約的な作業が必要な時には、シーニックビューのメンバーは教師の農園に手を貸していた。もちろん互いの約束に時間を費やすことに悩むこともあるのだが。フロリダ州の農園についてデュラムが報告しているように、長年にわたって集中的に指導した後に相互に競争関係になることもある。それでも、オルタナティブ農業に対する国の投資が不足しているなかで、こうした関係も不可欠である。デュラムが調査した農家によれば、「基本的に他の有機農家を頼りにしなければやっていけない。」(Duram 2005, 176)。

　農業に関わったことのない新規就農者にとって、経験のないことが大きなハンディキャップになりうる。そのうえ、農業改良普及事業は従来の慣行農法に適応させる傾向があるため、新規の有機農家はさらに苦労する。その結果、新規の有機農家に対する指導は、きわめて重要である。また支配的な農業システムではないやり方についての情報は不足していることから、近年では、アーカンソー州からメイン州、そしてワシントン州にいたる農家と田園生活擁護者らによるローカルな農家ネットワークが数多く組織されるようになった (Hassanein 1999, 2)。

　農務省が提供するオルタナティブ農業に関する情報の全般的な不足を克服するために、イリノイ州のジョエルのような農家は、そのようなネットワーク、とりわけ師弟関係づくりに熱心であった。ジョエルの説明によれば、「私はあらゆるミーティングに参加する。……そこには一人の、私が有機農業コーチと呼んでいる男がいる。私はいつも早めにミーティングに行って、彼を見つけると並んで座って、私のやっていることについて彼に相談する」(Duram 2005, 176-177に引用)。しかし、すべての農家が同じように協力しているとは限らない。一部の農家、とくに卸売販売する農家は、成功への鍵を共有することを嫌う。フロリダ州の柑きつ農家メアリーによれば、「人によっては何年も時間を取られるのよね。……助けても構わないのだけれど、この考えはもう古いわ。いざ認証を受けると何をすると思う。すぐに後ろから刺してくるのよ。私はそんなことをする時間はないわ」(ibid. 177に引用)。

　シーニックビュー農園の実践にとってこれらのタイプのネットワークがいかに重要なのか、CSAモデルで販売する理由の説明でそれは確認できる。また、持続的な農業に関する知識を伝達するうえで、ネットワークが重要な役割を果たすことも明らかになった。ジョンは、わずか10人の会員のCSAを開始した経緯を

説明したのだが、そこで重要であったのは、なぜCSAモデルを開始したかであった。「私が地域の有機農業会議に出席したとき、そこでCSA立ち上げについてのワークショップが開催されていた。これは良いアイデアではないかと思い、帰ってきて立ち上げたのです。」

　このような関係構築につながる交流は、ジョンとケイティの農場で一時的に働く農業労働者が、この仕事を貴重な職業経験（キャリアのスタートでない場合）だとみている理由を説明するうえでも同じように重要である。ジョーイとマギーは、大学生時代に、学生が主導した大規模な持続的農業に関する団体が運営するスクールに通っていた。そうした団体は、農業と持続可能性に関する関心を高めるのに役立ったのである。ジョーイはスクールに通っている間、実践的な有機農法を教える選択コースの授業運営にも携わっていた。仲介者としてのこうした団体の行動は、「意図的であるかどうかはともかく、人を他の人、組織、そしてそれらが持つ資源につなぐ」のである（Small 2009, vi）。こうした事例は、農業の新しいビジョンを支援する団体が仲介者として諸関係の間に入り、そのメンバーたちに資源を提供する方法があることを示している。そのような仲介は明らかに強力な結果を生み、学生を資源に結びつけることができる。たとえば、持続的農業という選択コースを開講するための土地の取得、そして小規模農家の有機認証の取得、CSAの立ち上げ、教師探しといった、必要な資源にアプローチするための手助けなどである（Thompson and Press 2014）。

　こういった団体や関係性によって、倫理的な意識を、考え方、行動、そして経済交換における永続的な習慣に転換させることがより容易になる。ある日の午後、ジョーイは自分がなぜシーニックビュー農園の有機農業に関わったのかを説明した。結局のところ、ジョーイは農業をやりたくて大学をやめたのである。これは間違いなく大きな決断であったので、それには明確な理由、熟慮、さらに深いイデオロギー的な解答があって当然であろう。しかし意外にも、彼は、単に「人間は食べ物によってつくられている」のだから、食べ物は自分自身にとって重要であるからと理由づけている。なんとも決まり文句の自明の理といったことか。

　しかしこれは最初の表現よりも意味深い答えである。翌週、ジョーイはビート[1]を播種するたくさんの細い畝を仕立てていた。これはビートの性質に由来する面倒な作業である。ビートの種子というのは、本当は最大7つの種子を含む

小さな実である。それが発芽すると、若い芽が文字通り群がって成長していく。農家の作業は種子ごとにひとつに間引くことである。ジョーイはしゃがみ込んで間引きしながら、次のように語り始めた。「先週、君が、私がここで農業をやる理由を尋ねたことを覚えているか。その時には自分はまともな答えができなかった。不思議なことに、以前はそれを考えたことがなかったのだよ。それで少し考えたので、もし君がまだ興味があるなら、ましな答えができると思うよ。」

ジョーイは「人間は食べ物によってつくられている」という考えを詳しく説明した。彼の言うところでは、農村の貧困や、農業のもつ諸問題に起因する環境悪化のような多くの社会問題から、社会は食べるものによって作られる。さらに、有機農業がそのような問題に対処するひとつの方法であり──食料は多くの社会システムの交差点に立っている──、持続可能な農業の、静かなる生産的な革命になりうるのではないかと感じたのである。彼は、大学での持続的農業運動の一員として、有機農業を雇用機会以上のものとみることができたし、それは為すに値することであった。自らを社会的文脈のなかに見いだすことでこの信念を正当づけたことで、学校でも農場でも、自分が選択した行動の理由を批判的に分析する必要がなくなった。自分の周りの人も同じ選択をしたので、彼にとってもそれは当然の選択であると考えられたのである。かくして、農場の日常生活が最高であるという現実が、そうした当然のクオリティをもたらしているのである。

習慣がシーニックビュー農園の個々人に深く浸透し、そして農園の有機的な性格が、農園生活に関わる諸個人の日々の経験から生み出される。ケイティのパースニップによる痛い経験から、どのシーズンにどのような作物を栽培するのかの判断と同じように、それぞれの農業体験、自然との交流、そして食べ物を育て、食べることとの関わりなどの経験が、農園の有機農場としての現実をつくりだす。

ジョンは考えを変えて、作物の収量を大きくするために、農園で農薬を使用し始めたかもしれないし、害虫が蔓延する困難な時期にはそうするよう誘惑されたかもしれない。しかし、長年の交わりのなかから、ジョンやその他の農園の人々は、与えられたものとしての農園の有機的性格を信頼するようになった。人と人との交渉を通じて、これらの人々は、慣行農業、慣行的有機、さらには慣行的ビジネスから自分たちの経済活動を区別するために、共通の意義、価値観、境界線を設定できるのである。

こうしたタイプの経験は、これらの人々が農業を有機的に営むことを選択した理由について説明するにはきわめて重要な要素であるが、彼らの実践もまた、より大きな経済的、規制的、制度的な背景という同じく重要な関係性に大きく影響されている。しかし、シーニックビューが遵守していた有機規制でさえ、少なくともある程度は当然なこととして、実践それ自体の根拠としてではなく、有機経営にとっての文脈上の制約となる枠組みとなることで可能となったであろう。その結果、これらの構造との関係性は、シーニックビューのような農場の日常的な意思決定のパターンに、重要だが往々にして確認しがたいものになるのである。

有機的ライフスタイルのバックストーリー──有機市場、制度と歴史

農場生活の雰囲気から一歩離れれば、私たちは経済的および規制上の制約の否定しがたい圧力が、シーニックビュー農園やさらにそれを越えて個人および集団行動にかかっていることを理解すべきである。有機認証制度は、シーニックビュー農園のあり様に影響を与えている。というのも、合衆国で有機認証のない農産物を「有機」農産物として販売することは違法だからである。農務省の全国有機プログラム（NOP）によれば、「『有機』として説明されるラベル表示があって販売される農産物はすべて、NOP基準に従って生産・加工されなければならない。有機産品の総収入が年間5,000ドル以下の事業を除き、有機農産物の栽培・加工を行う農場と加工事業者は、農務省が認定した認証機関によって認証されなければならない。」（Agricultural Marketing Service 2008, 1）。ジョンとケイティが認証行為やライフタイルとその実践をどう解釈するかに関わりなく、シーニックビューが合法的に「有機」と分類される作物を販売したい場合には、認証を取得しなければならなかったのである。

有機認証にともなう数々の避けがたい構造的な現実もあり、これらはシーニックビューの農業経営にも強く影響する。これらの規制は現代の有機セクターを大規模に転換させる結果をもたらしたが（P. Allen and Kovach 2000; Guthman 2004a; Lockie 他 2006を参照）、ここで私たちに関心があるのは、より大きな構造変化が、農家自身と農場が自らをイメージする有機のアイデンティティーを生み出す地域の実践にどううまくマッチするかである。シーニックビューがひとたび認証されると、有機ラベルの使用を諦める以外に後戻りする道はなかった。結

果的に、農場のすべての動向が何らかのインパクトを受けている。たとえば、ジョンとケイティは隣接している隣人の土地にスグリが生えているのを見つけ、隣人はそれを採って売ってもらってもいいよと言ったのだが、それが農薬を使用しておらず、土地の境界線に沿って育ったものだったのだが、自分の土地からの作物ではないために「有機」表示できなかった。それだけでなく、彼らはNOP規制を遵守するために、スグリの取り扱いに慎重を要し、有機農産物と同じ冷蔵庫に置こうとはしなかった。有機ガイドラインでは、農薬のような禁止物質の偶発的転移を防ぐために、有機と非有機のものを別々に保管することが求められているからであった。

　同様に、農園での他の多くの活動も、客観的な外部規則があってこそのものである。たとえば、重要な作業のひとつとして、土地の耕作とはあまりなじみのない道具——はぎ取り式ノートとペンが使われている。有機農業の認証を確保するには、すべての重要な活動は記録が求められる。播種に際しては、種子の数量、品種、日付けが記録されなければならない。有機的な害虫防除の際には、業務日誌に詳細に記録されなければならない。収穫と販売の際も同様である。こうした継続的な日常活動の記録が官僚的だとして、農業者が認証を選択しない理由にあげられている。しかし、有機になって以来、このルールは農園のやり方を変えることになった。ケイティは、文書づくりの負担を、農園を持続可能性という目標にとって役に立つ方法に変えたのである。それは彼女が思い描いた農園のやり方と記帳とをうまくマッチさせることになった。たとえば、地域の条件として耐病性品種がどれか、もっとも有益な輪作はどのようなものか、病害緩和に有効な作付け順序はどれかを知ることができる。彼女とジョンによれば、将来の栽培や生産、販売などの計画立案に業務日誌を読み返すことが多いのだ。そうした記帳は経営に確実に意味があるのだが、ケイティによれば、記帳が義務づけられていなければ、おそらく何でも記録するなんてことはやっていなかっただろう。

　規制の構造化効果とともに、資源のありようがどの農場にとっても受け入れざるを得ない構造的な制約となる。その結果、シーニックビュー農園がなぜ有機であるのかを完全に理解するためには、農園経営において資源の構造化効果がどのようなものかを考慮しなければならない。資源がどれほど重要な意味をもっているかを明白に示しているのは、資本主義経済システムに従って資源が社会にどの

ように分配されているかである。農業経営を継続していくためには、それが**ビジネス**として成功しなければならない。農業の資本主義的構造のもとにあるからこそ、有機農家が、特定の種類の土地、特定の種類の社会的相互関係をともなう特定の種類の市場との関係を、どのようにマッチさせるかを知る必要がある。そして私たちのフィールドワークで多くが明らかになったのは、なぜ農家や労働者が愛と金銭が対立する圧力を乗り越え、うまくマッチングさせていくかである。このような経済システムにおいては、農家は、他の誰とも同様に、自分たちの土地、家族、そしてコミュニティとの望ましい関わり方を、自分たちにとって好ましい経済活動の形と慎重にマッチしていく必要があるのである。

　CSAのような革新的なマーケティング・アプローチは、シーニックビューのような農園の存続、そして原則的な有機農業の実践に役立っているものの、道のりはまだ長い。ジョンとケイティのような農家はやりたいことをやっているのだが、その有機農業の原則に忠実たらんとすること、そしてエコロジカルに持続可能な方法で健康に良い食べ物を生産すること、それらは本来そんなにむずかしいことではないはずなのだ。慣行化テーゼによれば、有機農園のすべては大きな政治経済の枠組みのなかに存在しているという事実に注意を喚起しなければならないのであって、ライフスタイルの重圧は、それらの農場が規範、価値観、シンボルおよび願望という一種の文化経済のなかで活動していることに注意を向けさせる。ジョンとケイティのような農家は経済的安定には達していない。このような農家は経済的、社会的、エコロジカルな持続性をめぐる困難を乗り切るために信じられないほど懸命に働いてきている。彼らのような農家が真にオルタナティブな農法で農業経営を継続できるようにするには、新たな一連の支援体制の構築と実施が求められる。

　小規模な有機農家の多くは「良い暮らし」というオルタナティブなビジョンを模索しているのだが、見てきたようにそれはいかにも困難である。全国の200万を超える農家のうち、利益を上げているのは半分に満たない（Munoz 2010）。ジョンとケイティの価値観と働く意志という観点からすると、有機経営は完璧な仕事のように思える。しかし、農業経営の収益性に関するわびしい数値は、快適な暮らしをしたいという願望には見合うものではない。手間を省いたり、生産を集約化したりすることなく有機農園で利益を確保するのはむずかしいことである。も

ちろんシーニックビューは、経済的な圧力によってある程度の集約化を行っている。しかし、そうした集約化は慣行農法化を反映したものではない。というよりも、シーニックビューで観察されたタイプの集約化は決して有機農業では制限されたものではない。それどころか、これはジュリエット・スカー（Schor 1991）が特徴づけた「働きすぎと消費の悪循環」に支配される現代アメリカ経済を象徴するものである。

　ショアによると、「消費に対する態度は、収入と支出の相互依存プロセスによってきまる」(Schor 1996, 48)。ジョンとケイティのような有機農家にとって、快適なライフスタイルを追求するには、農地の休耕をやめて作付面積を拡大するなど、いくつかの有機農業を保証するものを放棄せざるをえなかった。それは一種の「働く―集約化する―消費する」循環であり、それは彼らがたいへんな苦労をしたオルタナティブ農業の前哨部隊を徐々に浸食するものであった。それでもなお、シーニックビュー農園は、持続可能性という理想にしっかりこだわっていた。彼らの価値観と市場との良好なマッチングを達成するために、ビジネスとして存続するという切迫した経済的事情とエコロジカルな問題への関心およびライフスタイルの選択の間のバランスをうまく取っていた。しかしそれには犠牲なしにはすまない。ライフスタイルのパターンと消費レベルは、階級に基づく文化的規範と価値観を反映している (Bourdieu 1984; Schor 1998)。その結果、オルタナティブ農業の前哨部隊を残していることは、ジョンとケイティが「良い暮らし」についての従来の考え方と、彼らが採用した歴史的な有機運動に根ざした社会的かつエコロジカルな価値観とのバランスを取らなければならなかったことを意味するものであった。

　彼らの物語もまたオルタナティブ農業が直面している課題をよく示している。ジョンとケイティが経済的合理性と土地やコミュニティとの密接なつながりを良好にマッチングできたことで、シーニックビューでは全体的にバランスが取れているように思えるのだが、彼らには、快適な生活に手が届かず、悔しく思うことが少なくないのである。初めてジョンとケイティに会ったとき、昼食で調理場に座っている間、彼らが食料品の買い物について話しているのを小耳に挟んだ。テーブルに戻ってくるとジョンは笑いながら言った。「有機農産物をつくりながら、ホールフーズ・マーケットのような場所で買い物をする金銭的な余裕がないのは

残念だ。」これからの世代のために、農業資源を守りながら健康に良い食べ物を提供する仕事が必ずしも十分な報酬が得られるわけではないという事実は、とても耐えがたい話ではある。

　幅広いアメリカ国民生活の経済状況がジョンとケイティに与える圧力は、シーニックビュー農園で問題になるのは農業経営だけではないことをはっきりさせている。もっと正確に言えば、農園経営を維持するために補助的な収入が必要であったことが、農園に賃貸事業をさせることになった。この農園には、幸いにも短期的（主に週単位）に貸し出せる大きな家屋と小コテージがあった。これらの不動産をサービスなしに客に賃貸し（B&Bや安ホテルのような）、ジョンとケイティは農作業に大半の時間を使うことができた。賃貸期間は限られていたが、それから得られる補助的な収入はたいへん重要であった。

　収益性があるか、または少なくとも経営を維持できるかといった圧力は、常に悩みの種であった。ある午後、赤タマネギの畑の草刈りをしながら、ケイティは農園の経営状況について語り、会話が賃貸事業に及んだ。「賃貸事業をやっていなければ、マークはおそらくここでは暮らせなかっただろう。それほど重要なんだ」。明らかに、農園の現実はその多くが資源の構造化によって方向づけられている。農業だけでは、これらの人々を結集させた倫理的な選択と決意したライフスタイルを維持するのには不十分である。むしろその賃貸事業は、それが好んで行われているどうかはともかく、シーニックビューが現在の形で経営を継続していくうえで必要不可欠であるといえる。

　さらにいうと、賃貸事業は、シーニックビューが構築してきた農家ライフスタイルや人的関係があってこそうまくいく。このような賃貸事業は、補助的な農外収入を求める工業的農場にはうまくマッチしないであろう。ひとつには、ジョンとケイティが継承した田園風景がシーニックビューにそうしたビジネスを可能にした。農園の所在地はニューイングランドでも風光明媚な地域で、森林と湿地に囲まれた美しいところこそが、農園に賃貸事業を可能にさせた特別の資源なのである。農園を借りて結婚式を挙げたいという人もいた。その結果、まさに農園が補助的な収入を生み出すには資源が必要であることが確実であって、その収入をいかに生み出せるかは農園とその周囲のエコロジカルな資源がどうかによるのである。さらに言えば、賃貸事業は、ジョンとケイティの主体的な農業のやり方に

よって培われた田園景観と大いに関係しており、ツーリズムに適した特別のアグラリアン美学を生み出している。特定の景観を維持するためのこうした関係は、農業生活の個人的なつながりを超えた諸力——文化、階級、人種の構造——に関係する農業実践の方法を明らかにする。景観は結局、見えるものをどう見るかというひとつの「見方」であり、耕作の産物でもある（Moore, Pantdian, and Kosek 2003, 11）。歴史的には、耕作という行為とそれを取り巻く議論は、人種的に区別されたヒエラルキー的な価値の生産に根拠がある（ibid.）。その結果、小規模農場の所有者によって培われてきた有機的景観に起因する道徳的価値は、歴史を通じて非白人に対しては農業が過酷であったことはさておき、ビジョンと白いことを優遇することの再現につながりかねない（Alkon and McCullen 2011; Guthman 2008a）。ひとたび賃貸事業が定着すれば、それは農園の実践にそれなりの影響を与えることになる。農業生産の集約化が、シーニックビューの景観の価値を損ないかねないのである。

　社会情勢以上に、土地そのものがシーニックビューにとって農業をやっていくうえでとりわけ重要である。シーニックビュー農園が利用している資産は、前世紀の終わり以来、ジョンの家族の所有であったことを覚えておくことが重要である。この重要な資源は、彼が農業という新しい職業を決めたときには手にしていたのである。それは、白人の土地所有権、相続権、さらにローンには優先的にアクセスできるといった経歴によるものであった——そうした余裕は農業分野で非白人には全体として与えられていないものであった（Guthman 2008a）。土地を利用できることの重要性は無視できない。ケイティによれば、資産をジョンの両親から、賃借料は安かったが借地する必要があった。両親は大きな資産の維持に経費がかかっていたからである。いずれにしろ、賃借料の支払いが小さかったことは、農園の経営をより容易にした。この家族資産がなければ、経営ははるかにむずかしくなっていたであろう。他の大多数の農家とは異なって、ジョンとケイティにとっては、土地のコストは、労働（最大の支出）、資材（柵や畝マルチなどを含む）、投入財（種子、追加肥料、石灰など）以下の、きわめて小さい費用であった。結果として、ジョンがやろうとした農業についての理由すべて、たとえば屋外で働きたい、食べ物への愛着、家族の土地を耕作するために戻りたいといった願いなどは、何よりも彼の家族が土地を所有していたという事実に照らして考え

なければならない。土地を確保できたことが、ジョンが農業をやろうと決意する背景にあったのである。

　すでに述べたように、合衆国ではこの10年間にわたって農地価格が倍になり、土地のコストが新規就農者にとってまぎれもなく最大の障壁のひとつになっている。たとえばエミリー・オークレーは、安い土地を探したあげく、夫といっしょに孤立した農村コミュニティに定住することになったのだが、農園のためのローン借り入れも苦労したという。自己資金は2万5,000ドルだったので、政府の農業融資局の担当者に融資を申し込んだ。融資担当者は笑ったという。エミリーによれば、「有機野菜を生産するために融資を申し込んだ人はこれまで見たことがないよ」であった（Raftery 2011に引用）。農地を購入する余裕のない有機農家にとって、借地も同様に不安定である。農園が有機認証を得るには有機栽培を3年間継続する必要がある。土地所有者が賃貸をやめたり、その土地が開発のために売却された場合には、その間の苦労は無駄になる（Weise 2009）。そのような不確実性からすれば、ジョンが親から借地し、しかもその土地が保全地役権によって保護されているので、開発のために売却されることもないという事実がきわめて重要になってくる。

　シーニックビューが有機的に経営される理由について、それぞれが主観的に解釈するのは意味があり、それぞれの存在意義でもあって、それは明らかに妥当である。しかし同時に、彼らの実践の社会的現実の全体像を把握するためには、地域的にもまたおそらく全米でも、農家すべてにとっての可能性の領域を狭めるようなより大きな構造的条件という観点から注意深くみる必要がある。このような条件は諸個人が各自のやり方で農業を行っている理由にはならないが、農家が直面する多くの問題を生み出し、同時に、有機農家としての成功をも可能にするものである。

　シーニックビュー農園の場合、その農業実践には倫理が重要な役割を果たしたことは明白である。ただし、倫理的関係を成立させるためには、農業に対する信念や価値観を、経済活動と良好にマッチさせる必要があった。これらの信念は、土地に倫理的に関わり、地球と土壌を育む方法として有機農法を見ることによって、将来にわたって私たちを支えていくのだということである。またこれらの信念は、屋外で暮らし、むなしい「デスクワーク」に制約されることはないという

ことでもある。最後に、これらの信念は、残留農薬のない高品質の農産物の生産を行うコミュニティに関わるということでもある。良好なマッチングを通じて、シーニックビューのような農家は、こうしたタイプの農業的関係性を成立させるために市場を利用している。

　他方では、良好な経済活動の形態にマッチさせることで、これらの原則を現実化することによって、彼らは必然的に、自らが直接コントロールできる範囲を超えたより大きな市場の力に束縛されることになる。良好なマッチングには、関係性の感情的な部分と経済的な部分のいずれもが有機の完全性を損なわないような継続的な再調整を必要とする。「しかしそれはむずかしい」ことだとジョンが認めている。「お金のことを考えないわけにはいかない。別に金持ちになりたいわけではないが、好きなことを継続していくためには、ビジネスとしてやっていくしかない」。ビジネスでやっていくことは、避けられない現実であると同時に、ジョンが自分自身と家族のために考えてきた有機のライフスタイルを生きるための有効な手段でもある。

　ビジネスとやりたいことをうまくバランスさせようというジョンとケイティの考えに、ボストン郊外にある市場向けの農園ランズ・セイクの設立に力を注いだブライアン・ドナヒューの考えはよく似ている。初期のランズ・セイク農園では、主な換金作物であるイチゴが雑草に覆われていたのに、ドナヒューとその仲間たちは農薬や除草剤の使用を拒否したために農園は破産寸前であった。ところがランズ・セイクは生き残った。ドナヒューの考え方には、ジョンとケイティがシーニックビューで構築したもっとも重要な「良好なマッチング」というやりかたと明らかに類似する点がみられる。ランズ・セイクではエコロジーをめざす考えがたいへん大きかったのだが、ドナヒューがまたオルタナティブな農場のあり方について理解しており、「いずれにせよ、破産よりはいい」という認識であった（Donahue 1999, 80）。

　ドナヒューは、経済の現実と「自分たちの市場の計算法を歪める」という倫理的要請との関係について述べている（Donahue 1999, 80D）。そうした歪みがまさに、なぜ有機農業という経済活動を社会的でエコロジカルなシステムの枠組みに単に「埋め込まれた」もの以上のものとしてみる必要があるのかの理由である。倫理に忠実であった結果として農場を失いかけたドナヒューのような農家の意志

は、その他の点では合理的な市場を外から強制するといったこと以上のものである。むしろ、有機農家の経済計算法は、基本的に常に、社会的な、エコロジカルな、ライフタイル、さらに倫理といった複雑な現実による歪みを受けやすい。

　ジョンやケイティのような人々にとっては、彼らの倫理的な決心はよく当然のことのようにと考えられていた。それはまさに常識だからである。しかし、これらの個々人が、さまざまな苦労があるのに、有機農業をやる理由を正確に把握するためには、日常生活の最も重要な側面、つまりこれらの有機農家の生活の構造的な背景を理解しなければならない。農場を作り上げた諸個人の体験はその場所に応じた事実にちがいないが、いずれもそれは孤立してはいない。諸個人は、地域や全国的な範囲で、数多くの他の農場に影響を与える構造的条件（有機認証、地域条件、農場内外の多様性、土地へのアクセスなど）に応えている。

　分岐した有機セクターの構造的条件は、無数の小規模な有機農場にとっては似たものかもしれないが、各農家は自分の経験に基づいてその条件に対応し、そうした条件とローカルな自分が築きたいタイプの農業的関係性を特徴づけるようなやり方とのマッチングをめざす。これらの諸個人の有機農業への意思決定は、より大きな個人的経歴の中のわずか一部にすぎない。その個人的経歴は、彼らに生活の中で有機経営の可能性を見出すための資源と素質を備えてくれたのである。また、これらの人々は、有機農業とは何か、どのようなものになりうるかといった考えを形成する有機農業運動全体の、複雑で議論を呼び起こす社会的なまた規制の変遷に参加している。

　良好なマッチングについて考えることは、小規模農家が、有機市場の分岐に導くようなおそらく非個人的な構造的な力に対して微妙に異なった反応を示すことを理解するのに役立つ。社会における構造的条件は、有機農場にとって好都合であり制約でもある。認証を必要とする規制、および手頃な価格で土地などの資源にアクセスできることは、すべてシーニックビューで見られたような多様な有機農業を可能にしている。しかし、これらの条件は特定の実践を容認するかもしれないが、個々人の、人、土地、そしてより大きな有機市場との相互作用がその実践に意味と形を与えるのである。結果として、構造的条件がジョンとケイティに認証農園の「有機」農産物だけを販売させるのであるが、シーニックビュー農園が有機認証を受けたのは単にこの条件のためではない。もっと正確にいえば、有

機認証を受けたのは、ジョンとケイティが参加しようとするある種の経済的・農業的関係性と、自分たちが想像している農家のあり方とがうまくかみ合っているからである。

　その他の農家にとって、自分の倫理とビジネスモデルを適切にマッチさせることは、必ずしも有機認証を得るということではなかった。有機認証を得た農家にとっては、認証はただ単に顧客に対する責任ある農薬の使用としっかりした説明責任を意味していた。いずれにしろ、私たちが調査した農家のすべてにとって、こうした内容のある個人に深く根ざした、さらに特異な解釈は、なぜこれらの農家は彼らがやっているような農業を実践するのか、そしてなぜ苦労してまでその実践を絶えず自分の経済的ニーズとマッチさせようとしているのかを理解するために重要である。

訳注
1）ビート、ビーツ（beet）はアカザ科サトウダイコン属の植物の総称であって、糖料作物のサトウダイコン（甜菜）（sugar beet）、根を食用とする食用ビーツ（red beetなど）、葉を食用とするフダンソウ（chard）などがある。

結論
現代のオルタナティブ農業

　農場は、今なおその土壌で、食卓で、そしてコミュニティにおいて、健全な文化を創造していくことを求められている。これは、持続可能性を構成するものであって、有機認証には含まれていない。
　―モーリー、グレイトフルハーベスト農園、2013年―

　歳月が過ぎてゆき、今日、シーニックビュー農園は大きく変わった。ひとつには、今や、ミニニンジン若芽の畝の草を取り、葉の茂った春野菜の柔らかな新芽を摘むジョンとケイティの後ろには、2人の子供がついている。マットはその後職を辞し、食品業界に就職できた妻を支えるために農園を離れた。マギーも、農外の職に就くために去った。ジェイは農園にとどまり、ジョンとケイティのもとで、いつの日にか自前の農場ないし育苗施設を持ちたいと、管理業務を中心に見習いを続けている。
　ジョンとケイティが事業の重要な一環としてレストラン向け販売を始めたのは、農園と労働者たちが地域の食品業界と繋がりを持ち始めたのがきっかけであったが、私たちの研究対象となった他の農家の多くは、こうした販売は要求ばかり多くて、やり方を変えるには規模が小さすぎると決め込んで、取引契約を避けていた。結局農園からマット夫妻を引き離すことになる仕事へと導いたのが、これらと同じ人間関係であった。ずっと以前にジョンの農業への参入を後押ししたのは、ジョンと彼の助言者との結びつきであった。今日でも、この助言者の農場でむずかしい仕事の人手が足りない場合、ジョン、ケイティ、そして彼らの労働者たちが時折手助けする。数年後の今、ジェイが農業を自分に向いた職業と考えられるのは、この農園における人間関係のおかげである。ジョンとケイティの指導で得られた経験のおかげで、彼は畑で働き続け、そして農園の日常業務の大きな責任を引き受けることになった。他方、ジョンとケイティの下の娘は、畑での有害な農薬―許容できるものでも―の使用を避ける取組みの強化を推進している。彼らは、農園が家族を養う場であるとともに、家族の健康と幸福に関わる悩みをさし

たる重荷と感じることなく「菜園」を散歩できる場であってほしいと願っている。今日、既に息子は「フダンソウを育てよう」というフレーズを知っているし、娘はビーツと傷ついたレタスの畝間をよちよち歩きしている。

　農家の生き方や暮らしぶりに関する民族誌的記述の多くと同様に、これまでの諸章には、畑での営農活動において、農家の社会的、心情的、さらには倫理的な結びつきの大切さを示す実例に満ちあふれていた。民族誌的なアプローチをとったおかげで、私たちは、小規模農家の生き方を観察し理解することができる。より重要なことは、オルタナティブな農業の経営者たちがいかにして、また何ゆえにオルタナティブの事業、オルタナティブの社会関係、そしてオルタナティブのライフスタイルに入り、それを続けているのか、その中心にある日々の諸々の経験を明らかにすることができる。

　シーニックビュー農園や本書を通じて取り上げた他の小規模農場から、さらには他の民族誌の実証的事実から一歩引いて考えてみることで、私たちは、これらの事実が現代のフードシステムや、より持続可能性の高い代替策の将来的な実現可能性に関するより広範な議論に貢献できるとすれば、それは何かと問いかけることができる。非経済的な交換の意義に関する度重なる民族誌的な調査結果にもかかわらず、大半のアグロフード研究においては、依然としてそうした事実をほとんど踏まえることなく、持続可能性や有機農法、そしてオルタナティブ農業というより広範な理論的論争が行われている。これらの論争に経済社会学を導入することにより、私たちは、この種の関係諸力が農家の実践や農業の政治経済学の領域にいかなる衝撃を与えるかの理論化に着手することができる。

　関係経済社会学の文献では、シーニックビューのような小規模農家が経験した経済的諸関係の研究が欠落している。序で概略を述べたように、経済社会学は、主に社会的、経済的生活における分離された領域、ないし敵対世界という考え方を問題視するために提起されたものであった（Zelizer 2010）。

　他のケースとは異なり、有機セクターの慣行化は、この特殊な市場においては、経済的合理性の導入の仕方によって、農家が有機農法の実践と、自らが「有機」農業の思想に付加する意味合いや関係との間にどのような実現可能な折り合いをつけることができるかが制約を受けることを示唆している。換言すれば、一部の小規模農家は、市場のもつ平準化効果や均質化効果、そして取り込み効果を実感

している。そこで、彼らは市場の支配に抵抗しようとするが、倫理的な責務と利害関係は市場の論理から必ず隔離しておかなければならない。さもなくば被害を受けるか、値下げを迫られるという常識的概念に頼ることによってではない。そうではなくて、これらの農家の一部は、シーニックビューの非常に多くの特徴となっているさまざまなタイプの責務と関係を育むことによって、積極的に新たな市場を形成しようとしている。彼らは、ビジネスとしての農業経営という考え方を捨てることなく、つながりのある消費者の体験を増やすよう努めるのである。必ずしも直接的な儲けにならなくても、有機農業に関する自らの見解に沿ったやり方で農業を営み、自分たちの愛することを続けられるように事業を継続しようとする。換言すれば、逆説的ではあるが、彼らは、市場の論理の全面的な登場が迎え入れる「有機」の骨抜きに対抗するために、新たなオルタナティブな市場を形成しようとしている。

　さらに、この種の社会的、倫理的な交換を農家の生き方の分析の中心に据えることは、有機セクターの政治経済学に関する私たちの考え方においても、明白な含意となっている。シーニックビュー農園の日常的な作業や意思決定過程において、家族史、家族の土地入手、子供時代における自然の中での経験、特別な場所との関わり、農園の景観や雰囲気に関する美的理想、副次的な事業目的の休日行楽客へのアクセス、地域の郊外レストラン業界との関わり、そして環境学を背景として理想を実践することに関心をもった大学生への接近は、有機セクターの政治経済学からみた諸状況とまさに同等に重要なもの——おそらくはもっと切実なもの——であった。これらの関わりについて考察すること、したがってフードシステムで活動する人々が親交を深める際にその成否を左右するような良好なマッチングがいかなる類のものかを考察することは、小規模農家が育み、参加していくべき関係はいかなる類のものかの考察と並んで、彼らがいかにして有機農産物向けのオルタナティブ市場を形成し、活用するのかという問題の理解を深める助けとなる。細々とした地域農産物向けのニッチ市場の利点を活用するうえでシーニックビュー農園に求められた諸関係の多くは、私たちを、必然的に、将来的に（スーパーマーケットの商品通路以外においてさえ）持続可能なフードシステムを今以上に全体的な規模で実現していくうえでのオルタナティブ農業の能力に対する懸念に引き戻さずにはおかない。シーニックビューは、農園が希望し、そして時に

頼りにできるさまざまな地域社会参加を育成しようと奮闘しながら、同時に農地行政や銀行ローン関係の職員との特別扱いされる関係に依存していた。こうしたマッチング（およびその失敗）は、少なくとも小規模農場それ自体は、オルタナティブ農法の真の持続力と活気あふれる仕組みを意味しないことを示唆している。

　私たちは、小規模農家が自らの経済的な行為とビジネス・モデルを自らの結ぶ諸関係やライフスタイルにマッチさせる関係づくりを選びだしたが、有機農家の経済的営みに関する関係論的考察は、持続可能性の改善のためにどうしても単なる農場や畑での変化以上のことが必要とされることを意味する。そのために食料消費に関わる新たな社会的関係も必要となるのである。シーニックビュー農園で行われた営農方法は、農園が消費者との間にどのようなつながりを築くことができるか—利用者の期待、要求、そしてフードシステムへの参画のレベルにマッチさせること—に密接に結びついていた。農園は、それから購入することを義務づけられた利用者の獲得に成功した。レストランのお客は、この農園が高品質の、細心の注意を払って収穫した希少な旬の食材を提供することを知った固定的な上顧客であった。そのCSA予約購買事業は常に満員状態だった。農園には、何人かのボランティアも得て、100件のCSAの注文の袋詰めを午前中に終えることもできた。しかしながら、ジョンとケイティの心配は、もしかしたら、食料生産に結びつくこと—つまり、彼らの労働の果実を消費する人々と結びつくために彼らが試みた主な方法として交換関係を築くこと—に、自分たちが感じているほどには、すべての人がやりがいを感じているわけではないのではないかということであった。

　一部の人にとっては、オルタナティブな農業の前哨基地を切り開くために「わが道を行く」小規模農家に基礎を置く農業システム—恩恵を得るのはごく少数の特権的人々のため—は、今日の経済的な、エコロジー的な、そして社会的諸問題の真の解決法というよりも、新自由主義的なフードシステムのもつ諸問題に対する過剰な反射と見える。少なくとも、現代のオルタナティブ食料運動の政治学がいかにして新自由主義的な市場価値を補完するものであるかを見れば、こうした運動の潜在的変革力の注意深い考察が求められることを示唆することが理解されよう。私たちは新自由主義の時代に生きており、そこでは、公共の環境資源に対する政府支援や小規模農場向け補助金（農業法を通じて大規模農業経営が受け取

る巨額の補助金と混同してはいけない)、そしてその他の社会的事業が次第に無駄な支出とみなされるようになっている。それは、市場こそが、環境問題を含めあらゆる問題が解決できる場所だと考えられている時代であり、そのことは、(オルタナティブな食料ネットワークにみられるような) 主流の市場に対する抵抗が、意図に反した逆効果のもの、すなわち今なお消費者の今一つの選択肢にすぎないものとみなされていることを意味する。むしろ、贅肉を削ぎ落とした細身の政府、大規模な民間企業 (大規模な工業化された農場を含む) に対する支援、および市場で活動する個人に対する支援こそ、新自由主義的な世界における強力な政治的プロジェクトなのだ。その結果、大規模な低価格の食品を支持するそうした世界において、ローカルなコミュニティに依存する小規模農場が長期的に生き残るには多くの抵抗に直面する。小規模農場の批判者は、その営農方針を打ち捨てるか、破産するかしかないと主張する。もしくは、小規模農家に裏切りを求める—すなわち、一方ではエリート消費者に倫理的で環境に優しい職人芸的な、主流農産物に対する代替品を提供しながら、他方では他のフードシステムについてはほっておけというのである。

ローカリズム批判との闘い

多くのオルタナティブ農業とフードシステムに対する支配的な新自由主義的アプローチとの一致点は、一部には—有機農法と食料の地産地消といった—小規模農業に携わるものの多くが良好なマッチングと考える経済的やり方が、競争的な市場を基本とする論理を拒絶するものではないという事実から生じる。シーニックビューで私たちが会った人々は、より大きなフードシステムと、たいていの経済活動に見出される諸問題を解決できるような市場的関係を構築しようとしていた。彼らは、誇りをもち、自らが望むようなライフスタイルを持ち、彼らが追求したのは、食べ物に対する情熱を通じて関係を育むことができるやり方で農業を営むことを可能にする経済的な取り決めであった。もっと一般化して言えば、「地場産」といったインフォーマルなラベルと同様に、「有機」というラベル表示システムは、諸々の商品の中で競争力となる差別化に役立ち (Guthman 2007)、うまくやった生産者に経済的便益が及ぶシステムを支持することになる (McEntee 2011)。しかしながら、消費者による選択を助長するという点では、懸念される

のは、これらの取り組みは、関係する農家や消費者、そして（おそらくであるが）農場労働者に対して、「部分的で不均等な」持続可能性しか提供できないのではないかということである（Guthman 2007, 473）。その結果、多くの「食料・農業セクターの新自由主義化に反対するプロジェクトは、無批判に地産地消や消費者による選択、そして価値獲得——新自由主義にとって基準と思われる考え——といった考えを無批判に取り入れているように見える」（Guthman 2008b, 1174）。小規模農家としては、農業に関する自分なりの価値に合致する事業を構築しようと企図しているかもしれないが、工業化された農業という新自由主義的システムに対する「解」が、国家やコミュニティから支援を受けることなく、小さな地片の上で集約的な食料生産に勤しみ、消費市場のシェアを巡って競い合う——一様に新自由主義的な食料生産システムである——という、小規模農場をめぐる条件の中に投影されるようになっている。さらに、ローカルなフードシステムを支持する議論の多くが秘めているのは、「あたかも、食料に関する詳細な知識さえもつようになれば、人が自動的に、食品についてよく考え、倫理的に判断するようになるかのような」（Guthman 2008b, 1175）政治認識をもって、食料の原産地に関する知識を合成する可能性である。よく考えられていないローカリズムは、意図せずに不公平を強めることにつながる恐れがある。すなわち、オルタナティブ食料運動が新自由主義的なフードシステムの不公平によって生み出されるとともに、それを再生産する恐れをもつということである（DuPuis and Goodman 2005を参照）。批判者は、「人的交流の範囲を小規模化しても、必ずしも、オルタナティブの農業・食料運動が信奉するような社会的公正、ないし権利拡張を実現するとは限らないと警告する」（P. Allen 2004, 173）。むしろ、実際のところは、ローカルな競争的市場が、新自由主義の特徴である国家規制の後退と結びついた時間的、地理的に不公平な効果を補強することによって、これらのオルタナティブから取り残される人々にとっての不公平を拡大する恐れがある。すなわち、「歴史的経過の結果として、十全で、持続可能で、公正なアグリフードシステムの開発に責任を負うために動員できる資源は、コミュニティ間で大きく異なる」のである（P. Allen 2004, 177）。シーニックビューの事例が示すように、こうした資源こそ、小規模農場を経済的に生き残れるようにするうえで、どのようなマッチングが必要となるかを左右する重要なツールとなるかもしれないのである。パトリシア・

アレンが的確に要約しているように、「グローバリゼーションは勝者と敗者を生み出すが、同じことはローカリズムでも起こる」のである（Allen 179）。

ローカル化の努力が新自由主義のローカルなレベルでの不公平を拡大することは別としても、「現代生活において食をめぐる駆け引きが突出していること自体が、とくに近年のいわゆる駆け引きの多くが高度に個別化された購買決定を通じて行使される限りにおいて、新自由主義的な転回を反映するものであるかもしれない」（Guthman 2008b, 1175）。ローカル・フードシステムについての仮説、すなわちそれがより公正な成果を生み出すことができ、現に生み出しており、フードシステム関係者を励ましているというのは、コミュニティ主義イデオロギーに通じるものがあるが、同時に新自由主義的な政策や政治の自由意志論主義にも全面的に通底する（Harrison 2011）。今日の有機農業運動によって採用されている市場を基盤としたアプローチは、より公正で持続可能な経済の構築努力を代表するかもしれないが、それは同時に「抵抗の最も小さい道」であるかもしれない。というのは、「オルタナティブ農業・食料の積極的行動主義の有力な形態のいくつかは、広範囲に市場メカニズムに依存するようになり、それとともに規制改革の追求を放棄してしまったからである」（Harrison 2011, 163）。

消費者が「市場でお金を捧げる」際の社会的、政治的、経済的変化の理解を踏まえて、農業問題の解決策として割り振られるようになったのは、「市場における消費者の選択の余地を拡大すること、構造的というよりも個別的なものとして問題を構成すること、そして産業活動に対する国家介入の必要性を退けること」に依拠することであった（Harrison 2011, 163）。（一部の）消費者はより持続可能性の高い選択肢を選べるようになっているかもしれないが、「カリフォルニア州では97％にのぼる非有機の農地での農薬使用状況に関する厄介なデータと並んで、繰り返して農薬の飛散事故が発生していることは、有機農産物の目覚ましい増加のかげで、依然として曖昧のままである」（158）。ジル・ハリソンにとって、有機農業といった解決法にともなう問題は、「自由意志論的な変化モデルでは、社会的、環境的な便益が、個々人の購買に結びつき、したがってまた困ったことに非民主的で、絶えず移ろう消費者の気まぐれと能力に依存し、主に相対的に恵まれた消費者によって享受され、至るところで不公平であって、規制力のある保護による支持をともなわないことである」（164）。こうした評価は、オルタナティ

ブ農業運動がとったアプローチが、今日の農業問題への対抗の障害となるような形で広範な新自由主義パラダイムというイデオロギー的な支柱に結びつけられていることを示唆するものである。これらの説明において、オルタナティブ食料運動は変革力を持つには程遠いものとされ、現状はそのとおりである。むしろ、これらの批判は、ローカルな有機食品を政治的意義のないものとみなす。現代農業に関わる諸問題への取り組みにあたって、ローカルなフードシステムに対するより批判的なアプローチは、「フードシステムのローカル化は、人々に自らの購買決定を超えた市民としての活動を促す必要があろう」と提案している（Harrison 2011, 167）。

批判者たちの懸念は、フードシステムの政治運動を市場に押し込めることによって、持続可能な食料が、オルタナティブ農業を金銭的に支援できる特権的な人々のステータスシンボル以上の意味を持たなくなるのではないかということである。ローカルで、有機栽培の、そして手作りの食べ物が、食品のトレンドを決定する現在の世代に特徴的な慣行になるにつれて（Johnston and Baumann 2010）、有機栽培のサラダ野菜は、「ヤッピーの食べ物」になった（Guthman 2003）。自分のお金を投票に使うという考えは魅力的かもしれないが、政治行動に対するこうした「個人的」アプローチが実際の世界で持つ潜在的な力は、ごちゃまぜのものとなるおそれがある。直接投票とは大きく異なり、変化を求めての消費は、多様なイデオロギーをもつ曖昧で矛盾したものとなることがある（Johnston 2008）。

これらの矛盾のうち、エコロジー的、経済的、社会的な持続可能性の点からみてもっとも重要なことは、「コンシューマリズムという文化的イデオロギー、階級間の不平等の政治経済的否認、及び消費を通じた保全という政治エコロジカル的なメッセージ」（Johnston 2008, 261）を生み出すことである。ある種の組織は、ホールフーズなどのスーパーマーケットよりもうまく、「消費者の選好という考え方を中心に置くことなく、社会的正義や連帯、持続可能性といった理想に仕える」（263）ことができるかもしれない。食品生協など、もっと多くのオルタナティブの小売業者は、たとえばフェアトレード・ラベルの国内版を支援することによって、社会正義への関心をオルタナティブ・フードシステムに結びつけようとしてきた（Duram and Mead 2013; Upright 2012）。それにもかかわらず、金銭によ

る消費者の投票に依拠するアプローチは、「市場と消費者を公共財の理想的な第一の守護者とみなし、非市場的措置および民主主義的で説明責任を果たす国家の意義を封殺する社会的再生産の新自由主義的な流行の失敗」を看過するのである (Johnston 2008, 263)。

疑り深い人たちは、小規模な有機農家と、彼らが消費者市民性のモデルを構築するのを支持するコミュニティの構成員を目にしながら、「変革的な消費の理論が高揚しているものの」、「自己中心的なコンシューマリズムと市民性に基づく集団的責任と」は異質であると指摘している (Johnston and Szabo 2011, 305)。こうした運動は、明らかに「エコロジー的な課題に対する市民の責任や国家規制といった共同意識を蝕む新自由主義的な政治文化の一環となり、目に見えない形で［それを支持する］」危険を冒す恐れをもつ (317)。そうであるとすると、「再帰性的なローカリズム」[1]でさえも、問題をはらむ可能性がある。消費者はしばしば時間的にも能力的にも「最良の購買決定を行う」時間と能力を欠いているが、消費者にそのような行動を取るよう期待することは、「複雑なフードシステムの規制を再帰性的な消費者に期待すること」に帰着する (317)。しかしながら、私たちは、オルタナティブ農業の潜在的な可能性の考察にあたって別の方法があると主張するものである。

掘り下げて考える―社会的消費とオルタナティブ農業生産

確かに、新自由主義とオルタナティブ食料運動―フードシステムのローカル化や消費者への選択肢の提供や市場価値の争奪―が提起する解決法との親和性を懸念する研究者は、現代の持続可能なオルタナティブ農業のもつ可能性を制約する問題と課題の正体を語っている。フードシステムのローカル化運動への批判が示すように、ニッチ市場向け生産者でさえも、消費者選好に焦点を合わせ、構造的に見て、フードシステムにおける新自由主義という広範なプロジェクトに対して挑戦するというよりもむしろ補完する位置に立つことによって、新自由主義の不公正を再生産すると見ることも可能である。新たな生産者と消費者の関係を構築する分散的なアプローチを擁護するオルタナティブの食料運動にも課題と危険がある。

現れつつあるローカルなフードシステムが新自由主義的文脈に位置することは

否定できないにせよ、そうした分散的なアプローチは新自由主義のプロジェクトの一環であると機械的に決めてかかるわけにはいかない。オルタナティブ食料運動の社会的、経済的諸関係に批判的な人々の一部でさえ、フードシステムのローカル化の実践的、政治的訴求力は認めている。すなわち、政治的側面において「民主主義の原則や慣行の深化への関心を基本としながら」「実践的には、食料の輸送や貯蔵で用いられるエネルギー・コストの削減に関心が持たれている」(P. Allen 2004, 165)。たとえ、現代の食料運動の多くが取る形式が、現代農業の新自由主義的な発展という問題をはらんだものを反映し支持するとしても、単に外見上の親和性だけを根拠として、そうした運動をすべて意味のないものとみなす必要はない。むしろ、今日、政府がますます実業界の要請に囚われ、市民の意向に鈍感になっていくなかで、これらの運動の多くにオルタナティブの発展としての可能性のあることを考慮しておかなければならない。実際、私たちの研究は、ローカルで小規模な農業生産者が農業ネットワークの中で作り出すマッチングは、主流の新自由主義的モデルに対抗するラディカルな選択肢の有望な兆候をしめしている。もちろん、合衆国の至るところでオルタナティブ農業の先端を切り開きつつある小規模農場の運動は、新自由主義化する農業セクターの抱える問題に対して、見当違いのことばかりやっているわけではないし、あるいはその一因となっているわけでもない。また、それらの運動は、慣行農法化した有機セクターが関心を示さないニッチを埋めてばかりいるのでもない。むしろ、事例研究を通じて得られた豊富な民族誌のデータは、わが国で行われたその他の小規模農場や小規模農家のスケッチ風の描写とともに、オルタナティブ農業運動と新自由主義との関係の理解を進める方法に関する議論に役立ったと確信する。これらの小規模農場は、**自らの農法とコミュニティによって創り出すマッチングを通じて**、対抗文化的な農業に向けた誠実な試みに従事する関係者を体現している。

圃場では―スーパーマーケットの会計カウンターではないとしても―期待できるだけの根拠がある。小規模農家が、事業者として、コミュニティの一員として、環境管理人として、さらには個人として直面するしばしば相矛盾する諸々の圧力をどのように理解し受け止めるかは、現実世界を反射するものであり、自らの業務との関わりでどのようなマッチングを行うかを規定する。これらのマッチングが彼らの業務との関係を形成する。それはまた自分の農地、コミュニティ、そし

て自分自身と家族にとって価値のある類の農業的ライフスタイルを手に入れる能力との関係を形成する。こうしたオルタナティブなビジョン、そして彼らのオルタナティブの実践にいかにマッチさせるかということこそ、食料に関する真のオルタナティブの市場関係──単なるニッチ市場ではない──の基盤を形成するかもしれないのだ。現代の農業──およびより一般的には現代の政治状況──の現実を与件とすると、私たちが認めなければならないのは、こうした変化の試みがそれを行っている農家にとって存続可能な結びつきを、したがって将来的の有機農業ネットワークに向けて存続可能な解決法を代表しうるという可能性である。

　変革的な変化の可能性を秘めた道を認識するために、このような形での容認を正当化することは、実際に、新自由主義に関する理論によって支持されている。新自由主義の批判に関わる主要な問題の一つは、「オルタナティブは存在しない」という態度を生み出しかねないことである。たとえば、「新自由主義は新自由主義の功績の一つとして政治的レジスタンスを『容認する』ので、「無垢」の状態の新自由主義に対する政治的レジスタンスというものを思い浮かべることは、ほとんど不可能である」(Bondi and Laurie 2005, 399)。こうした決定論に陥らないようにするためには、オルタナティブ食料運動の新自由主義化の局面でさえも、より有意義なオルタナティブのシステム創出に役立てうるかもしれないことを認識することが必要である。その結果、新自由主義の展開に抵抗するための周辺領域を探し出そうとする農家と食料運動の活動家よりもむしろ、新自由主義の核心的原理こそが最大の弱点となるかもしれない。個人は自身の利害を持ち出し、政治的論争に従事することができるし、そうすべきだという新自由主義的観念は、孤立した従来型の買い物体験よりも、品質、安全、健康の面でも優れた食品や、より心地よいコミュニティ感覚を提供する小規模な食料生産ネットワークをいっそう普及させる中核となるかもしれない。また、新自由主義が誰にも逃れられないものである以上、こうした観点に立ってオルタナティブを見つけるほうが現実的である。新自由主義には向かい合わざるをえないし、対応が不可避なのであって、その欠陥をもっと多くの人々にもっと明確にしていかなければならない。

　小規模農場の作物の畝と同様に、ローカルな市場は、CSAなどのオルタナティブの市場を通じて生み出されるローカルなネットワークを経由して、こうした出

合いが起こる場となりうるのである。多くの人々にとって、新自由主義の時代にあって、その内部から危険にさらすものは、うわべは世俗的な「オルタナティブな日々の暮らしの実践」である（Brenner and Theodore 2002, 346）。シーニックビュー農園のような農家は、新自由主義の問題点を口にはしないかもしれないが、現在の政治的、経済的傾向が小規模農家に課す制約を鋭く認識している。こうした制約が彼らの暮らしの背景を形成するのであって、私たちの民族誌的データや聞き取りデータを見ると、彼らはそうした異議申し立てにもかかわらず、自らのライフスタイルや生計を何か別の行為に託していることがわかる。それらの制約は、オルタナティブ農業の実践だけでなく、オルタナティブな経済関係やライフスタイルの実行においても、まといついてくる。

　合衆国のいたるところでシーニックビューのような多くの農場は、明らかに、新自由主義的な農業の文脈—他の研究者たちはこれを込み入った図に整理している—のなかに組み込まれている。しかしながら、私たちが目にしたのは、圃場では、現代農業の新自由主義にはいまなお経済生活のオルタナティブ的なビジョンが内包されていることであった。慣行農法化の傾向はあるにしても、相当数の小規模農家は、大方の批判的な説明で予測される以上に、有機農業運動のより多くのオルタナティブ原理を反映したやり方を追求することによって、抵抗することができる。私たちが話のできたすべての農家にとって、アグラリアニズムの価値は彼ら自身に適したものであり—また、彼らは、実践を通じてそうした価値と経済的な必要との折り合いをつけていた。

　私たちの研究では、有機農法がどの農家にとっても常に最適とはいいがたかった。しかし、彼らにはいずれも、社会的、エコロジー的な責務に対して実践的な関心を示すマッチングの存在を観察できた。彼らは自らを農地の良き管理者であり、コミュニティの立派な構成員であり、良き民衆であることができるようなマッチングをしたいと望んでいた。そうしたマッチングを通じてこそ、小規模な有機農場は、農業の新自由主義化に対するささやかな抵抗の場、すなわちもっと大規模な変化につながるテコとなるよう託せる場所であり続けることができる。さらに、シーニックビューは—その否定しがたい特殊性にもかかわらず—農家がそうしたマッチングをしようと最善を尽くしている、全国いたる所にある無数の小規模な有機農場のひとつにすぎないことを知って、私たちは勇気づけられるのであ

る。

　小規模農業が実際に農業の新自由主義に対するオルタナティブについて潜在的な力を有することが認められるにしても、そこには危険もある。既述のように、オルタナティブ食料運動活動家によって推奨されるやり方の多くと新自由主義の政治経済プロジェクトとの間には親和性がある。したがって、こうしたことを前提にすれば、小規模農家と食料運動活動家のフードシステムを転換しようという努力が、農業の新自由主義を助長する結果に終わる危険を冒すことになる。だが、農業の新自由主義化をその周辺部においてではなく、その「核心的原理の変換」を通じて掘り崩すべきとすれば、こうしたリスクを冒すことも必要となる（Bondi and Laurie 2005, 399）。

オルタナティブ農業に望まれる冒険

　まず第1に、私達は、消費をどう評価するかについて、あえて再考しなければならない。はっきり言っておくが、私たちは、「消費を通じた保全という政治的かつエコロジカルなメッセージ」（Johnston 2008, 233）を支持するものではない。また、オルタナティブ食料運動の多くを席巻してきた「お金による投票」という呪文を素朴に受け入れるべきだということでもない。しかしながら、新自由主義の文脈内におけるオルタナティブ農業の可能性との関わりにおいて保全を進めようとしているのであるから、消費を単なる利己主義的な行為として説明することが全面的に役立つともいえないであろう。消費のような「経済的過程は、経済外的な、文化的で社会的な諸力に対置するのでなく、社会的諸関係の一特殊範疇として理解すべきである」（Zelizer 2010, 367）。仮に、フードシステムに対する消費者の関係を、新自由主義的プロジェクトに対するささやかな異議申し立てを示す方法として、考え直すとするならば、それは探求に値するものと考えられる。

　実際、消費についてバラバラに分裂したプロセスと考えるのは、むしろ、今日の新自由主義の時代に特徴的なことである。こうしたアプローチは、消費を社会的な、関係論的なプロセスとして概念化してきた長い歴史とは明らかに対照的である（Veblen 1912; Bourdieu 1984参照）。個人に焦点を合わせる消費の新自由主義的な見解とは全く対照的に、オルタナティブの消費に関する研究は、消費が、「きわめて社会的で、関係論的であり、そして、私的で微小ないし受動的というより

もむしろ活動的なもの」であることを明らかにしている（Appadurai 1986, 31）。このようにして、消費を本来社会的で集合的なプロセスとして捉えなおすことで、変革的な社会変化における消費の位置について想像をめぐらすことに門戸が開かれる。こうした消費の見方に立てば、私たちはやむをえず、もはや集合的な政治的関心事に対立する消費という推定上の利己主義的な関心事を指定することもない。というのは「交換と価値との関係を作り出すものこそ**政治**である」からである（強調は原著者）。その結果、消費の推進力である需要—消費を動かす—は、「謎に満ちた人間の必要の発露」ないし、純粋に利己主義的な関心事「というよりも、むしろさまざまな社会的な行為と格付けからなる関数」とみなされる（29）。こうした視野から消費を見ていくことは、消費を社会的メッセージの「発信」と「受信」の両方からなるもの—経済的関係を変える力を秘めたもの—として見ていくことを意味する（31）。

　農業セクター内で作用する社会的、経済的諸力を操作する上での消費者の需要の力には限界がある。しかしながら、消費を個人レベルの意思決定とする新自由主義的見解から離れ、消費が持つ本来的社会的性質を認識すれば、真にオルタナティブなフードシステム構築に向けて潜在的力を秘めた道を排除しなくてすむようになる。さらに、消費者・生産者関係が政治的活動の場となりうることを認識することで、「女性の私的消費の役割がどのように国民生活に貢献するのかを見逃すような伝統的な男性本位の市民的行動仮説」（Johnston 2008, 233）を乗り越えることができる。実際のところ、女性は、とくに家族の健康と安全への懸念から、有機食品を購入することが多い（Buchler, Smith, and Lawrence 2010; Connolly and Prothero 2008; Lockie 他 2004）。また、消費者は、スーパーマーケットのレジで支払いをするたびに毎回、新しい農業・経済システムに「一票を投じ」てばかりはいられないが、生産者と消費者が日々の行為を通じていっしょに演じる関係は、新しい農業経済の建築用ブロックとなりうるかもしれない。膨大な数の有力な経済システムが交差する中で、食料消費は本質的に政治性を帯びる。問題は、それが、いかなる政治であり、どこまで進むかである。

　第2に、おそらくはより重要なこととして、私たちが敢えて考慮に入れなければならないのは、変革的な農業の変化をもたらす諸力が、これまでの漸進的な政治運動とは異なる姿を持つかもしれないという可能性である。これらは、オルタ

ナティブ食料運動家によって支持されるローカルな、分散的で、消費に基盤を置く政治の類の限界を意味するが、これまでの政治形態の限界も認識されなければならない。実際のところ、漸進的な政治運動の成功は、大恐慌や第二次世界大戦やその後の戦後ブームといった歴史的、経済的文脈と不可分に結びついた歴史的偶然によるものであり、さらに言えば変則的なものとみなされるべきである。このような巨大な危機、それと関連する労働運動の一時的な拡大、そして第二次世界大戦から生じた巨大な経済成長エンジンが、周知の漸進的な規制政策の出現のために必要とされる類まれな条件を提供したのである（Alperovitz 2011）。

しかしながら、そうした同じ条件はもはや存在しないし、再び出現することもあるまい。ひとつには、現在のグローバルな政府の相互結合により、全面的な経済の崩壊が起こりそうにないということである。今ひとつには、核保有能力があるので、戦後期に見られたような経済成長を生み出すために必要とされる戦争の類がほとんど排除されていることである（Alperovitz 2011）。漸進的変化の時期——今日私たちはこの時期をあらゆる漸進的政治運動のほぼ唯一の基準として用いている——を例外とする考え方は、歴史家がニューディールの改革を始点とする時期について「長期の例外期」（Cowie and Salvatore 2008）と名付けたような代物である。その結果、過去の漸進的な政治運動が膨大な社会的利益をもたらしたものの、その時代の歴史的、社会的、経済的前提条件を欠く今日においては、そうした政策は無効であることがはっきりと立証されるかもしれない。

オルタナティブ農業にとってこれは何を意味するのだろうか。農業者の生活に対する注意深い民族誌的なアプローチが、方法論的に市場の論理を当てはめるのでなく、農家のおかれた条件に即して、営農行為を評価することを必要とするのとちょうど同じように（Pratt 2009）、オルタナティブのフードシステムの可能性に関する考察に際しては、慎重な分析が求められる。多くの人々は、それぞれに支配的経済への関わり方を劇的に変えつつある。すなわち、「彼らは、否応なしに集合的な問題となる事態に私的な対応を行うだけではない。むしろ、彼らは、マクロな（制度的広がりにおける）均衡を生み出し、ひどく均衡を失した経済を是正するために必要とされるミクロ的な（個人レベルの）活動の先駆者である」（Schor 2010, 3）。こうした日々の営みが、国家の新自由主義的な収縮によって引き起こされる空隙を満たすのに役立つ。すなわち、「ローカリズムは防衛陣地を

提供し……。多くの人々が直接の接触や、自分が影響を及ぼすことができると感じられるような状況を切望している」(P. Allen 2004, 169) のである。人々は、消費の仕方を変え、豊かさを評価し直し、そして自らのために、あるいはコミュニティと協力して、ものを作ることによって、こうした状況に対応し始めている (Carfagna 他 2014; Schor 2010; Schor and Thompson 2014)。

　農業は、生産者と消費者が経済関係を作り直し、オルタナティブの経済を構築する最前線の一つにすぎない (Agyeman, McLaren, and Schaefer-Borrego 2013)。エコロジー面での持続可能性と、社会的な一体性及び公正との二つの理由から、シェアをする問題の周辺で圧倒的な牽引力が生じている。新興の、いわゆる「シェア・エコノミー」における大規模企業、とくにUber（ウーバー）〔専用アプリを通じてハイヤーを予約・利用できるスマートホン向けのサービス。また、そのサービスを提供する米国の企業〕やAirBnB（エアビーアンドビー）〔一般人が空き部屋・アパートを旅行者に有料で貸し出す「民泊」の代表的な仲介サイト〕などのプラットホームが大きな注目を浴びている。わが国のチェーン・スーパーマーケットの冷凍ケースに並ぶ有機商品と全く同様に、こうしたプラットホームについては「オルタナティブ」の要素がほとんどないのではないか。しかしながら、多数の、小規模な、非営利的な、草の根のイニシアチブこそ、ずっとオルタナティブな市場関係を生み出す試みを象徴している。すなわち、すべての労働がそれに要する時間を物差しとして等しく評価されるタイムバンク（timebank）が新たな人気を博しているし、フード・スワップ〔自家製の食品を交換し合うイベント〕のような新規のイニシアチブにより、人々が金銭経済を通さずに、自分が栽培したり、飼育したり、作ったりした品物と1対1の交換比率で物々交換できるようになるのだ (Schor and Fitzmaurice 2015)。物資へのアクセスについては、政府やコミュニティに根ざしたより公共性の強いシェアリングもまた、支配的な市場への依存に代わる新たな選択肢を提供している (Agyeman, McLaren, and Schaefer-Borrego 2013)。これらのような変化は、農業のみならず、もっと広い経済に関わるより持続可能性の高い未来像、経済学者のジュリエット・ショアが「プレンティテュード（充実）」(Schor 2010) と呼ぶモデルを生み出すのである。

　持続可能性に対するプレンティテュードのアプローチは、労働時間の向かう方

向を支配的経済から転換し、自給を助長し、(掘られたばかりのニンジンを賞味するという単純な快楽のような)物質界の経験を評価し、そしてコミュニティに投資することを求めるであろう。今日では、持続可能性に対するかつてなく大規模な社会的取り組みにともない、私たちは、オルタナティブを追求するに当たって必須の方法を形成する新たな一連の経済的条件、すなわち、「価格低下による経済の停滞、あるいはコスト上昇と被害の増大を随伴する成長という事態に直面している」(Schor 2010, 20)。支配的経済の中にいる人々の多くは、自分たちが、現状を維持するだけのために、一見したところかつてない長時間の労働に従事していることに気づいている。これらの働きすぎのアメリカ人にとって、プレンティテュードは、消費ニーズを満たすために稼ぎを増やす際に要するよりも、むしろ自給を通じたほうが、より多くの時間を手にし、社会的結びつきを深める方法を提供する。同時に、労働市場の成長が遅いことが、無数の他の人々を失業ないし不完全就業の状態に放置し続ける。これらの半失業のアメリカ人にとって、新興のオルタナティブ経済の中での新たな経済的機会を通じた自給は、支配的な経済——財政危機と気候変動によるエコロジー圧力の増大というふたつの要因で破綻した——がもはや持続的に供給できなくなった重要な物質的、社会的資源を提供することになる。

　より持続可能性の高い経済システムの構築運動を守り、ずっとオルタナティブ性の高い生産と消費の関係をつくりあげるうえでも、フードシステムは最も重要な位置を占める(Schor and Thompson 2014)。これまでの諸章で語られてきたようなニューイングランドの小規模農家は、すでに、事業、ライフスタイル、土地、そして消費者との間に、プレンティテュード・モデルに通じるようなマッチングをつくりだしつつある。彼らは、経済的な差し引き計算を超えたオルタナティブな価値の源泉を生み出し、そして支配的なフードシステムによって育まれてきたものとは大きく異なる、生産と消費との新しい経済的関係を生み出す純粋な運動を代表する。小規模農場におけるこうした小規模な抵抗が集まって大規模な変化を形成できることこそ、私たちの希望である。しかしながら、こうした事態が出現するためには、このオルタナティブ農業運動における生産者と消費者の双方が、お互いの関係や土地との関係、そして広範なコミュニティとの関係を深めるためにいっそう努力する必要があるかもしれない。以下の諸節では、ここでの文

脈においてオルタナティブ農業に向けた最も突出した実践的挑戦の一部を浮き立たせ、持続可能な小規模農場の成功に役立つと思われるいくつかの提案を行いたい。

新しい農業の展望――再帰性的ローカリズム

　いくつかの分野で、農業の新自由主義化と有機の慣行化を特徴とする時代にあっても、オルタナティブ農業を純粋に企てることが依然として可能であるという兆候が見られる。私たちは、どのような場所に現代的なオルタナティブ農業の構築機会があるのかを考えるのであるから、小規模農場の成功に役立つと思われる提案を示すに先立って、オルタナティブ食料運動が間違いなく直面する課題を理解することから始めよう。CSAは自動的に食料関連のコミュニティを生み出すものではない。小規模農場の圧倒的部分は、破綻を免れようともがいている生産者によって経営されている。ローカルな食料ネットワークであれば、当然に社会的にも環境的にも持続可能であるとみなされるわけでない。そして最後に、本物のフードシステムのオルタナティブな選択肢を提供しようとする農場や農家は、常に水で割った企業的形態のものに荷造りし直されるリスクにおかれている。現代的な真にオルタナティブな農業を進めるためには、こうした現実に立ち向かわなければならない。本書で描き出された農場や農家の成功は、ローカルな小規模農場やCSAには持続可能なオルタナティブのフードシステムを提供することが可能であり、実際にそれが動いていることを実証しているが、彼らが直面する課題は小さなものではない。

　第1に、私たちは、小規模な有機農場は、真のコミュニティを建設し、CSAモデルの活用によって消費者の政治的関心を引くことができると信じるが、この点についてCSAでは不十分なことが少なくない。CSAモデルの特徴は、真にオルタナティブなフードシステムの中心に据われるようなコミュニティの創出においては評価できないところにある。なるほど、ある素晴らしい研究によれば、CSAへの参加によって、つまりオルタナティブの交換関係への関わりを強めるにつれて、人々は態度を変化させていく（Thompson and Coskuner-Balli 2007a; Thompson and Press 2014）。

　ときには、週に一度の食料配送袋ないし配送箱が来るという――CSAの構造だ

けでも、より結びつきの深い消費形態を採用し始めるには十分である。というのは、会員たちは、好みに合わないものを他の人に分けあったり、休暇で町を離れるときには、割当分をすべて隣人や家族や友人に提供するからである。トムソンとコスクナー・バリが指摘するように、「これらのシェアリング形態は取るに足らないもののように思われるかもしれないが、一つの比較ポイントとして、通常のベースで、消費者が食料品店で買いすぎて、隣人や知人にタダで配るような生活を考えてみよう」(Thompson and Coskuner-Balli 2007a, 142)。もっと根本的なこととして、消費者はイデオロギー的に参加することを通じて、「率先して、共通したイデオロギー的見地及び目標システムと結びついた社会的ネットワークへ統合されるのであって、逆に言えば、その構成員たちは当該のコミュニティとその核心的価値観に対して永続的な肩入れ意識を抱くようになる」(148)と主張されている。この場合、「コミュニティ」は相互に向き合った関係によるものではない。しかしながら、こうした想像上のコミュニティは、政治的意義のないものとかとるにたらぬものとかでは決してない。むしろ、想像上のコミュニティこそ国民的アイデンティティの中心にあるものであり、これらの消費コミュニティは潜在的に真の変革力を持つのである。

　しかしながら、シーニックビュー農園の説明で見たように、ジョンとケイティはコミュニティを育みたいと考えているけれども、それは捕まえどころのないものと思われることが少なくない。農場の労働者のコミュニティとCSAの分配分の荷造りを手伝うボランティアの少グループを別にすると、CSA構成員の大半は、野菜を手にして帰る前に、ほんの一言二言冗談を交わすだけのことだ。同様に、ラウラ・デリンドが、「現実は、善意で作られたディズニー風の夢の泡を弾けさせていく傾向をもつ」と批評しながら報告しているように(DeLind 2003, 198)、調査結果によれば、CSAの構成員たちは、最初の収穫シーズン以前の方が、CSAに積極的に参加したいとか、役に立ちたいという傾向が強いのである。さらに、CSAは、収穫期だけに役にたってほしいだけであるから、農家が引き受ける労苦に匹敵する力をCSA会員が農場に注ぐ理由はかなり小さくなる。その結果として、デリンドは、会員の献身を「臨時的できわめて任意性の強い」ものとして特徴づけ、ミシガン、オハイオ、インディアナの各州で調査した35のCSAのうち25については、作業に参加する会員がまったくいなかったとしている

(ibid.)。こうした困難を前提においてみると、ローカルフードをコミュニティと同一したり、CSAが自動的にそのCSAという名称にふさわしいコミュニティを生み出すものと想定したりすることはできない。

　こうした見方は明らかに有望である。社会的でなく経済的関係において成功する農業システムにおいて、想像上のコミュニティに対するイデオロギー的献身までも生み出すことのできるCSAの力は、極めて重要である。CSAモデルの中心にあるコミュニティに焦点を合わせてみると、「私達はこの点でみんないっしょだ」という意味を超えた深い、コミュニティ契約の深さに期待する理由がある。しかしながら、関係する生産者と消費者との顔の見えるコミュニティを気づかなければならないのであって、それには時間と努力を要する。残念ながら、働き過ぎの農業者によって運営される小規模な有機農場では時間が不足していることが多く、またこうした農家は、すでにアメリカのフードシステムの改革には大きすぎる労苦を捧げてきている。

　小規模農場での経営に関わる膨大な量の作業のための時間を確保することが困難なことが、真のオルタナティブ農業に捧げられるオルタナティブ食料運動が突きつけられている第二の課題につながる。CSAのような事業は──シーニックビューなどの小規模農場にみられるように──多くの小規模農家の生き残りを助けてきたのだが、小規模農家の多くは今なお苦闘している。消費者への直売は、これらの農場の事業継続の助けとなってきたが、今なお繁盛しているとは言えない。前章で論じたように、ジョンやケイティなど調査中に会った農家は、持続可能な事業を生み出す方法は見い出したものの、アメリカン・ドリームの中心に位置する個人的な安心や社会的持続可能性を享受する方法は見いだしてはいない。オルタナティブ農業運動が真にオルタナティブであるべきものとすれば、小規模農業経営が確実に割に合うものとなるように支援するには創造的な工夫が必要である。ジョンとケイティのように勤勉に働く無数の人々にとって、環境的、経済的、社会的に持続可能なやり方で農業を営むことがむずかし過ぎてはならないのである。

　フードシステムにおいてオルタナティブ農業に降りかかる第3の課題には、公正という問題が含まれる。食料生産のローカル化は、生産と消費との不平等性を視野に入れることによって、公正の問題に取り組むうえで大きな力を秘めているが、ローカルな食料運動はしばしば公正と公平の問題を無視するという罪を犯し

てきた（P. Allen 2004; Harrison 2011; P. Allen and Sachs 1993）。オルタナティブ食料運動が公正の問題に取り組む場合でも、食料へのアクセス権や都市の食料保障の問題をめぐるもので、農業労働者の雇用条件の問題ではなかった。そして、有機が「単にもうひとつの農業手法」（Warner 2006, 2）にとどまる限り、これらの問題は農薬を使わない農場で働き口を見出すことのできない農業労働者にとっての深刻な不公正の問題にとどまるであろう（Harrison 2011; P. Allen 1993 も参照）。しかしながら、調査結果によれば、アメリカの消費者は、農業労働者にまともな生活賃金が支払われ、安全な労働環境で働いていることの証明付きの食料にならば、割増代金を支払う意思がある、そして有機農産物の消費者は割増分の上積みさえ辞さない（Howard and Allen 2008）。

　ローカル化する食料生産は公正の問題を目に見えるようにする上で大きな潜在力を持つが、これらの新たな解決法の枠外に残される問題にとって危険な事態もある。CASの事業は、有機認証や無農薬の記載を通じて、有機の技術以外に、環境的な持続可能性を宣伝することが少なくないが、社会的に持続可能な労働条件をどれほどの頻度で宣伝しているだろうか。シーニックビュー農園について見てきたように、多くの小規模農場は、安全な―さらには快適な―労働条件で良質の作物を供給することができる。しかしながら、公正の問題がオルタナティブ農業の中心に据えられるようになるまでは、社会的に公正なオルタナティブの確保には程遠い。

　環境的な持続可能性が頻繁に叫ばれるにもかかわらず、この問題でもオルタナティブ食料運動は、課題を突きつけられている。ローカル食料運動の持続可能性の主張は、「フードマイレージ」論に依拠することが多い。たとえば、カリフォルニア州から東海岸への一人分の巻きが堅いレタスの出荷には、レタスが提供できるカロリーの36倍分の化石燃料を使用する（McKibben 2007, 65）。こうした輸送はまさにエネルギー浪費であり、ローカル・フードシステムなら確実にそうした浪費を減らすことができる。しかしながら、食料の持続可能性となると、規模の経済が問題となるかもしれないし、野菜のシエア分を引き取るために農場まで（とくに都市部や郊外から）車で出かけることがエネルギー効率では最良のアプローチではないかもしれない。実際には、マシュー・マリオラが主張するように、「持続可能なエネルギー利用の観点から見ると、農業直売はお手上げの状態にある。

一方で、食料は、カリフォルニア州から何千マイルという移動はともかくとしても、農場からファーマーズマーケットまでの20〜50マイルに比べて、生産地から購入地までせいぜい1マイルしか移動しないかもしれない。他方で、消費者は、わずかひとつかみの作物を購入するために農場まで移動するというきわめてエネルギー消費の大きい行為が求められるのであって……これこそ、農場での単品購入が食料品店でのいろんなものの一部として購入する場合に比べて、一品目当たりエネルギー消費ではるかに大きくなる原因である」(Mariola 2008, 195)。典型的な「フードマイレージ」のロジックの劇的な逆説という点で、調査結果によると、りんごや子羊肉や牛乳といったかなりの農産物については、それらをニュージーランドで生産しイギリスへ輸送するほうが、国内生産するよりも炭素消費量が少ないとされている (Saunders, Barber, and Taylor 2006; Hess 2009も参照)。これは、ローカル・フードシステムが環境的な持続可能性を高めるように工夫できないというのではない。むしろ、CSAが石油経済に大きく依存しているという事実こそ、改善に取り組むべき理由が十分にあるということだろう。

　最後に、シーニックビュー農園の事例が代表するのは——合衆国のいたる所にある無数の同様の農場とともに——、小規模なローカル化した有機生産システムは、アグリビジネスの型にはまった食料生産アプローチに対する、真の、そして可能性を秘めた効果的な選択肢であるということだ。有機食品運動の歴史を見ると、常に反対者に取り込まれる脅威が存在したことがわかる。本書がスタートしたのは、75年を超える歩みの間に、有機が農業の周辺部からホールフーズやウォルマートといったスーパーマーケットの陳列棚に並ぶまでになったその拡大や大いなる変化を説明することであった。

　ウォルマートのような在来型の小売大企業が有機事業に参入するとともに、ホールフーズはローカルな農家の作物に力を入れ始めた (Ness 2006)。今では、ウォルマートでさえも小規模農家からの仕入れを目的とする事業を始めている。ウォルマートが立ち上げた「ヘリテージ農業事業」は、配送センターから日帰りドライブ圏内の農家に、同社の仕入れ向け農産物を持ち込めるようにするものである。2010年の時点では、この事業への参加者からの仕入れはウォルマートの食品のうちわずか4〜6％にとどまるが、同社は、商品全体の20％まで比率を高めたいとしている (ibid.)。先に、私たちは、信頼できる食生活の模範としての「ロー

カルな」食料に向かう動きは、有機食品のスーパーマーケット商品化への対応と見られると報告したが、ローカル食品はほとんど批判されていないように見受けられる。むしろ、マルクーゼの著作に対する私たちの上記のような批判に呼応して、「通俗文化の流動化が起こるが、それは、『文化的価値観』の否定と拒絶を通じたものではなく、既成秩序への大規模な組み込みを通じたものであり、『文化的価値観』を再生産し、大々的に掲げることを通して行われている」（Marcuse 1964, 57）。工業化された農業に対抗する「オルタナティブ」として生き残るオルタナティブ農業運動の力を脅かす最大の脅威は、従来型フードシステムがおこなう―シーニックビューのケイティとジョンのような人々によって示された農業の持続可能性を高めようとすることなく―そうしたメッセージを模写しつつ、威嚇行為を差し控えることにあるのかもしれない。

　したがって、現代のフードシステムに関する解決策を思い浮かべようとするとき、問題は、オルタナティブ農業は、自らの「オルタナティブ性」の切れ味を保つために、動く標的となる必要があるということである。従来型のアグリビジネスとアグロインダストリーと有機の複合体は、オルタナティブなフードシステムによって切り開かれる変化に不断に対応し、オルタナティブのシンボルを取り込み、それらを大規模に模写していく。その結果、ホールフーズの内実は、次第にファーマーズマーケットに似てくる。すなわち、今や同社は、商品の横の掲示板に農業者の笑顔を載せることまでする。そして、ウォルマートなどの従来型小売店が大きく遅れを取っていると見るべきではない。この取り込み現象は、オルタナティブ食料運動への挑戦である。というのは、主流勢力に対するオルタナティブを構成するものの象徴が、自らが異議申し立てしようとしている農業システムとの連携を強めることを通じて、骨抜きにされていくからである。しかしながら、企業による取り込みという攻撃が私たちに強いるのは、**いっそうオルタナティブ的性格の強い解答**に向けて進むことである。現代の農業の社会的、環境的、経済的な持続可能性の深化を探求する―有機であることが意味するものを動く標的として堅持しながら―なかで可能性の限界を創造的に拡張することによって、ローカルな農場とローカルなコミュニティは、オルタナティブ・フードシステム創出のために役立つことができるし、現にそうしているのである。

農業変革の先駆者―動く標的としての有機農業

　シーニックビューのような農場では全国で、オルタナティブ農業は難題に直面している。それにもかかわらず、私たちの確信は、取り込み傾向がオルタナティブ食料運動の先駆者に大きな好機を提供できるということである。仮にアグリビジネスと工業化された有機が動く標的であるとすると、オルタナティブ食料運動もまた同様のものであるにちがいない。マイケル・ベルの主張するところは、持続可能な農業は、単に工業化されたフードシステムのもっとも始末の悪い傾向からの回復だけでなく、「農業の新たな洗練に関わるものでなければならない。そして、それは、農業のあり方と農業の可能性という新たな意義、および人のあり方と人の可能性という新たな意義のふたつをも意味する」(Bell 2004, 203)。ローカルな小規模農家がイノベーションを開発し、企業的フードシステムがそれらのイノベーションを盗用するなかで、フードシステム全体を前進させることができる。しかしながら、オルタナティブ農業は、効力を失わないようにするためにはフードシステムの限界点を押し出し続け、その「オルタナティブとしての性質」を確実に保たなければならない。本書で注目したような―日々の暮らしや実践においてオルタナティブであることから降りかかる難題に挑む―小規模農家は、農業をより持続可能にする進路を取らなければならない。これらの農家は、すでに現代における真にオルタナティブな農業の可能性を実証するものであるが、彼らが直面する難題と生き残りをかけた苦闘を見ると、彼らの奮闘に対するいっそうの支持と投資が必要なことがわかる。したがって、私たちは、ますますオルタナティブでよく考えられたローカル・フードシステムの構築に焦点を合わせる必要がある。これらの難題を考慮に入れて、いくつかの提案を行う。

　まず第1に、消費者をローカルフードに結びつける上で、CSAは有益なツールとなりうるが、生産者＝消費者関係を根本的に転換するには不十分であり、したがって、このオルタナティブの農業ツールを前進させるには、CSAの「ブラックボックス」を開ける必要がある。言い換えれば、私達は、CSAのことを、オルタナティブ農業の終点でなく、ただの出発点と考え、その形状を考え直すことができるようにする必要がある。大半の農業者はCSAを生き残りをかけた事業戦略のひとつと考え、他方、消費者の多くは、食料購入戦略（新規の付加価値付

きのものであるが)のひとつとみなす。残念ながら、これらふたつのCSA理解では、コミュニティを考慮する余地がほとんどない。農家も消費者も、持続可能なコミュニティづくりを優先するような形でCSAモデルを作り直し、それをコミュニティに支えられたコミュニティ農業モデルにしようと考えることができる。マイケル・ベルが示唆するように、「私たちが農業の意味を思い返そうとすると、農場のイメージのおかげで、彼方に置き忘れてきたものという思いに浸りやすい」。彼は、そうする代わりに、ジョンやケイティと全く同様に、真にオルタナティブな農業ビジョンとして「菜園」のイメージを描くよう提案し、「耕作は……長い間農業従事者とみなしてきた人々のためにある仕事ではない。それは農業者だけの仕事ではない。一人ひとりみんなの仕事だ」(Bell 2004, 248)と主張する。コミュニティ・ガーデンに関する調査結果は、こうした活動が、市民運動の場の役割を果たすことができ、そして公共空間の拡大やローカルの環境面での生活の質の改善、地域の食料保障の増進を助長することになることを示している (Nettle 2014)。多くのコミュニティは、少数の農家によるコミュニティの支持に頼るよりも、自らを支えるために協力しあうことができるだろう。その場合、農家の関与が微妙に異なり、より積極的なやり方であるのはもちろんのことである。

　CSAのブラックボックスを開けて、CSAモデルの新しい方向を評価すれば、何を農場とみなすかについてさえ再考を迫られるかもしれない。コミュニティによって支えられるコミュニテイ農業があるとすれば、それは、玄関先の芝生や市街地の建物の屋上、さらにはバルコニーのパッチワークから形成される街なかの菜園や農場でこそ発生するであろう。いずれにせよ、こうしたアプローチの中心となるコミュニティとともに、農場は思慮深いローカリズムの拡大ネットワークの重要な構成要素という役割を演じるかもしれない。毎週、あるいは隔週の隣人たちの集い(当然、子供にも大人にも合った音楽や飲み物が供される)が、農作業をやりきるとか、現在のCSAモデルでは非常に多くの場合に欠けている顔の見える類のコミュニティを築くとかに利用できるかもしれない。いっしょに作業すれば、コミュニティが秋季缶詰パーティを開催し、CSAが単なる季節的に参加するものにとどまるのを防ぐのに役立てることさえできよう。どのようなアプローチであれ、自分たち向けにローカル食料を生産する—単に消費するだけでなく—人々の数の増大に新たに焦点を合わせることによって、有意義なコミュニ

ティを築き、食料をめぐる生産者＝消費者関係を転換するのに、ローカル食料運動は役に立つかもしれない。

　ちょうどジョンやケイティやその他話すことができた労働者たちのように、多くの消費者もまた働きすぎである。私たちがこれまでも指摘してきたのは、オルタナティブのフードシステム構築を求めることはこうした消費者にとって理に合わないし、不当な負担が女性のうえに降りかかる――とうていオルタナティブな社会関係の組み合わせとなりえない――恐れがあるという懸念である（Johnston and Szabo 2011; Sandilands 1993）。それでもなお、提案したいのは、小規模農家からオルタナティブ農産物の消費者に労働搾取を外注すべきだということではない。CSA事業などのローカル食料運動は、スーパーマーケットの商品通路で平日の夜に騒々しく繰り広げられる事態に比べて、生産者と消費者の距離を大幅に縮めるような経済的なマッチングを既に象徴するものとなっている。しかしながら、プレンティテュードの概念を取り入れることは、多くのオルタナティブ食料運動の交換関係が再生産し続けている生産と消費の分裂を深刻化させる――さらに根本の変換を招く――かもしれない。

　真に持続可能な食料の生産に参加することが当たり前になれば、それは、アメリカの多数の長時間雇われている労働者にとって、社会的関係を結ぶ機会を深化させ、環境やフードシステムへの有意義な愛着をもたらし、現金収入を相応の形のある物的資源に置き換えるような、時間の再配分を意味するであろう。さらに、支配的な経済のなかで仕事の奪い合いをしている人々にとって、生産労働の機会をもたらす農業システムの確立は、食料主権に関わる決定的に重要な手段となるであろう。シーニックビューでは、CSAのシェア分をパッケージするボランティアの一人は不完全就業の母親だった。彼女は、家から外出して他のボランティアとの関係を楽しむにとどまらず、毎週、作業の手伝いとの交換でバッグ一杯分の生鮮野菜を持ち帰ることもできた。

　多くの研究者が絶えず問題にしてきたのは、そうしたフードシステムでは、消費者の会員資格が、通常の買い物客に対して社会的、エコロジー的問題という途方もなく大きな負荷を掛けていることであったが、他方で、他の研究者がスポットライトを当ててきたのは、経済の不安定に苦しむ多くの地域が、支配的な持続不可能な経済に対するオルタナティブを開発しようと取り組む際によく見られる

やり方についてであった。これらのオルタナティブのシステムは、相互交換と共同生産と自給を基本に据えるものである（Gowan and Slocum 2014; McEntee 2011）。その結果、「お金の節約を目的として、ローカルでの栽培、生産や物々交換……が個人にもたらす経済的便益を強調することは、利用しやすく、そしてそれ故に社会的に公正なフードシステムに対する支持を集めるうえできわめて効果的であろう」（McEntee 2011, 253）。ますますグローバル化し、遠方の市場で決まる農産物価格が深刻な影響をローカルに及ぼすようなフードシステムでは、食料生産へのコミュニティの投資が、食料資源のローカルでの制御やアクセスを取り戻す助けとなるかもしれない（W. Allen 2013）。確かに、労働市場に含まれないこの種の自由な労働への従事は、広範な経済によって多かれ少なかれ特権を付与される人々にとっては、必ずや全く別のことを意味するかもしれない。しかしながら、社会的結びつきがずっと深い互恵的な食料関連の交換関係の樹立は、多くの理由により、そうしたフードシステムの中に置かれた多くの人々にとって、大きな持続可能性を提供することができるはずである。

　第2に、CSAは小規模農家の生き残りを支援してきたが、今なお全国で、シーニックビューで出会ったような農家が苦闘を続けている。「農場から学校へプログラム」（farm-to-school programs）が大流行しているが、おそらく逆のこと、つまり学校から農場へ運動についての検討がもっと真剣になされてよい。大学は、人的資本、社会資本、そして経済的資本といった資本の宝庫である。ところが、農家は、労働コストを含むコストを考慮して持続可能な所得を形成するのに四苦八苦している。大学が持続可能性を備えた農場に研修生を供給——単位履修のための労働提供——し、生産コスト削減を支援しながら、学生に真の持続可能性に関して生じる難問に対する実践的な洞察力を身につけさせることができるかもしれない。さらに大学は農産物の大消費者である。食堂での地場産品使用を強調するだけでなく、大学の基本財産を**コミュニティに投資させ**——あやふやな金銭による「投票」ではなく、もっと目的限定的な支援によって、もっとしっかりしたフードシステムの建設を支援できるであろう。

　第3に、オルタナティブ・フードシステムが真にオルタナティブなものとなるべきだとすれば、公正の問題に取り組むことが決定的に重要である。この点では、再帰性がとくに有益であろうが、これはレジでの勘定に限定できるものではない。

むしろ、公正の問題への関与は、フードシステムのすべての段階にわたって必要とされる。この運動に参加する消費者は、環境的な持続可能性と品質という極めて典型的な関心に加えて、自らの購買決定時に農場での労働条件への関心を働かせなければならない。農家もまた、公正の問題を真剣に取り上げなければならない。「農業の心臓部で起こっている慢性的な経済的不安定」が、しばしば「今日の多くの小規模農場の利潤は直ちに労働者の低賃金によるものだ」ということを意味するという事実を見れば（Gray 2013, 149）、このことは、とくに小規模農家において難しいであろう。しかしながら、多くのローカルの農家――コストが高くても――自分の労働者に対して社会的、経済的に見て持続可能な雇用でありたいと強く希望している。マーガレット・グレイの『労働とロカヴォア』（"Labor and the Locavore" 2013）〔ロカヴォアとは地元産食品だけを食べる人〕という著書では、彼女がハドソンバレーで話した幾人かの農家は、ローカル・フードシステムにおける労働慣行の改善の必要性を訴えたという。シーニックビューという小規模な有機農家が、従業員が作業後の雑談まで含めて農場で快適に過ごせるように、労働者の処遇を改善したことは、既に見たとおりである。ジェリーは、搾取されるどころか、ジョンとケイティの優しさと寛大さを自分のほうが利用することが少なくなかったとしている。しかしながら、水面下での小規模農家における労働慣行は、消費者の買ったものの一部ではなかった。

　現実は、持続可能な農業運動に携わる多くの農家が――その片われである慣行農法の農家と同様に――、経営破綻を免れるために往々にして自己労働を搾取せざるをえないのであって（Pilgeram 2011）、これこそシーニックビューの暮らしで繰り返し経験されていることである。そして、多くは、慣行農法農家と同様に、収益性を確保しようと持続困難な労働に陥っていくのだ。しかしながら、いずれの形態の搾取にせよ、ロマンチックなものとして描かれる家族農業の歴史に訴えることで、小規模農家支持者には軽視される傾向がある（Gray 2013）。このためには、オルタナティブ食料運動がもっと強く主張すべきは、「有機」といった食品ラベルが社会的、エコロジー的な生産条件を反映していること、そしてオルタナティブな農家に求められるのは自分の労働について消費者教育が必要だということである。

　農業の公正化プロジェクト（Agricultural Justice Project）や国内フェアトレー

ド協会（Domestic Fair Trade Association）、公正食料運動（Equitable Food Initiative）など、いくつかの組織は、フードシステム関係労働者の権利を守る生産者に証明書を発行している。そして、アメリカの多くの消費者はすでに、有機ラベルの範囲を超える社会的、経済的問題に取り組むラベル表示事業への関心、および単なる無農薬にとどまらず、アメリカの農業者と農業労働者が社会的、経済的に持続可能な条件で働いているという保証がなされれば、割増代金を喜んで払おうとの意思を表示している（Howard and Allen 2008, 2010）。こうした関心は、すでにフェアトレード・ラベルのなかに表現されているが、それは、グローバル規模で見た南の国々の農家と農業労働者に対して社会的に持続可能な水準の支払いを保証するものである。有機農業が、工業化された食料生産システムという失敗作に対する真のオルタナティブを意味すべきものであれば、社会的に持続できないやり方は——国内でも海外でも——是正されなければならない。「認証付き有機農産物は、圃場での『許容できる』物資の分類システムという点ではひとつの生産基準であるが、……もし関係者がフェアトレードの効果を［オルタナティブなフード・ネットワークの］統一原理だと確信できるなら、工業化された有機農業では得られない社会的持続可能性の証明を提供できるであろう」（Duram and Mead 2013）。

　こうした運動の他、コミュニティのレベルで、公正の問題に関する再帰性が起こることが必要である。ローカル・フードシステムで鍛えられる類の経済関係は、すでに、工業的規模の農業が提供できる以上に社会的結合の強いフードシステムを奨励するように設計されている。現在は、人々を、食料の季節性などの物質的品質に結びつけるために、そして食料をその供給事業に結びつけるために、この種の結合が利用されている。しかしながら、こうした生産＝消費関係の深化した形態は、農業労働者の持続可能で公正な処遇が、ローカルな食料生産者の支持者が受け入れるものの一部に含められるように、人々をローカルの農場での労働に人々を結びつける際に、ちょうど同じくらい容易に利用できるかもしれない。小規模農業経営の持続可能性と生存力の観点からグレイが指摘している。「持続可能な仕事をめぐって再編された農業から得られる便益と、改善された労働がセールスポイントとしてどれほど売り込めるかについて考えてみよ。ちょうどホールフーズが採用した、食肉用家畜がどのように扱われるかを示すポイント制と同じ

ように、小規模農家もまた、消費者に食品コストを説明する際に、労働者に提供する便益を宣伝すればよいのだ。」(Gray 2013, 149)。私たちが期待しているのは、ローカルの小規模農家が既に消費者との間でつくりあげているマッチングが、そうした関係を現実のものにするために容易に深められることである。

労働の保護は、コミュニティに支えられるコミュニティ農業事業、及びそうしたフードシステムとの制度的提携に関する先におこなった二つの提案によっても促進できるかもしれない。コミュニティに支えられるコミュニティ農業は、明確な社会的公正命令によって発展させられるし、他方、大学生と農場との公的、準公的提携が、農業労働者にとって安全で公正な条件の確立に制度的な力になるかもしれない。この種の奥行きのある持続可能性—「共通の環境や生活機会に関わる公正を保証する」(IFOAM 2013) 人間的な関係の必要性を認める—こそ、歴史的な有機農業運動の核心をなす。ジョンやケイティのような農家の仕事が、社会的に持続可能でゆるぎないものとなるよう—単に有毒な農薬や合成肥料を使わないだけでなく—保証すべきと考えるなら、現在の有機食品システムの参加者は、今こそ新たなやり方でこうした事業に取り組まなければならない。工業化された農業システムに対するオルタナティブを追求しながら、経営の存続のために自己労働や他者の労働を搾取するよう圧迫された状態では—、農家は重荷を背負い続けることができないのだ。

第4に、オルタナティブ・フードシステムが、真にオルタナティブであるとすれば、もっと強力な形でエコロジー的な持続可能性の課題に取り組まなければならない。ローカル・フードシステムは、フードマイレージの問題を解決できる。しかしながら、ローカル・フードシステムに関わるフードマイレージ全体を見れば、きわめて大きな非効率があることがわかる。オルタナティブ農業の射程に限界を画する諸問題を解くには、今一度、CSAやファーマーズマーケットやファームスタンドのブラックボックスを開けて、コミュニティ=消費者の役割を検討する必要がある。これらはみな、とくに都市住民が遠方の農場まで自動車で出かけると考えれば、追加マイレージを生み出す恐れがある。問題は克服できないものではない。一つの解決法は、CSAの引渡しポイントを従来の食品小売店に配置することである。ほとんどの人は、全面的にCSA産品に頼って暮らしているわけではないので、自動車で農場までシェアを取りに行くと、化石燃料に依存した

食料輸送を追加するのと同然である。CSAのシェアの配達を主に標準的なスーパーマーケットに指定すれば、利用者は、引き続きCSA農場を支援しながら、ワン・ストップ・ショッピングを実現できる。別の方法として、都市郊外の利用者に対して、1回の配達でシェアを受け取れるように求めることで、エネルギー効率の最も良いルートを使いながらトラック1台ですべてのシェアを配送できるようにすることもできよう。知識豊富な大学生が、エネルギー効率の良いCSA配送ルートを作成して確定する「環境に優しいCSA引渡し」用スマートホン・アプリを開発することは難しいことではなかろう。

　ローカル・フードシステムのエネルギー問題の解決には、連邦レベルと地方自治体レベルの双方での国家助成も必要であろう。エコロジー的に健全なフードシステムを構築するうえで、小規模農場にエネルギー効率を高めるためのインフラストラクチャを装備させる運動を通じて連邦補助金を獲得したり、要請にうまく対応できるローカル・フードシステム・モデルを創出するために土地付与研究基金（land grant research funds）を取得したりすることが、たいへん重要である。地方自治体レベルでは、持続可能性の高いフードシステムの支援に真剣に取り組む都市なら、公設市場という旧来型コンセプトに投資することができよう。こうした市場は、CSAシェアやその他の農産物を効率よく都市住民に届けることができ、同時に、従来型のスーパーマーケットよりも民主主義的に責任のもてる食料空間を提供できるであろう。

　私たちが作るフードシステムが真に環境的に持続可能なものとなるとすれば、ローカル農場でのエネルギー等の使用については、食品輸送に限らず、注意深く、かつ創造的な解決法を必要とすることが少なくない。都市農業の先駆者としての司令部に相当するウイリ・アレンの組織であるミルウォーキーのグローイング・パワー[2]は、閉鎖系に近いもので、投入財の必要量の削減と魚養殖と野菜栽培のために創設された。養殖テラピアが生み出す廃棄物は、作物に養分を供給するとともに、トマトやいちご、クレソンの植床によって濾過される。約75名のボランティアが、化石燃料を一切燃料としない設備を用いるシステムを構築したもので、温室の端から端まで掘られた水深3フィートの水槽を必要とする。冬には、養鶏と共用の温室—鶏によって生み出される熱だけで温室を暖かく保てる—で、ほうれん草を栽培することができる。また、農場は、食品廃棄物からメタンを作

る嫌気性微生物の発酵槽も使用するが、メタンは熱や電気といったエネルギー生産のために燃やすことができる。アレンは、合衆国では、食品廃棄物や農業廃棄物が全国の20分の1の家庭に動力を供給できる未利用資源のひとつと見なしている。シーニックビューで、農園内のあちこちに労働者や設備を運ぶためにケイティが電動ゴルフ・カートを欲しがっていたことを思い起こしてほしい。だが、さしあたりそれは願望にすぎなかった。トラクターと小型トラックの間では、軽油が燃える匂い（干し草や刈ったばかりの草の匂いではない）がし、野良仕事のずっと後まで衣服からなお何日も消えなかった。あらゆる持続可能な農場が、食べ物と肥料を生み出す水耕栽培システムを開発したり、嫌気性微生物の発酵槽で温室を加温するわけではないが、エコロジー的な持続可能性のためにスマート・エネルギー・ソリューションへの投資が求められよう。

　新たに生まれてくるローカル・フードシステムの非効率性のいくつかは、ずっと根本的なものである。それらは、食べ物に関する私たちの考え方や食べ方に組み込まれている。ジョンやケイティについて見たように、何を植えるべきかの決定は、消費者は何を望んでいるかを中心とするものであるのが少なくなかった。すなわち、消費者はバラエティを望むのであり、トマトを欲しがり、そして自分たちのCSAのシェアにお気に入りの品目がないときには、埋め合わせ用の代替品を欲しがった。そしてたいがいの場合、農場は消費者が望むものを提供してきた。「農場からテーブルへの運動」（farm-to-table movement）を支持する指導的シェフのひとりであるダン・バーバーが次のように指摘するのは、現在、私たちがローカル・フードシステムとするものをめぐって、持続可能でない根本的な何かがあるということである。「農場からテーブルへ運動に参加するシェフたちは、何であれ農家がその日に摘み取ったものを料理の基本に据えるよう主張するかもしれない（そして、自分もそうするので、よくわかっている）が、その日に農家が摘み取るものは、何であれ、実際には何がその日に売れるかという予想に関わるものである。……それは、農家にズッキーニやトマトといった（広い土地や大量の土壌養分を必要とする）作物の栽培、そして主にリブ付きチョップ用に売れるだけの子羊の飼育を迫る。というのは、彼らがそれをやらなければ、シェフや賢明な買い物客でさえ、別の農家から買えばよいだけのことだからである」(Barber 2014, 15)。実際のところ、私たちは一度だけ、環境的に効率的であるこ

とが、消費者が受け取る作物を決める場面に出会った。それは、ローカルの泊まるだけのキャンプ場ではコマツナ―コラード（キャベツの１種）よりも大きな葉っぱをもつアジアの野菜―が提供されたのであるが、それは客に食べさせる栄養のある青物を必要とし、農場としてはごくわずかなスペースや追加資材で生産できるとの理由であった。ローカル・フードシステムがもっと環境的に持続可能なものになるためには、食べ物をどのくらいの距離のところから取り寄せるべきかということだけでなく、農家、シェフ、そして日常的な消費者の食べ物に関する考え方の大きな変化を必要とするであろう。

　最後に、オルタナティブ食料運動は、「オルタナティブ」がアグリビジネスモデル内における、単なる水割りされたニッチ市場に成り下がることのない保証を得るには、オルタナティブの特徴である動く標的という性質を維持すべく奮闘しなければならない。オルタナティブ・モデルをいっそう推し進めていくにつれて、それは、取り込みにあい、薄められるであろうが、さらに深いレベルの持続可能性を作り出しながら、もっと広範に対話を繰り広げていくことができるだろう。これまで見てきたように、シーニックビューのような幾多の小さな農場が、有機農業内で慣行化傾向が広がるにもかかわらず、有機農業運動の動機づけとなった環境にしっかりこだわりながら、注目すべき仕事を成し遂げてきた。

　新自由主義の経済パラダイムは、たしかに運動に大きな打撃を与えた。しかしながら、オルタナティブ・フードシステムを絶えず再生する機会が排除されることはなかった。現代的なオルタナティブ農業を構築するために―コミュニティ、公正、そしてエコロジー的な持続可能性を確保するために―、ジョンとケイティのような農家は、「オルタナティブ」であることを意味するものの境界線を広げていくことが必要であろう。しかし、それはひとりでできることではない。小さな農場は、従来型のフードシステムに対するかつてない新しい形態のオルタナティブを創造するどころか、破綻に陥らないように苦闘している。今日の有機農業は、過去のそれではないし、また、明日の有機農業は今日の姿のままではいられない。成功を勝ち得るためには、安易な解答を求めて、過ぎし運動を模倣することはできない。むしろ、小規模農場が直面する課題に対して、協力による新たな解決策を構築していくことが必要である。すなわち、荒んだ利己主義ではなく、コミュニティに根ざした新しい農業のビジョンを育んでいくことが必要である。

小規模農場が農業システムの境界を押し広げていくことが求められるとすれば、彼らには、彼らとともにそうした境界を押し広げる助けとなるコミュニティが必要だ。

訳注
1）再帰性（reflexivity）とは、「自らの行為に関する情報を、その行為の根拠を検証しなおす材料として活用すること」という社会学者アンソニー・ギデンスによる定義。ここでは、ローカリズムが「これまでの当たり前」であったからという理由だけでは是認されなくなり、その根拠が常に問題視されるようになった状態を指している。
2）「グローイング・パワー」（Growing Power）はウィスコンシン州のミルウォーキーで、元プロ・バスケットボール選手のウィル・アレン（Will Allen）が1993年に設立した都市農場。インターネットのホームページによれば、コミュニティ・フードシステムの構築と持続型農業をめざしたが、経営的に行き詰まり、2017年11月に経営管理委員会が解散を決めた。

**補遺
研究方法とアプローチ**

　有機農家はどのようなやり方で仕事するのか、そして有機農家であることは何を意味するのか、心情や道徳や個人的に有意義な社会的諸関係がどのようにしてこれらを形作っていくのかを理解するには、圃場において彼らといっしょに働くことが決定的に重要であった。市場の関係論的基礎に関するこれまでのすばらしい研究は、民族誌の手法を用いて実施されたのであって、その筆者たちは圃場でさほど多くの時間を費やしてはいない（たとえば、Healy）。しかしながら、私たちは、ごく簡単なこととみなされるかもしれないが、有機農家の仕事とそれに意味を持たせる日々の実践や共感、個人的な交流に関心を抱いていた。したがって、調査は参与観察〔調査者自身が、研究対象とする共同体の生活に参加して行なう現地調査法〕の伝統に従い、調査参加者の「状況への対応」（Goffman 1989）を形作るさまざまな環境と日々の現実のもとに身を置くことになる。私たちの研究は、人々がどのように世界を理解するかは、世界の中で置かれた位置による—形而下的にも隠喩的にも—との理由で（Kusenbach 2003）、研究テーマに「身を任せること」の重要性を強調する民族誌の新たな発展をも反映している。このような視野の広がりと洞察を獲得するために、コノー・フィッツモーリスはシーニックビュー農園で実習生として働いた。有機農場研究への民族誌的アプローチの採用は、さまざまな意味で、言うは易し行うは難しであった。フィッツモーリスは、本書執筆に向けた現地調査の第一段階を2009年に行なった。私たちは、小規模で（どの農場も10エーカー未満）かつ有機農法を採用していると報告されている（認証済みか否かは問わない）12の有機農場に連絡した。私たちは、農場とその関係者（雇い人やCSA会員や農場への訪問者等）に接触する見返りとして、フィッツモーリスが無給でフルタイムで働かせてもらいたいと要請した。私たちが連絡した農場のうち9件は全く応答がなかった。2件は保留の回答をよこしたが、結局は要請を断ってきた。そのうちの1件は認証付きの有機をやめたことが理由であり、もう1件は不払い労働を使用するのに気が進まないとのことであった。しかし、シーニックビューというひとつの農場が、少なくとも当初の

提案を検討してくれた。しかしながら、オーナーであるジョンとケイティは、フィッツモーリスがインタビューの実施の間に農場を「手伝う」つもりなら、実際に役に立つかどうかを試してみたいと提案してきた。

確かに、とっつき問題の部分については、さまざまな方法でフィッツモーリスが詳細に調べ上げていた。既に強調したように、多くのニューイングランド農家と同様に——シーニックビュー農園は、少なくともわが国中の農家や農業労働者に比べて、人種、階級的背景、そして文化資本において相当に恵まれている。一般的には社会学者、とくに民族誌研究者は、社会の主流から取り残された人々の研究については長い歴史を持つ。しかしながら、新しい研究のうねりは、特権的な社会的世界（物理的な境界線とは異なる見えない境界線で区切られた、独自の世界）がいかにして生み出され維持されているのかを解明するために、経済的、社会的、文化的な力を持つ人々の研究が重要だと指摘する。有機農場の分野は、これらの多くの開拓者的な研究の中心に位置する社会的世界に比べて、おそらくずっと地味であろう（Ho 2009; Khan 2012; Mears 2011）。しかしながら、農家は、多くのエシカル・コンシューマー〔エシカル消費とは、買うことで環境や社会問題の解決に貢献できる商品を買い、そうでない商品を買わない消費活動をさす〕の目には英雄的な地位を持つものと受け止められるようになった。たとえば、著名なシェフによってもてはやされたり、白人の独立自営農業の伝統を特別扱いするようなオルタナティブ食料論に登場させられたりするのである（Alkon and McCullen 2011; Carfagna 他 2014; Guthman 2011）。したがって、シーニックビューへの接触は保証されていたわけでなく、簡単に実現できるとみられたわけでもない。

圃場への立ち入りは、フィッツモーリス独自の恵まれた条件のおかげで、簡単だった。白人で、環境研究を背景に持つ大学教育を受けた若者として、彼は、1日圃場作業に従事した後、ジョンやケイティやその他の雇用者によって適格労働者として受け入れられた。2009作付年度の間、彼は参与観察者というよりもむしろ「観察参与者」の役割を担った（Wacquant 2004, 6）。このことは、彼が農場に住み込み、しばしば1日10時間圃場で働き、有機農場に関わるあらゆる仕事に従事したことを意味する。また、鍬の使い方や、葉っぱの大きさを基準としてどのビートが引き抜けるかを判断する方法、注意深いナイフ捌きでレタスの玉を収

穫するやり方、等々を身につけることでもあった。農園の作業がそれほど機械化されてなかった結果として、しばしば労働者がお互いに近くにいて、おかげで彼は作業中にインフォーマルなインタビューを行うことができた。その上、当時この農園で働いていた7人すべてから、1時間から3時間程度のインタビューもおこなった。2009作付年度の後、2010年と2011年にジョンとケイティに非公式のフォローアップ・インタビューを行った。

シーニックビューの民族誌的なケーススタディに加えて、2012年の春と夏には北東部の大都市の、また2012-13年にはその郊外の、7つのファーマーズマーケットで、5ヶ月にわたる参与観察を行った。これらの追加的な観察は、ニューイングランドの農家が顧客との日常的な交換中に自らの農業のやり方をどのように説明するのか調べることを目的としていた。ニューイングランドの農家と農業労働者を対象に、全部で15件のインタビューも行われた。これらの対象はファーマーズマーケットで募集したもので、インタビュー時間は大体において1時間足らずであった。これらのインタビューを通じて、有機認証を受けたものから慣行農業化したものまで多種多様な農場の「有機」の、それぞれの経験を形作る社会的なつながりや道徳的義務感、そして情緒的コミットメントの網について詳しく調査した。この研究は全体として、400時間を超える時間を費やして実行した、現代の農家のいろいろな関係の観察、社会的、道徳的、情緒的交換に関する質問に基づくものである。

有機農家の実践や経済的交換における関係づくりを理解するには、「有機」という言葉の、変化し、歴史的条件に応じて決まる意味合いのなかに、観察結果を位置づけることが同等に重要であった。良好なマッチングは、文化的に利用可能なおなじみの筋書きに訴えることを通じて実現され、共通した価値体系の共有に頼ることが多い（Wherry 2012）。私たちの理論的枠組みを前提に、有機運動のさまざまな歴史的時期から一次資料文書を利用することにした。これらの文書は、どのようなマッチングがこれまでの有機運動を盛んにしたのかに限らず、現代の有機農家が自身の経済生活に付与する意味合いを形成するのはどのようなマッチングであるかまでも、具体的に示すのに役立つ。そのために、私たちは、有機運動に関する歴史の解説のなかで重要な時期ごとに、有力新聞から報道記事（多くはAssociated Press社刊行のもの）とともに、講演録や政府委員会の公聴会議事録、

政府の調査研究報告書、規定文書を集めてまとめた。統計データは、農務省や農務省農産物販売局、農務省農業統計局、有機トレード協会（Organic Trade Association)、マサチューセッツ大学農業エクステンションセンター（University of Massachusetts Extension）、国際有機農業運動連盟（International Federation of Organic Agriculture Movements、IFOAM）など、政府および非政府機関から入手した。これらの一次資料のおかげで、有機運動の歴史的展開のみならず、有機市場の展開を形作る主だった社会的、文化的、道徳的諸力のいくつかまでを示すことができる。

　最後に、私たちはあえて現代の有機農家のすばらしい実践記録を利用した。Leslie Duram、Brian Donahue、Michael Bell、Patricia Allen、Alison Hope AlkonおよびBrad Weiss（本書に登場する人々のごく一部を名を掲げるが）など、研究者の注意深い研究成果は、今日の農家が実際の営農活動においていかなるオルタナティブのアプローチをとっているのかについて、活き活きとした描写を提供している。私たちの調査結果とこれらの研究の調査結果を比較することにより、今日のオルタナティブ農場で行われている関係づくりの重要な役割について理論化することができる。すなわち、それは、今日のオルタナティブ農家の暮らしのなかで、「有機」を成り立たせ、それに意味を付与することである。

監訳者解説

　1980年代に始まるグローバリゼーションのもとで、多国籍アグリビジネス企業が成長して、世界農産物貿易と農業生産への支配を強めるなかで、先進国の農業経営構造は大きな変貌をみせている。

　アメリカでは、遺伝子組み換えに代表されるバイオテクノロジーを武器にした多国籍アグリビジネス企業の支配がもっとも直接的であるだけに、第2次世界大戦直後には500万経営を超えていた農業経営が200万経営そこそこにまで減少している（2011年で217万経営）。そのなかで、一方では農産物販売額が35万ドルを超える経営数ではわずか10％の大型農場による農業生産のたいへんな集積と、他方では販売額35万ドル未満の小規模ファミリーファームの経営危機と離農が顕著である。それに危機感を抱いたアメリカ農務省が『アメリカにおける農場の構造と経営状態』と題するファミリーファーム・レポートを毎年のように刊行して、大規模経営への生産の集積集中に警鐘を鳴らしている。家族小農場がアメリカ農業と農村社会の土台であり、持続的な農村再生には活力のある小農場の存在が不可欠であるとして、農業財政支出をもっと小農場支援に向けるべきだとする提案さえ行っている。その最新のレポート（2014年版）の表で、農業経営構造の現状がよくわかる。

　本書がフィールドワークの対象としたのは、アメリカ北東部ニューイングランドで有機農業に取り組む小規模家族農場である。表では、小規模家族農場層の農業主業農場に分類される経営である。本書が主張するアメリカ農業の主流（有機農業の二極分化にともなって成立している大型有機農場を含む）は、中規模家族農場以上の経営に担われている。

　以上を、理解したうえで、有機農業についてである。

　アメリカ農務省の「全国有機プログラム」（NOP, National Organic Program of 2000）は、1990年公布の「有機食品生産法」（Organic Foods Production Act of 1990）にもとづいて、有機農法や有機食品の生産・加工・流通・販売を規制する法的基準である。法が義務化した有機基準の策定には10年かかっている。2002年に施行されたこの「全国有機プログラム」が規定する有機農業とは、合成

表　アメリカの農場類型別農場（農場数・農産物販売額・農地）2011年

	小規模家族農場				中規模家族農場	大規模家族農場		非家族農場	合計
	リタイア農場	農業非主業農場	農業主業農場			大型	超大型		
			低販売農場	中販売農場					
農場数	353,922	909,872	567,214	118,253	123,009	38,541	3,857	58,175	2,172,843
農場数の比率(%)	16.3	41.9	26.1	5.4	5.7	1.8	0.2	2.7	100.0
販売額の比率(%)	1.5	5.1	6.8	12	24.8	23.7	11.3	14.7	100.0
経営規模（平均）エーカー	68	50	92	427	898	2,035	2,480	143	83
経営規模（中位値）〃	166	145	279	1,022	1,587	3,309	4,927	1,547	415

注）1．小規模家族農場とは販売額35万ドル未満の農場。うちリタイア農場と農業非主業農場の95％は販売額が10万ドル未満。
　　　農業主業農場（経営主が労働時間の半分以上を農業に従事している農場）の低販売農場の90％は販売額が10万ドル未満。中販売農場は15万〜35万ドル
　　　中規模家族農場の販売額は35万〜100万ドル。大規模家族農場のうち大型は100万〜500万ドル、超大型は500万ドル以上（うち1,000万ドル以上が33.4％）。
　　　非家族農場はばらつきが大きく、35万ドル未満が78.0％、100万ドル以上が10.9％。
出所）USDA, Structure and Finances of U. S. Farms: Family Farm Report, 2014 Edition, Dec. 2014, P.11

化学物質（化学肥料と、硫酸銅やマシン油など使用が認可されている農薬以外の農薬）や放射性物質、遺伝子組み換え物質の使用をせずに作物を栽培ないし家畜を飼育することであって、禁止物質を3年以上使用していない場合に有機認証が与えられる。有機認証を受けるには、栽培履歴を初め、必要証明資料の提出や認証機関の定期的な査察が求められる。出荷する農産物に「有機」表示を行うには、この有機認証が必要である。この法律の制定をめぐる経緯や問題については、本書の第2章や第6章に詳しい。

　さて、アメリカでは近年、有機農業が大きく発展している。農業地理の専門家であるJ. C. HudsonとC. R. Laingenの近著（LEXINTON BOOKS 2016年刊、未邦訳）"American Farms, American Food: A Geography of Agriculture and Food Production in the United States"の第9章「有機農場と有機食品」（Organic Farms and Organic Food）を紹介することで、近年のアメリカ有機農業を概観しておきたい。
　「有機農業と有機農産物の需要は、過去25年における合衆国の食料生産におけるもっとも顕著な展開であって、2002年の農務省認証制度発足時の有機農業経営は1万1,998経営であったものが、2012年にはこれが1万4,326経営（全経営の0.67％）になっている（最大時は2007年の1万8,211経営）。有機農産物の販売額

では、2002年の3億9,300万ドルが、2012年には30億ドル（07年から84％の伸びになった。

10エーカー以下の小規模農場は、有機農場では17.5％（慣行農法では10.6％）を占める。有機農場の主流は野菜、果実、酪農分野であって、野菜農場のうち約7％が有機農場、酪農場のうち約5％が有機酪農である。

地域的には、北東部（ニューヨーク州、ペンシルベニア州とニューイングランドの6州、すなわちメーン州、ニューハンプシャー州、ヴァーモント州、マサチューセッツ州、コネティカット州、ロードアイランド州）が、中西部（ウィスコンシン州）、太平洋岸地域（カリフォルニア州、オレゴン州、ワシントン州）とならぶメッカである。ちなみにヴァーモント州では、酪農場の17％が有機、野菜農場では25％弱が認証有機農場である。

穀物、油糧種子、肉牛繁殖、フィードロット、養鶏などの分野は有機農場は少ない。大豆の有機栽培は13万2,000エーカーにとどまる（大豆栽培面積の0.2％）。

有機農場が集中するもうひとつの理由に宗教上のまた文化的要因がある。メノ派やアーミッシュの人々によるもの——ペンシルベニア州南東部、オハイオ州北・中部、インディアナ州北東部、ウィシコンシン州西部、アイオワ州東部など。

有機農産物の60％は西海岸に集中（カリフォルニア州だけで44％）し、ミシシッピ川上流域が8％、ニューイングランドとニューヨーク州が同じく8％、残りの4分の1がその他地域産であって、有機農業が上の3地域に集中しているのは、作物や畜産の専門化が背景にある。たとえば、有機リンゴの主産地ワシントン州（生鮮リンゴ市場の90％のシェアをもつ）。ワシントン州の灌漑園地における高温と低湿が病害虫被害を少なくしている。有機柑きつは62％がカリフォルニア州産、35％がフロリダ州産であるが、カリフォルニア州の夏期乾燥気候が害虫防除の必要性を引き下げている。カリフォルニア州は全米トップの農業生産州であるとともに、圧倒的な有機農業州である。

農務省認証有機ラベル（the USDA Certified Organic Label）に代わるいくつかの認証事業も生まれている。ニューヨーク州ブルックリン生まれの「認証自然産品」（Certified Naturally Grown, CNG）は現在では700以上の農場が参加している。

「有機」概念は、合衆国政府の認証による。非合法に使えば罰せられる。しかし、

アメリカ国民にとって、「有機」は、典型的には小規模な生産で、農薬を使わずに生産されたものである。州内で生産されたものなら「ローカル」産品とみなされる。

2012年に全米のローカル市場で販売した農場は16万3,675農場であって、それは全農場の7.8％である。

有機認証とほぼ並行して生まれたのがCSA（Community Supported Agriculture）運動である。CSAは1980年代にニューイングランドで出現し始めた。1986年に最初の２つのCSA農場がニューイングランドで生まれ、現在でも経営を継続している。2015年で661農場。うちニューヨーク州が50、ウィスコンシン州が41、ミシガン州が34でトップである。」

さて、本書の原著は、Connor J. Fitzmaurice/Brian J. Gareau, *Organic Futures, Struggling for Sustainability on the Small Farm*, Yale Agrarian Studies Series, Yale University Press, New Haven and London, 2016である。共著者の一人コノー・J・フィッツモーリスはボストン大学社会学科の大学院生（博士候補、Ph. D. candidate in the Department of Sociology at Boston University）、今一人のブライアン・J・ガローはボストン・カレッジの社会学・国際研究の准教授（Associate professor of Sociology and International Studies at Boston College）である。

本書を邦訳したいと考えたのは、以下のような事情がある。

現代アメリカ農業についてのわが国における政治経済学としての農業経済学は、WTOやTPP（環太平洋経済連携協定）の農産物自由貿易体制によるアメリカの対日農産物輸出圧力がさらなるし烈さを加えるなかで、アメリカ農業構造の変化に関する農務省農業センサス分析や農業法農政の研究とならんで、とりわけ遺伝子組み換え作物の普及をともなった多国籍アグリビジネスの農業支配についての研究が進展をみせている。

それを代表するのが、北原克宣・安藤光義編著『多国籍アグリビジネスと農業・食料支配』（明石書店、2016年刊）、磯田宏『アグロフュエル・ブーム下の米国エタノール産業と穀作農業の構造変化』（筑波書房、2016年刊）であろう。磯田によれば、アメリカ農業の国際競争力の源であり、心臓部である中西部コーンベル

トでは、エタノールブームのなかでトウモロコシ産地が移動し、穀作農業の規模拡大と大規模層への生産集中が進むなかで、耕地利用の単純化・モノカルチャー化、GM種子の普及・プラウ耕の衰退が広がっている。そして、そこで問題にされてきたのは、政治経済学は「多国籍アグリビジネスによる農業・食料の包摂」を解明することとならんで、「多国籍アグリビジネスによる農業・食料支配への対抗軸をどこに見いだせるか」（北原・安藤前掲書、5ページ）であった。

これに関して、私は編著『食料主権のグランドデザイン』（農文協、2011年）で、グローバリズムに反対する農民運動が各国で成長しており、その代表格として国際農民組織「ビア・カンペシーナ」が世界最大の農民運動に成長し、食料主権の確立をめざす運動を広げていることや、多国籍アグリビジネス企業の支配に対抗するフェアトレード運動に注目すべきだとした。さらに、『日本農業の危機と再生―食とエネルギーの産直で』（かもがわ出版ブックレット、2015年）や『現代ドイツの家族農業経営』（筑波書房、2016年）では、EU諸国の家族農業経営がグローバリゼーション下の国際農産物競争のもとで、一つにはバイオガス発電に代表される再生可能エネルギー生産、いまひとつは有機農業での所得確保をめざしていることに注目すべきだとしてきた。

アメリカ農業については、多国籍アグリビジネスによる農業・食料支配への対抗軸のひとつであろうとの問題意識もあってであろう、わが国ではCSA（コミュニティが支える農業）が注目されてきた。CSAをわが国にもっとも早く紹介したのは、トゥルガー・グロー／スティーヴン・マックファデン著（兵庫県有機農業研究会訳）『バイオダイナミック農業の創造』（原題は$Farms\ of\ Tomorrow$）（新泉社、1996年）であろう。同書の第I部で紹介されているCSAはニューイングランドとペンシルベニア州において全米でももっとも早く1980年代に設立されている。桝形俊子は、『淑徳大学総合福祉学部研究紀要』（2006年）に「アメリカ合衆国におけるCSA運動の展開と意義」を発表している。最近のまとまった紹介は、エリザベス・ヘンダーソン／ロビン・ヴァン・エン著（山本きよ子訳）『CSA地域支援型農業の可能性・アメリカ版地産地消の成果』（家の光協会、2008年）である。同訳書の久保田裕子の解説によれば、同訳書は、アメリカで「CSAのバイブル」として愛読されている"$Sharing\ the\ Harvest—A\ Citizen's\ Guide\ to\ Community\ Supported\ Agriculture$"の改訂版の翻訳である。同訳書では、CSAに

は、「地域が支える農業」（従来の訳語）だけでなく、Agriculture supported Communityすなわち「農業が支える地域」という意味も込められているので、地域支援型農業と訳したとされている。

なお、食糧の生産と消費を結ぶ研究会（生消研）『食料危機とアメリカ農業の選択』（家の光協会、2009年）で、本書訳者のひとり佐藤加寿子が「CSAにみるアメリカ版地産地消運動」を執筆しており、野見山敏雄（東京農工大教授）が、ワシントン州シアトル近郊の「CSAルート・コネクション」を紹介している。

さて、こうしたアメリカ農業の新段階をどう理解するかについて、常にわれわれの念頭にあるのは、以下の二つの歴史的見解である。

ひとつは、K・マルクスが『資本論』第1巻（1867年刊）で言及した資本主義的農業と土地の豊度の関係である。マルクスは、「資本主義的農業のあらゆる進歩は、単に労働者から略奪する技術における進歩であるだけでなく、同時に土地から略奪する技術における進歩でもあり、一定期間にわたって土地の豊度を増大させるためのあらゆる進歩は、同時に、この豊度の持続的源泉を破壊するための進歩である。ある国が、たとえば北アメリカ合衆国のように、その発展の背景としての大工業から出発すればするほど、この破壊過程はますます急速に進行する」（K・マルクス『資本論』第1部第4編第13章、社会科学研究所監修・資本論翻訳委員会訳・第1巻b、864ページ、新日本出版社）と指摘した。さらにマルクスは、『資本論』第3巻第6章第2節で、資本主義と合理的農業の関係について、「歴史の教訓は、……資本主義制度は合理的農業に反抗するということ、または合理的農業は資本主義制度とは相容れない（資本主義制度は農業の技術的発展を促進するとはいえ）ものであり、みずから労働する小農民の手か、あるいは結合された生産者たちの管理かのいずれかを必要とすること、である。」（同上、第3巻a、207ページ）とも指摘していた。

1860年代半ばといえばアメリカは南北戦争（1861〜65年）後の西部フロンティア開発が本格化する時代であって、その農業発展と低廉な小麦が西欧農業に打撃を与える19世紀末大不況（1873〜96年）にはまだ間がある時代である。そうした時代に、マルクスをして、合衆国こそ資本主義農業の土地豊度破壊がもっとも急速に進むとした認識を打ち出させたのは驚くほかない。なお、『資本論』第3巻に、合理的農業は小農民または「結合した生産者」の管理を必要とするという

指摘があることにもっと注目すべきだとしたのは、アメリカ農業の研究者であり、アグリビジネス研究に先鞭をつけた中野一新である（『経済』1998年12月号の特集「21世紀の食料・農業・農村」における暉峻衆三・中野一新・田代洋一座談会「世界の食料・農業問題と日本」参照）。

いまひとつは、本書の第1章「有機農業をどう理解するか—その略史」でもふれているイギリスの農学者アルバート・ハワード（Albert Howard 1873〜1945年）である。ハワードのイギリスで1945年に出版された"*Farming and Gardening for Health or Disease*"は、1947年に米国版が"*The Soil and Health*"として刊行されており、その第3版（1956年）の邦訳が『ハワードの有機農業（上）（下）』（農文協・人間叢書、2002年）である。

ハワードは、インドでの実験と実践から、腐植や菌根菌の働きに着目して、土壌の肥沃度の回復には良質の堆厩肥の投入が必要だとし、それが作物・家畜の、ひいては人間の健康をもたらすとしたのだが、この『ハワードの有機農業（上）』はアメリカ農業について興味深い指摘を行っている。

第1に、アメリカ農業の「機械化の進展と処女地の略奪」について、それが「植民地方式」だとして、「この植民地方式の農耕は、もっぱら収奪すること、つまり大自然の蓄積物＝土壌の肥沃度を横取りし、農産物という形に転換しただけのことである。……北アメリカのような広大な小麦地帯では、腐食の富が50年にわたって利用できるほどで、農家はこの富を掘り当てる方法を十分に知っていた。」「要するに、ヨーロッパを支えてきた農耕方式—作物生育と土壌腐食との均衡のとれた状態—つまり有畜複合農業は、ついに海を越えて新大陸に渡ることがなかった。」「近代農業が犯してきた過ちのうちで、もっとも致命的なものは複合経営の放棄であった。」（101〜08ページ）

第2に、森林破壊と土壌浸食についてである。「アメリカで、第二次世界大戦は、前例のない規模で、土壌の肥沃度を収奪したのである。旱ばつと砂嵐の続発は、経済不況の時代には農家経済を著しく圧迫した。ルーズベルト大統領の任期中は、土壌保全がもっとも重要な政治的、社会的問題となっていた。」（143ページ）

第3に誤った土壌管理である。「化学肥料、とくに硫安の使用＝腐食含量が高く、安全範囲の大きい所でさえ、化学肥料の施用は大きな危害がもたらされる。吸収同化されやすい形態の無機態の窒素が添加されると、細菌類やその他の微生物が

刺激され、その結果、微生物はエネルギー源としての有機物を腐食に求め、ついにはこれを使いつくす。次いで、土壌粒子を結合させている接着力の強い有機物をも使いつくしてしまう。」(159ページ)

さて、本書の原著者の二人は、上のマルクスとハワードのアメリカ農業についての指摘を十分認識したうえで、本書のアメリカ農業の主流、すなわちアグロインダストリー化した農業とそれに対するオルタナティブはいかなる農業としてありうるのかを、経済社会学ないし文化人類学の方法で模索している。
　第1に、1920年代に始まる有機農業の歴史を的確に要約している。とくに、本書は1920年代から1990年に至る有機運動史と対比して、アメリカでは1982年の農業生産過程をベースにした「有機農業法」(OFA)から1990年の農業投入財の規制を中心にした「有機食品生産法」(OFFA)、そしてこの法が義務づけた有機基準(2000年の「全国有機プログラム」)(NOP)への転換がアグリビジネス主導によって推進された経緯を批判的に追跡している。すなわち、現代の規制の枠組みは化学投入財にもっぱら焦点を絞っており、「こうした狭隘な焦点化が無視してしまうのは、現代のフードシステムの環境的、経済的、社会的な持続可能性についての幅広い関心、つまり、どのような形であれオルタナティブな有機農業像の動機となるような関心である」(本書第2章、58ページ)との批判的視点を明らかにしている。
　第2に、J・ガスマン(J. Guthman)のカリフォルニア州有機農業研究に代表されるアメリカ有機農業研究に関する政治経済学の先行研究や、農村社会学者P・マクマイケルやH・フリードマンに代表される「フードレジーム論」(ハリエット・フリードマン(渡辺雅男・記田路子訳)『フード・レジーム―食料の政治経済学』(こぶし書房、2006年刊参照)をしっかり踏まえ、アグロインダスリー産業化した有機農業と小規模農家の有機農業との、有機農業の二極分化を理論的前提として、コミュニティとの結びつきを手放なさい小規模農家の存在と将来、さらにそれが農業の新自由主義に対していかなる意味をもちうるかという、たいへん刺激的な論点を、経済社会学的視点から大胆に問題提起している。結論で展開される、小規模農家が農業の新自由主義に対するオルタナティブ足りうるかに関して、ひとつにはローカリズムの意義について、それとの関連で、いまひとつは、消費を

個人レベルの意思決定とする新自由主義的見解を否定し、消費がもつ「本来的社会的性質の認識」のもとに、オルタナティブなフードシステムの構築にとっての消費の意義を積極的に捉えるべきだとする主張がなされている。

　第3に、有機農業というオルタナティブ食料運動が、不断にフードシステムの主流に取り込まれていくなかにあって、有機農業は「いっそうオルタナティブ的性格の強い解答」に向けての前進、すなわち有機農業は農業変革の先駆者として、相手に的を絞らせない「動く標的」になるべきだとの提案がなされている。

　政治経済学分野の私たちが本書の翻訳を思い立ったのは、本書のこうした問題提起に感銘を受けたことにもよっている。この監訳者解説が本書の意義を理解するとともに、現代アメリカの有機農業への関心がいっそう高まり、ひるがえって、わが国農業危機からの脱出の道筋のなかに、有機農業・環境保全型農業がどう位置づけられるべきかについての議論を高めてほしいと考えている。

訳者あとがき

　原著は極東書店の洋書カタログで見つけたものだが、旧知の農村社会学者レイモンド・A・ジュソーム教授（ミシガン州立大学農村社会学科）に相談したところ、教授は、著者の一人ブライアン・J・ガローがかつてワシントン州立大学農村社会学科に提出した修士論文の審査員のひとりであったことがわかり、翻訳出版の仲介をお願いした。翻訳出版に際しては、ジュソーム教授の仲介で、一部を省略する要約版とすることの原著者の了解も得た。こうした経緯から、教授には訳書の共同監訳をお願いした。

　翻訳には、農業経済学を専攻し、日本農業市場学会に参加する溝手芳計（駒澤大学経済学部教授）、岩佐和幸（高知大学人文社会科学部教授）に加えて、中堅・若手の研究者の参加を得た。頻出する経済社会学ないし文化人類学的用語の訳には、ともに相当苦労したところである。

　本書がアメリカの有機農業のルポルタージュ的紹介にとどまらないきわめて学術的な専門書であり、アメリカの有機農業の研究をめざす人には見逃せない先行研究になると思われるので、本文中の引用・参考文献、さらに末尾の参考文献表、索引（フィールドワークに登場する人名は除く）も掲載することにした。

　なお、原著のorganicを、一般に訳されてきた「有機」とするか、それとも「オーガニック」にするかは、相当に悩んだところである。本書では、organicが有機農業技術を超えて、小規模農民とそれが支えるコミュニティとしての、またコミュニティが支える小規模農業が問題にされている。同時に、organicには、有機的な、有機栽培の、といった意味に限らず、系統的な、相互関連的な（たとえばthe organic structure of society）、根本的な（basic）、簡素で自然に即した、といった幅広い意味があることを活かすことも考えられたからである。

　ちなみに、近代化農法の反省のもとであるべき農業を有機農業と命名し、organic agricultureにその訳を当てたのは、一樂照雄である。「わが国現代の農法を反省し、在るべき農法を探求するため、相互研鑽の組織として」日本有機農業研究会の設立（1971年秋）をリードした一樂照雄（当時は協同組合経営研究所理事長）は、アメリカにおいて第2次世界大戦後の有機農業運動のバイブルとなっ

たJ・I・ロデイル著の"*Pay Dirt*"（1945年8月刊）を翻訳し、1974年に『有機農法―自然循環とよみがえる生命』（財団法人協同組合経営研究所・人間選書55）として出版している。ロデイルは、本書の第1章でも取り上げられているが、ペンシルベニア州で、イギリス人のA・ハワードが提唱した有機農業を実践した。Pay Dirtの意味は「土地に借りを返す」、すなわち熟成堆肥を十分に施用することで土地の肥沃度を保つことと解される。

　なお、一樂が有機農業と命名した経緯について、星野紀代子は、近著『旅とオーガニックと幸せと』（コモンズ、2016年刊）で、田中正造の「国土の尊厳を犯すものは必ず滅びる」に啓発された黒澤酉蔵（雪印乳業の設立に関わり、酪農学園の設立者でもある）を一樂が訪ねた際に、「天地有機（天地機有り）」（この場合の機とは、物事の大切なところ、かなめといった意味）という言葉を田中正造が好んだと聞き、近代農業でない農業を「有機」農業と名付けたとしている。すなわち、一樂がorganicに当てた「有機」という訳語には、単に自然農法的農業技術にとどまらず、organicのもつ幅広い意味を救い上げたものだと判断されるのである。このような経緯から、本書では従来どおり有機農業の訳を当てることにした。

　本年で設立40年を迎える筑波書房（鶴見治彦社長）に本書の出版をお引き受けいただき、厚く感謝申し上げます。

　2018年3月

訳者を代表して　村田　武

REFERENCES

Adams, D. C., and M. J. Salois. 2010. "Local versus Organic: A Turn in Consumer Preferences and Willingness-to-Pay." *Renewable Agriculture and Food Systems* 25, no.4:331-341.

Agricultural Marketing Service. 2008. "Organic Labeling and Marketing Information." U.S. Department of Agriculture.http://www.ams.usda.gov/AMSvi.o/getfile?dDocNam e=STELDEV3004446. Accessed July 22, 2012.

——.2009. "Facts on Direct-to-Consumer Marketing." U.S. Department of Agriculture. http://www.ams.usda.gov/AMSvi.o/getfile?dDocName=STELPRDC5076729. Accessed July 19, 2012.

—— 2011. "Farmers Market Growth: 1994-2011." U.S. Department of Agriculture. http://www.ams.usda.gov/AMSvi.o/ams.fetchTemplateData.do?template=TemplateS&leftN av=WholesaleandFarmersMarkets&page=WFMFarmersMarketGrowth&description =Farmers%20Market%20Growth&acct=frmrdirmkt. Accessed July 19, 2012.

Agyeman, J., and B. Evans. 2004. "'Just Sustainability': The Emerging Discourse of Environmental Justice in Britain?" *Geographical Journal* 170, no.2: 155-164.

Agyeman, J., D. McLaren, and A. Schaefer-Borrego. 2013. "Sharing Cities." Friends of the Earth briefing paper.

Alasia, A., A. Weersink, R. D. Bollman, and J. Cranfield. 2009. "Off Farm Labour Decisions of Canadian Farm Operators: Urbanization Effects and Rural Labour Market Linkages." *Journal of Rural Studies* 25, no.1: 12-24.

Alkon, A. H. 2008. "Paradise or Pavement: The Social Constructions of the Environment in Two Urban Farmers' Markets and Their Implications for Environmental Justice and Sustainability." *Local Environment* 13, no.3: 271-289.

Alkon, A. H., and C. G. McCullen. 2011. "Whiteness and Farmers Markets: Performances, Perpetuations... Contestations?"*Antipode* 43: 937-959.

Allen, P., ed. 1993. *Food for the Future: Conditions and Contradictions of Sustainability*. New York: John Wiley and Sons.

——. 2004. *Together at the Table: Sustainability and Sustenance in the American Agrifood System*. University Park, PA: Pennsylvania State University Press.

Allen, P., and M. Kovach. 2000. "The Capitalist Composition of Organic: The Potential of Markets in Fulfilling the Promise of Organic Agriculture." *Agriculture and Human Values* 17: 221-232.

Allen, P., and C. Sachs. 1993. "Sustainable Agriculture in the United States: Engagements, Silences, and Possibilities for Transformation." In P. Allen, *Food for the Future*.

Allen, W. 2013. *The Good Food Revolution: Growing Healthy Food, People, and Communities*. New York: Penguin.

Alperovitz, G. 2011. "The Emerging Paradoxical Possibility of a Democratic Economy." Plenary keynote address, Association of Social Economics, Denver, CO.

Altieri, M. A. 1995. *Agroecology: The Science of Sustainable Agriculture*, 2nd ed. Boulder,

CO: Westview Press.

Appadurai, A. 1986. *The Social Life of Things: Commodities in Cultural Perspective.* Cambridge: Cambridge University Press.

Arcury, T. A., and S. A. Quandt. 2009. *Latino Farmworkers in the Eastern United States: Health, Safety and Justice.* New York: Springer.

Associated Press. 1981. "30 States Get Federal Warning on Tainted Cans of Mushrooms." *New York Times*, May 23.

――. 1982. "Contaminated Milk Blamed for Infection in 172 Southerners." *New York Times*, September 25.

――. 1984. "Residues on Food Cause Much Concern." *New York Times*, March 28.

――.1989a. "Health Official Rebukes Schools over Apple Bans." *New York Times*, March 16.

――. 1989b. "Organic Produce Preferred." *New York Times*, March 21.

――. 1989c. "Government Will Buy Apples Left Over from Scare on Alar." *New York Times*, July 8.

Balfour, Lady E. 1977. "Towards a Sustainable Agriculture-The Living Soil." *Proceedings of IFOAM International Organic Farming Conference.* http://soilandhealth.org/wp-content/uploads/01aglibrary/010116Balfourspeech.html. Accessed December 15, 2015.

Bandelj, Nina. 2012. "Relational Work and Economic Sociology." *Politics and Society* 40, no.2: 175-201.

Barber, D. 2009. "You Say Tomato, I Say Agricultural Disaster." *New York Times*, August 8. http://www.nytimes.com/2009/08/09/opinion/09barber.html?pagewanted=all. Accessed July 19, 2012.

――. 2014. *The Third Plate: Field Notes on the Future of Food.* New York: Penguin. D・バーバー（小坂恵理訳）『食の未来のためのフィールドノート―「第三の皿」をめざして』（上・下）NTT出版、2015年。

Beavan, C. 2009. *No Impact Man: The Adventures of a Guilty Liberal.* New York: Farrar, Strauss, and Giroux.

Beecher, N. A., R.J. Johnson, J. R. Brandle, R. M. Case, and L. J. Young. 2002. "Agroecology of Birds in Organic and Nonorganic Farmland." *Conservation Biology* 16: 1620-1631.

Beeman, R. S., and J. A. Pritchard. 2001. *A Green and Permanent Land: Ecology and Agriculture in the Twentieth Century.* Lawrence, KS: University Press of Kansas.

Belasco, W. J. 2007. *Appetite for Change: How the Counterculture Took on the Food Industry.* Ithaca, NY: Cornell University Press.

Bell, M. M. 1989. "Did New England Go Downhill?" *Geographical Review* 79, no.4: 450-466.

――. 2004. *Farming for Us All: Practical Agriculture and the Cultivation of Sustainability.* University Park, PA: Pennsylvania State University Press.

Berger, P. L., and T. Luckmann. 1966. *The Social Construction of Reality: A Treatise in the Sociology of Knowledge.* New York: Doubleday. P・L・バーガー／T・ルックマン（山口節郎訳）『現実の社会的構成―知識社会学論考―』新曜社、2003年。

Berlin, L., W. Lockeretz, and R. Bell. 2009. "Purchasing Foods Produced on Organic, Small, and Local Farms: A Mixed-Method Analysis of New England Consumers." *Renewable*

Agriculture and Food Systems 24, no.4: 267-275.
Berry, W. 1990. "Nature as Measure." In W. Berry, *What Are People For?* New York: North Point Press.
――. 2002. *The Art of the Commonplace*. Washington, D.C.: Counterpoint.
Bhatnagar, P. 2006. "Wal-Mart's Next Conquest: Organics." *CNN Money Magazine*. http://money.cnn.com/2006/05/01/news/companies/walmart_organics/. Accessed July 19, 2012.
Blanding, M. 2002. "The Invisible Harvest." *Boston Magazine*, October. http://www.bostonmagazine.com/2006/05/the-invisible-harvest/.Accessed July 13, 2015.
Blank, S. C. 1999. "The End of the American Farm." *The Futurist*, April, pp.33-36.
Blatt, H. 2008. *America's Food: What You Don't Know about What You Eat*. Cambridge, MA: MIT Press.
Block, D. R., N. Chavez, E. Allen, and D. Ramirez. 2011. "Food Sovereignty, Urban Food Access, and Food Activism: Contemplating the Connections through Examples from Chicago." *Agriculture and Human Values* 29, no2: 203-215.
Bondi, L., and N. Laurie. 2005. "Introduction." *Working the Spaces of Neoliberalism: Activism, Professionalism, and Incorporation*. Oxford: Blackwell.
Born, B., and M. Purcell. 2006. "Avoiding the Local Trap: Scale and Food Systems in Planning Research." *Journal of Planning Education and Research* 26: 195-207.
Bourdieu, P. 1977. *Outline of a Theory of Practice*. Cambridge: Cambridge University Press.
――. 1984. *Distinction: A Social Critique of the Judgment of Taste*. Cambridge, MA: Harvard University Press．P・ブルデュー（石井洋二郎訳）『ディスタンクシオン―社会的判断力批判』（1・2）藤原書店、1990年。
Brady, D. 2006. "The Organic Myth" *Bloomberg Businessweek*. http://www.businessweek.com/stories/2006-10-15/the-organic-myth. Accessed July 19, 2012.
Brehm, J. M., and B. W. Eisenhauer. 2008. "Motivations for Participating in Community Supported Agriculture and Their Relationship with Community Attachment and Social Capital." *Southern Rural Sociology* 23, no.1: 94-115.
Brenner, N., and N. Theodore. 2002. "Preface: From the 'New Localism' to the Spaces of Neoliberalism." *Antipode* 34, no.3: 341-347.
Brown, A. 2001. "Counting Farmers Markets." *Geographical Review* 91, no.4: 655-674.
Buchler, S., K. Smith, and G. Lawrence. 2010. "Food Risks, Old and New: Demographic Characteristics and Perceptions of Food Additives, Regulation and Contamination in Australia." *Journal of Sociology* 46: 353-374.
Buck, D., C. Getz, and J. Guthman. 1997. "From Farm to Table: The Organic Vegetable Commodity Chain of Northern California." *Sociologia Ruralis* 37, no.1: 3-20.
Busch, Lawrence, Jeffery Burkhardt, and William B. Lacy. 1992. *Plants, Power, and Profit: Social, Economic, and Ethical Consequences of the New Biotechnologies*. Oxford: Blackwell.
Buttel, F. 2001. "Some Reflections on Late Twentieth Century Agrarian Political Economy." *Sociologia Ruralis* 41, no.2: 165-181.

―――. 2006. "Sustaining the Unsustainable: Agro-food Systems and Environment in the Modern World." In *The Handbook of Rural Studies*, ed. P. Cloke, T .Marsden, and P. Mooney, 213-230. London: Sage Publications.

Cagle, J. 2011. "Food, Farm, Family." *Register Guard*, May 25. http://www.registerguard.com/web/specialtastings/26018789-47/farm-csa-deck-family-eggs.html.csp. Accessed July 19, 2012.

Caldwell, B., E. B. Rosen, E. Sideman, A. M. Shelton, and C. D. Smart. 2005. *Resource Guide for Organic Insect and Disease Management*. Ithaca: Cornell University Press.

Campbell, H., and R. Liepens. 2001. "Naming Organics: Understanding Organic Standards in New Zealand as a Discursive Field." *Sociologia Ruralis* 41, no.1: 21-39.

Canning, P. 2011. "A Revised and Expanded Food Dollar Series: A Better Understanding of Our Food Costs." U.S. Department of Agriculture, Economic Research Service. http://www.ers.usda.gov/publications/err-economic-research-report/err114.aspx. Accessed July 19, 2012.

Carfagna, Lindsey B., Emilie A. Dubois, Connor Fitzmaurice, Monique Y. Ouimette, Juliet B. Schor, Margaret Willis, and Thomas Laidley. 2014. "An Emerging Eco Habitus: The Reconfiguration of High Cultural Capital Practices among Ethical Consumers." *Journal of Consumer Culture* 14, no.2: 158-178.

Carson, R. 1994 [1962]. *Silent Spring*. Boston: Houghton Mifflin. R・カーソン（青樹築一訳）『沈黙の春』新潮社、2004年。

Charles, D. 2011. "Newbie Farmers Find That Dirt Isn't Cheap." *National Public Radio, Salt*. November 15. http://www.npr.org/blogs/thesalt/2011/11/14/142305869/newbie-farmers-find-that-dirt-isnt-cheap. Accessed July 19, 2012.

Chiffoleau, Y. 2009. "From Politics to Co-operation: The Dynamics of Embeddedness in Alternative Food Supply Chains." *Sociologia Ruralis* 49, no.3: 218-235.

Cicatiello, C., B. Pancino, S. Pascucci, and S. Franco. 2015. "Relationship Patterns in Food Purchase: Observing Social Interactions in Different Shopping Environments." *Journal of Agricultural and Environmental Ethics* 28: 21-42.

Claro, J. 2011. *Vermont Farmers Markets and Grocery Stores: A Price Comparison*. New England Organic Farming Association of Vermont.

Cloud, J. 2007. "Eating. Better Than Organic." *Time Magazine*. http://www.time.com/time/magazine/article/0,9171,159,5245,00.html. Accessed July 19, 2012.

Commoner, B. 1971. *The Closing Circle: Nature, Man, and Technology*, 1st ed. New York: Knopf. B・コモナー（安部喜也・半谷高久訳）『なにが環境の危機を招いたか――エコロジーによる分析と解答』講談社、1972年。

Connolly, J., and A. Prothero. 2008. "Green Consumption: Life-Politics, Risk and Contradictions." *Journal of Consumer Culture* 8: 117-145.

Constance, D. H., J. Y. Choi, and H. Lyke-Ho-Gland. 2008. "Conventionalization, Bifurcation, and Quality of Life: Certified and Non-Certified Organic Farms in Texas." *Southern Rural Sociology* 23, no.1: 208-234.

Coombes, B., and H. Campbell. 1998. "Dependent Reproduction of Alternative Modes of Agriculture: Organic Farming in New Zealand." *Sociologia Ruralis* 38, no.2: 127-145.

Cornucopia News. 2014. "Horizon 'Organic' Farm Accused of Improprieties, Again." *Cornucopia Institute*, February 14. http://www.cornucopia.org/2014/02/horizon-organic-factory-farm-accused-improprieties/. Accessed January 4, 2016.

Coslor, Erica. 2010. "Hostile Worlds and Questionable Speculation: Recognizing the Plurality of Views about Art and the Market." In *Economic Action in Theory and Practice: Anthropological Investigations*(Research in Economic Anthropology, vol.30), ed. Donald Wood. Bingley, UK: Emerald.

Cowie, J., and N. Salvatore. 2008. "The Long Exception: Rethinking the Place of the New Deal in American History." *International Labor and Working-Class History* 74, no.1: 3-32.

DeLind, L. B. 1999. "Close Encounters with a CSA: The Reflections of a Bruised and Somewhat Wiser Anthropologist." *Agriculture and Human Values* 16: 3-9.

――. 2000. "Transforming Organic Agriculture into Industrial Organic Products: Reconsidering National Organic Standards." *Human Organization* 59, no.2: 198-208.

――. 2003. "Considerably More Than Vegetables, a Lot Less Than Community: The Dilemma of Community Supported Agriculture." In *Fighting for the Farm*, ed. J. Adams, 192-206. Philadelphia: University of Pennsylvania Press.

――.2011. "Are Local Food and the Local Food Movement Taking Us Where We Want to Go? Or Are We Hitching Our Wagons to the Wrong Stars?" *Agriculture and Human Values* 28: 273-283.

DeMuth, S. 1993. "Defining Community Supported Agriculture." *Community Supported Agriculture(CSA):An Annotated Bibliography and Resource Guide*. U.S. Department of Agriculture. http://www.nal.usda.gov/afsic/pubs/csa/csadef.shtml. Accessed July 19, 2012.

DeVault, G. 2009. "The New USDA: A New Hope for Food?" *Mother Earth News*. http://www.motherearthnews.com/Sustainable Farming/USDA-Organic-Farms-Vilsack.aspx. Accessed July 18, 2012.

Dimitri, C., and C. Greene. 2002. "Recent Growth Patterns in the U.S. Organic Foods Market." U.S. Department of Agriculture, Economic Research Service, Agriculture Information Bulletin No.AIB-777.

Dimitri, C., and L. Oberholtzer. 2009. "Marketing U.S. Organic Foods: Recent Trends from Farms to Consumers." U.S. Department of Agriculture, Economic Research Service, Agriculture Information Bulletin No. 58.

Donahue, B. 1999. *Reclaiming the Commons: Community Farms and Forests in a New England Town*. New Haven: Yale University Press.

Drabenstott, M., and S. Moore. 2009. "Rural America in Deep Downturn." Kansas City, MO: Rural Policy Research Institute. http://www.rupri.org/Forms/CRC_Recession.pdf. Accessed July 19, 2012.

DuPuis, M., and S. Gillon. 2009. "Alternative Modes of Governance: Organic as Civic Engagement." *Agriculture and Human Values* 26: 43-56.

DuPuis, M., and D. Goodman. 2005. "Should We Go 'Home' to Eat?: Toward a Reflexive Politics of Localism." *Journal of Rural Studies* 21: 359-371.

Duram, L. A. 1997. "A Pragmatic Study of Conventional and Alternative Farmers in

Colorado." *Professional Geographer* 49: 202-213.

———. 1998. "Taking a Pragmatic Behavioral Approach to Alternative Agriculture Research." *American Journal of Alternative Agriculture* 13, no.2: 92-97.

———. 2000. "Agents' Perceptions of Structure: How Illinois Organic Farmers View Political, Economic, Social, and Ecological Factors." *Agriculture and Human Values* 17: 35-48.

———. 2005. *Good Growing: Why Organic Farming Works*. Lincoln, NE: University of Nebraska Press.

Duram, L. A., and A. Mead. 2013. "Exploring Linkages between Consumer Food Cooperatives and Domestic Fair Trade in the United States." *Renewable Agriculture and Food Systems*. Available on CJO2013. doi: 10.1017/S1742170513000033.

Duscha, J. 1972. "Up, Up, Up-Butz Makes Hay Down on the Farm." *New York Times*, April 16.

Economic Research Service. 2014. "Number of U.S. Farmers Markets Continues to Rise." U.S. Department of Agriculture, Economic Research Service, August 4, 2014. http://ers.usda.gov. Accessed May 19, 2015.

———. 2015. "Farm Labor: Background." U.S. Department of Agriculture, Economic Research Service, October 20. http://ers.usda.gov. Accessed January 4, 2016.

Edelman, Lauren B., and Robin Stryker. 2005. "A Sociological Approach to Law and the Economy." In *Handbook of Economic Sociology*, 2nd ed., ed. Neil J. Smelser and Richard Swedberg, 527-551. Princeton, NJ: Princeton University Press, and New York: Russell Sage Foundation.

Edelman, Lauren B., Christopher Uggen, and Howard Erlanger. 1999. "The Endogeneity of Legal Regulation: Grievances Procedures as a Rational Myth." *American Journal of Sociology* 105: 406-454.

Extension Toxicology Network. 1996. "Copper Sulfate." *Pesticide Information Profiles*. Corvallis, OR: Oregon State University.

Feber, R. E., L. G. Firbank, P. J. Johnson, and D. W. Macdonald. 1997. "The Effects of Organic Farming on Pest and Non-Pest Butterfly Abundance." *Agriculture Ecosystems and Environment* 64: 133-139.

Feegan, R. B., and D. Morris. 2009. "Consumer Quest for Embeddedness: A Case Study of the Brandtford Farmers' Market." *International Journal of Consumer Studies* 33: 235-243.

Feenstra, G. 2002. "Creating Space for Sustainable Food Systems: Lessons from the Field." *Agriculture and Human Values* 19: 99-106.

Fligstein, Neil. 2005. "The Political and Economic Sociology of International Economic Arrangements." In *Handbook of Economic Sociology*, 2nd ed., ed. Neil J. Smelser and Richard Swedberg. Princeton, NJ: Princeton University Press, and New York: Russell Sage Foundation.

Follett, J. R. 2009. "Choosing a Food Future: Differentiating among Alternative Food Options." *Journal of Agricultura and Environmental Ethics* 22: 31-51.

Food and Agriculture Organization. 2010. "Crop Biodiversity: Use It or Lose It." U.N.

Food and agriculture Organization. http://www.fao.org/news/story/en/item/46803/icode/. Accessed July 19, 2012.

Foster, J. B. 1999. *The Vulnerable Planet: A Short Economic History of the Environment*. New York: Monthly Review Press. J・B・フォスター（渡辺景子訳）『破壊されゆく地球——エコロジーの経済史』こぶし書房、2001年。

——. 2002. *Ecology against Capitalism*. New York: Monthly Review Press.

Francis, C. A. 2009. *Organic Farming: The Ecological System*. Madison, WI: American Society of Agronomy, Crop Science Society of America, Soil Science Society of America.

Freyfogle, E. T. 2001. "Introduction: A Durable Scale." In *The New Agrarianism: Land, Culture, and the Community of Life*, ed. E. T. Freyfogle. Washington, D.C.: Island Press.

Fromartz, S. 2006. *Organic Inc.: Natural Foods and How They Grew*. Orlando, FL: Harcourt.

Gareau, B. J. 2008. "Dangerous Holes in Global Environmental Governance: The Roles of Neo-liberal Discourse, Science, and California Agriculture in the Montreal Protocol". *Antipode* 40, no.1: 102-130.

——. 2013. *From Precaution to Profit: Contemporary Challenges to Environmental Protection in the Montreal Protocol*. Yale Agrarian Studies Series. New Haven: Yale University Press.

Gareau, B.J., and J. Borrego. 2012. "Global Environmental Governance, Competition, and Sustainability in Global Agriculture." In *Handbook of World-Systems Analysis*, ed. S. Babones and C. Chase-Dunn, 357-365. New York: Routledge.

Gilbert, Jess, Gwen Sharp, and Sindy M. Felin. 2002. "The Loss and Persistence of Black-Owned Farms and Farmland: A Review of the Research Literature and Its Implications." *Southern Rural Sociology* 18: 1-30.

Gillespie, Gilbert, Duncan L. Hilchey, C. Clare Hinrichs, and Gail Feenstra. 2007. "Farmers' Markets as Keystones in Rebuilding Local and Regional Food Systems." In *Rebuilding the North American Food System: Strategies for Sustainability*, ed. C. Clare Hinrichs and Thomas A. Lyson, 65-84. Lincoln, NE: University of Nebraska Press.

Gliessman, S. R. 2006. *Agroecology: The Ecology of Sustainable Food Systems*, 2nd ed. Boca Raton, FL: CRC Press.

Goffman, E. 1989. "On Fieldwork." *Journal of Contemporary Ethnography* 18: 123-132.

Gold, M. V. 2007. "Organic Production/Organic Food: Information Access Tools." U.S. Department of Agriculture, Alternative Farming Systems Information Center. http://www.nal.usda.gov/afsic/pubs/ofp/ofp.shtml. Accessed July 17, 2012.

Goodman, D., B. Sorj, and J. Wilkenson. 1987. *From Farming to Biotechnology*. Oxford: Blackwell.

Gourevitch, P. 2011. "The Value of Ethics: Monitoring Normative Compliance in Ethical Consumption Markets." In *The World of Goods: Valuation and Pricing in the Economy*, ed. J. Beckert and P. Aspers, 86-105. Oxford: Oxford University Press.

Gowan, T., and R. Slocum. 2014. "Artisanal Production, Communal Provisioning, and Anticapitalist Politics in the Aude, France." In Schorand Thompson, *Sustainable Lifestyles and the Quest for Plentitude*, 27-62.

Granovetter, M. 1985. "Economic Action and Social Structure: The Problem of Embeddedness." *American Journal of Sociology* 91, no.3: 481-510. M・グラノヴェター（渡辺深訳）「経済行為と社会構造：埋め込みの問題」『転職―ネットワークとキャリアの研究―』ミネルヴァ書房、1998年。

Grasseni, C. 2003. "Packaging Skills: Calibrating Cheese to the Global Market." In *Commodifying Everything*, ed. S. Strasser. New York: Routledge.

――. 2011. "Re-inventing Food: Alpine Cheese in the Age of Global Heritage."*Anthropology of Food*. http://aof.revues.org/6819. Accessed May 19, 2015.

――. 2014. "Of Cheese and Ecomuseums: Food as Cultural Heritage in the Northern Italian Alps." In *Edible Identities: Food as Cultural Heritage*, ed. M. Di Giovine and R. L. Brulotte, 55-66. Burlington, VT: Ashgate.

Gray, M. 2013. *Labor and the Locavere: The Making of a Comprehensive Food Ethic*. Berkeley, CA: University of California Press.

Greene, C., and A. Kremen. 2003. *U.S. Organic Farming in 2000-2001*. Agriculture Information Bulletin 780. Washington, D.C.: U.S. Department of Agriculture, Economic Research Service.

Greene, W. 1971. "Guru of the Organic Cult." *New York Times*, June 6.

Grover, J., and M. Goldberg. 2010. "False Claims, Lies Caught on Tape at Farmers Markets." *NBC Southern California*, September 23. http://www.nbclosangeles.com/news/local/Hidden-Camera-Investigation-Farmers-Markets-103577594.html. Accessed July19, 2012.

Guthman, J. 1998. "Regulating Meaning: The Codification of California Organic Agriculture." *Antipode* 30, no.2: 135-154.

――. 2003. "Fast Food/Organic Food: Reflexive Tastes and the Making of Yuppie Chow." *Social and Cultural Geography* 4, no.1: 45-58.

――. 2004a. *Agrarian Dreams*. Berkeley, CA: University of California Press.

――. 2004b. "Back to the Land: The Paradox of Organic Food Standards." *Environment and Planning* 36: 511-528.

――. 2004c. "The Trouble with 'Organic Lite' in California: A Rejoinder to the 'Conventionalization' Debate." *Sociologia Ruralis* 44, no.3: 301-316.

――. 2007. "The Polanyian Way? Voluntary Food Labels and Neoliberal Governance." *Antipode* 39, no.3: 456-478.

――. 2008a. "'If They Only Knew': Color Blindness and Universalism in California's Alternative Food Institutions."*Professional Geographer* 60, no.3: 387-397.

――. 2008b. "Neoliberalism and the Making of Food Politics in California." *Geoforum* 39, no.3: 1171-1183.

――. 2011. *Weighing In: Obesity, Food Justice, and the Limits of Capitalism*. Berkeley: University of California Press.

Halweil, B. 2004. *Eat Here: Reclaiming Homegrown Pleasures in a Global Supermarket*. Washington, D.C.: Worldwatch Institute.

Haney, D. Q. 1984. "Doctors Trace Drug-Resistant Germs from Cattle to People."*Associated Press*, September 5.

Hansen, L. 2011. "America's Future Farmers Already Dropping Away." Interview with Secretary of Agriculture Tom Vilsack. National Public Radio, February 27. http://www.npr.org/2011/02/27/134103432/Americas-Future-Farmers-Already-Dropping-Away. Accessed July 19, 2012.

Harrison, J. L. 2011. *Pesticide Drift and the Pursuit of Environmental Justice*. Cambridge, MA: MIT Press.

Hassanein, N. 1999. *Changing the Way America Farms: Knowledge and Community in the Sustainable Agriculture Movement*. Lincoln, NE: University of Nebraska Press.

Healy, Kieran. 2006. *Last Best Gifts: Altruism and the Market for Human Blood and Organs*. Chicago: University of Chicago Press.

Hennessy, M. 2013. "White Wave Foods Enters the Produce Aisle with Earthbound Organic Acquisition." *Food Navigator-USA*, December 10. http://www.foodnavigator-usa.com/Manufacturers/WhiteWave-Foods-enters-produce-aisle-with-Earthbound-Organic-acquisition.Accessed January 4, 2016.

Hertz, T. 2014. "Farm Labor." U.S. Department of Agriculture, Economic Research Service. http://www.ers.usda.gov/topics/farm-economy/farm-labor.aspx. Accessed December 27, 2015.

Hess, D.J. 2009. *Localist Movements in a Global Economy: Sustainability, Justice, and Urban Development in the United States*. Cambridge, MA: MIT Press.

Heynen, Nik. 2009. "Bending the Bars of Empire from Every Ghetto for Survival: The Black Panther Party's Radical Antihunger Politics of Social Reproduction and Scale." *Annuals of the Association of American Geographers* 99, no.2: 406-422.

Hinrichs, C. C. 2000. "Embeddedness and Local Food Systems: Notes on Two Types of Direct Agriculture Market." *Journal of Rural Studies* 16: 295-303.

——. 2010. "Conceptualizing and Creating Sustainable Food Systems: How Interdisciplinarity Can Help." In *Imagining Sustainable Food Systems Theory and Practice*, ed. Alison Blay-Palmer, 17-36. Farnham, Surrey: Ashgate.

Hinrichs, C. C., and P. Allen. 2008. "Selective Patronage and Social Justice: Local Food Consumer Campaigns in Historical Context." *Journal of Agricultural and Environmental Ethics* 21: 329-352.

Ho, K. 2009. *Liquidated: An Ethnography of Wall Street*. Durham, NC: Duke University Press.

Hoang, Kimberly Kay. 2011. "'She's Not a Low-Class Dirty Girl！': Sex Work in Ho Chi Minh City." *Journal of Contemporary Ethnography* 40, no.4: 367-396.

——. 2015. *Dealing in Desire: Asian Ascendency, Western Decline, and the Hidden Currencies of Global Sex Work*. Berkeley, CA: University of Calfornia Press.

Holmes, S. 2007. "'Oaxacans Like to Work Bent Over': The Naturalization of Social Suffering among Berry Farm Workers." *International Migration* 45, no.3: 39-68.

——. 2013. *Fresh Fruit, Broken Bodies: Migrant Farmworkers in the United States*. Berkeley, CA: University of California Press.

Horovitz, B. 2006."More University Students Call for Organic, 'Sustainable' Food: Campuses Nationwide Buy More Food from 'Local' Farms." *USA Today*, September

27.

Howard, P. H. 2009. "Consolidation in the North American Organic Food Processing Sector: 1997-2007." *International Journal of Sociology of Agriculture and Food* 16, no.1: 13-30.

———. 2015. "Organic Processing Industry Structure: Acquisitions & Alliances, Top 100 Food Processors in North America," December. https://msu.edu/~howardp/organicindustry.html Accessed January 4, 2016.

Howard, P. H., and P. Allen. 2008. "Consumer Willingness to Pay for Domestic 'Fair Trade': Evidence from the United States." *Renewable Agriculture and Food Systems* 23: 235-242.

———. 2010. "Beyond Organic and Fair Trade? An Analysis of Ecolabel Preferences in the United States." *Rural Sociology* 75, no.2: 244-269.

IFOAM. 2013. "The Principles of Organic Agriculture."International Federation of Organic Agriculture Movements. http://infohub.ifoam.org/en/what-organic/principles-organic-agriculture. Accessed July 26, 2013.

Ikerd, J. 2001. "The Architecture of Organic Production." Inaugural National Organics Conference, Sydney, Australia. August 27-28. http://web.missouri.edu/~ikerdj/papers/Australia.html Accessed July 19, 2012.

Inhetveen, Heide. 1998. "Women Pioneers in Farming: A Gendered History of Agricultural Progress." *Sociologia Ruralis* 38, no.3: 265-284.

Jacobson, M. F. 1972. "Feeding the People, Not Food Producers." *New York Times*, August 31.

Jaffee, D., and P. H. Howard. 2010. "Corporate Cooptation of Organic and Fair Trade Standards." *Agriculture and Human Values* 27: 387-399.

Jager, R. 2004. *The Fate of Family Farming: Variations on an American Idea*. Lebanon, NH: University Press of New England.

Johnston, J. 2008. "The Citizen-Consumer Hybrid: Ideological Tensions and the Case of Whole Foods Matket." *Theory and Society* 37: 229-270.

Johnston, J., and S. Baumann. 2010. *Foodies: Democracy and Distinction in the Gourmet Foodscape*. New York: Routledge.

Johnston, J., and M. Szabo. 2011. "Reflexivity and the Whole Foods Market Consumer: The Lived Experience of Shopping for Change." *Agriculture and Human Values* 28: 303-319.

Johnston, J., A. Biro, and N. MacKendrick. 2009. "Lost in the Supermarket: The Corporate-Organic Foodscape and the Struggle for Food Democracy." *Antipode* 41, no.3: 509-532.

Jonsson, P. 2006. "A Comeback for Small Farms." *Christian Science Monitor*, February 9. http://www.csmonitor.com/2006/0209/p03s03ussc.html. Accessed July 19, 2012.

Josselson, R. 2011. "Narrative Research: Constructing, Deconstructing, and Reconstructing Story." In *Five Ways of Doing Qualitative Analysis*, ed. Frederick J. Wertz et al. New York: Guilford Press.

Kautsky, Karl. 1988 [1899]. *The Agrarian Question*. London: Zwan Publications. K・カウツキー（向坂逸郎訳）『農業問題―近代的農業の諸傾向の概観と社会民主党の農業政

策（上・下）岩波書店、1946年。
Keough, G. 2014. "Massachusetts Agriculture Defies Trends." U.S. Departrnent of Agriculture blog, July 7. http://blogs.usda.gov/2014/07/07/massachusetts-agriculture-defies-national-trends/. Accessed August 18, 2014.
Khan, S. 2012. *Privilege: The Making of an Adolescent Elite at St. Paul's School*. Princeton, NJ: Princeton University Press.
Kirschenmann, F. 2004. "Ecological Morality: A New Ethic for Agriculture." In *Agroecosystems Analysis*, ed. D. Rickerl and C. Francis, 167-176. Madison, WI: American Society of Agronomy.
Kohlhepp, J. 2011. "CSA: The Sustenance of Small Farms." *Tri-Town News*, August 25.
Krippner, Greta R. 2001. "The Elusive Market: Embeddedness and the Paradigm of Economic Sociology." *Theory and Society* 30, no.6: 775-810.
Kristiansen, P., A. Taji, and J. Reganold, eds. 2006. *Organic Agriculture: A Global Perspective*. Ithaca, NY: Cornell University Press.
Kummer, C. 2010. "The Great Grocery Smackdown: "Will Walmart, Not Whole Foods, Save the Small Farm and Make America Healthy?" *Atlantic*. http://www.theatlantic.com/magazine/archive/2013/03/the-great-grocery-smackdown/7904/. Accessed July 22, 2012.
Kusenbach, M. 2003. "Street Phenomenology: The Go-Along as Ethnographic Research Tool." *Ethnography* 4: 455-485.
Lachman, G. 2007. *Rudolph Steiner: An Introduction to His Life and Work*. New York: Penguin.
La Gorce, T. 2011. "Organic Blueberries Don't Come Easily." *New York Times*, June 17.
Läpple, D. 2012. "Comparing Attitudes and Characteristics of Organic, Former Organic and Conventional Farmers: Evidence from Ireland." *Renewable Agriculture and Food Systems*. Available on CJO2012. doi: 10.1017/S1742170512000294.
League of Conservation Voters. 1983. "How Congress Voted on Energy and the Environment: 1982 Voting Chart." Washington, D.C.: League of Conservation Voters.
Leary, W. E. 1989. "Ideas and Trends: Fear of Aflatoxin; The Debate about the Carcinogens That Man Didn't Make." *New York Times*, March 5.
Lichtenstein, N. 2009. *The Retail Revolution: How Wal-Mart Created a Brave New World of Business*. New York: Metropolitan Books. N・リクテンスタイン（佐々木洋訳）『ウォルマートはなぜ、世界最強企業になれたのか――グローバル企業の前衛――』金曜社、2014年。
Lin, B. H., T. A. Smith, and C. L. Huang. 2008. "Organic Premiums of U.S. Fresh Produce." *Renewable Agriculture and Food Systems* 23: 208-216.
Linebaugh, P. 2008. *The Magna Carta Manifesto: Liberties and Commons for All*. Berkeley CA: University of California Press.
Lipson, M. 1997. *Searching For the 'O-Word': Analyzing the USDA Current Research Information System for Pertinence to Organic Farming*. Santa Cruz, CA: Organic Farming Research Foundation.
Local Harvest. 2015. "Community Supported Agriculture." http://www.localharvest.org/

csa/. Accessed January 4, 2016.
Lockeretz, W. 1997. "Diversity of Personal and Enterprise Characteristics among Organic Growers in the Northeastern United States." *Biological Agriculture and Horticulture* 14: 13-24.
Lockie, S., K. Lyons, G. Lawrence, and J. Grice. 2004. "Choosing Organics: A Path Analysis of Factors Underlying the Selection of Organic Food among Australian Consumers." *Appetite* 43: 135-146.
Lockie, S., K. Lyons, G. Lawrence, and D. Halpin. 2006. *Going Organic: Mobilizing Networks for Environmentally Responsible Food Production*. Wallingford, Oxfordshire, UK: CAB International.
Lockie, S., K. Lyons, G. Lawrence, and K. Mummery. 2002. "Eating 'Green': Motivations behind Organic Food Consumption in Australia." *Sociologia Ruralis* 42, no. 1: 23-40.
Lohr, L. 2009. "1990 Farm Bill, Title XXI." In *Encyclopedia of Organic, Local, and Sustainable Food*, ed. Leslie Duram. Santa Barbara, CA: Greenwood.
Lyons, K., and G. Lawrence. 2001. "Institutionalisation and Resistance: Organic Agriculture in Australia and New Zealand." In *Food, Nature and Society: Rural Life in Late Modernity*, ed. H. Tovey and M. Blanc. Ashgate: Aldershot.
Lyson, T. A., and J. Green. 1999. "The Agricultural Marketscape: A Framework for Sustaining Agriculture and Communities in the Northeast." *Journal of Sustainable Agriculture* 15, nos. 2-3: 133-150.
Macaulay, Stewart. 1963. "Non-Contractual Relations in Business: A Preliminary Study." *American Sociological Review* 28, no.1: 1-19.
MacKenzie, D., and Y. Millo. 2003. "Constructing a Market, Performing Theory: The Historical Sociology of a Financial Derivatives Exchange." *American Journal of Sociology* 109: 107-145.
Magdoff, F., J. B. Foster, and F. H. Buttel, eds. 2000. *Hungry for Profit: The Agribusiness Threat to Farmers, Food, and the Environment*. New York: Monthly Review Press. F・マグドフ／J・B・フォスター／F・H・バトル／編（中野一新監訳）『利潤への渇望―アグリビジネスは農民・食料・環境を脅かす』大月書店、2004年
Major, W. H. 2011. *Grounded Vision: New Agrarianism and the Academy*. Tuscaloosa, AL: University of Alabama Press.
Marcuse, H. 1964. *One-Dimensional Man*. Boston: Beacon Press. H・マルクーゼ（生松敬三・三沢謙一訳）『一次元的人間―先進産業社会におけるイデオロギーの研究―』河出書房新社、1984年。
Mariola, M. J. 2008. "The Local Industrial Complex? Questioning the Link between Local Foods and Energy Use." *Agriculture and Human Values* 25: 193-196.
Martin, A., and K. Severson. 2008. "Sticker Shock in the Organic Aisle." *New York Times*, April 18.
Marx, Karl. 1977 [1867]. *Capital*, vol.1. Translated by Ben Fowkes. New York: Vintage. K・マルクス（資本論翻訳委員会訳）『資本論』第1巻、新日本出版社、1982、83年。
Marx de Salcedo, A. 2007. "The Bunny v. the Blue Box." *Salon*, January 30. http://www.salon.com/2007/01/30/annies/. Accessed January 4, 2016.

Mascarenhas, M., and L. Busch. 2006. "Seeds of Change: Intellectual Property Rights, Genetically Modified Soybeans and Seed Saving in the United States." *Sociologia Ruralis* 46, no.2: 122-138.

Mauss, Marcel. 1954. *The Gift: Forms and Functions of Exchange in Archaic Societies*. Glencoe, IL: Free Press. M・モース（吉田禎吾・江川純一訳）『贈与論』筑摩書房、2009年

McClain, N., and A. Mears. 2012. "Free to Those Who Can Afford It: The Everyday Affordance of Privilege." *Poetics* 40: 133-149.

McEntee, J. C. 2011. "Realizing Food Justice: Divergent Locals in the Northeastern United States." In *Cultivating Food Justice: Race, Class, and Sustainability*, ed. A. H. Alkon and J. Agyeman. Cambridge, MA: MIT Press.

McKibben, B. 2007. *Deep Economy*. New York: Henry Holt.

McMichael, P. 2005. "Global Development and the Corporate Food Regime." *Research in Rural Sociology and Development* 11: 265-299.

———. 2010. *Contesting Development: Critical Struggles for Social Change*. New York: Routledge.

McPherson, M., L. Smith-Lovin, and M. E. Brashears. 2006. "Social Isolation in America: Changes in Core Discussion Networks of Two Decades." *American Sociological Review* 71: 353-375.

Mears, A. 2011. "Pricing Looks: Circuits of Value in Fashion Modeling Markets." In *The Worth of Goods: Valuation and Pricing in the Economy*, ed. J. Beckert and P. Aspers, 155-177. Oxford: Oxford University Press.

Mills, C. W. 2000 [1959]. *The Sociological Imagination*. Oxford: Oxford University Press. C・W・ミルズ（伊奈正人・中村好孝訳）『社会学的想像力』筑摩書房、2017年。

Moore, D., A. Pandian, and J. Kosek. 2003. *Race, Nature, and the Politics of Difference*. Durham, NC: Duke University Press.

Moskin, J. 2009. "Northeast Tomatoes Lost, and Potatoes May Follow." *New York Times*, July 28. http://www.nytimes.com/2009/07/29/dining/29toma.html. Accessed July 19, 2012.

Mount, P. 2012. "Growing Local Food: Scale and Local Food Systems Governance." *Agriculture and Human Values* 29, no.1: 107-121.

Munoz, O. 2010. "More Farmers Work Away from Fields to Pay Bills." *Bismarck Tribune*, December 10.

Murphy, K. 1996. "Organic Food Makers Reap Green Yields of Revenue: A Widening Popularity Brings Acquisitions." *New York Times*, October 26.

National Academy of Sciences. 1975. *Annual Report: Fiscal Years 1973 and 1974*. Washington D.C.: National Academy of Sciences.

National Agricultural Statistics Service. 2011. *Land Values 2011 Summary*. U.S. Department of Agriculture. http://usda01.library.cornell.edu/usda/current/AgriLandVa/AgriLandVa-08-04-2011.pdf. Accessed July 19, 2012.

National Park Service. "Trades along the Battle Road."Marker at Minute Man National Historic Park.

Ness, C. 2006. "Whole Foods, Taking Flak, Thinks Local." *San Francisco Chronicle*, July 26.
Netting, R. M. 1993. *Smallholders, Householders: Farm Families and the Ecology of Intensive, Sustainale Agriculture*. Stanford, CA: Stanford University Press.
Nettle, C. 2014. *Community Gardening as Social Action*. Farnham: Ashgate.
Nichols, J. 2003. "Needed: A Rural Strategy." *Nation*, November 3. http://www.thenation.com/article/needed-rural-strategy#. Accessed July 19, 2012.
Oakes, J. B. 1989. "A Silent Spring, for Kids." *New York Times*, March 30.
Obach, B. K. 2007. "Theoretical Interpretations of the Growth in Organic Agriculture: Agricultural Modernization or an Organic Treadmill? *Society and Natural Resources* 20, no.3: 229-244.
Oberholtzer, L. 2009. "'Direct Marketing' and 'Suburban Sprawl.'" In *Encyclopedia of Organic, Local, and Sustainable Food*, ed. Leslie Duram. Santa Barbara, CA: Greenwood.
Oberholtzer, L., K. Clancy, and J. D. Esseks. 2010. "The Future of Farming on the Urban Edge: Insights from Fifteen U.S. Counties about Farmland Protection and Farm Viability." *Journal of Agriculture, Food Systems, and Community Development* 1, no.2: 59-75.
Oldenberg, R. 1989. *The Great Good Place*. New York: Paragon House. R・オルデンバーグ（忠平美幸訳）『サードプレイス―コミュニティの核になる「とびきり居心地よい場所」』みすず書房、2013年。
O'Neill, J. M. 2009. "What's Killing. Our Tomatoes? Late-Blight Fungus Ruining. Crops in 13 States." *The Record*, July 18.
OFPA (Organic Foods Production Act). 1990. *Code of Federal Regulations*.
OTA (Organic Trade Association). 2005. "A National Organic Initiative." http://www.ota.com/pics/documents/NationalOrganicInitiative _206.pdf. Accessed July 18, 2012.
———. 2015. "There's More to Organic than Meets the Eye." https://www.ota.com/resources/market-analysis. Accessed December 2, 2015.
Pechlaner, Gabriela, and Gerardo Otero. 2008. "The Third Food Regime: Neoliberal Globalism and Agricultural Biotechnology in North America." *Sociologia Ruralis* 48, no.4: 351-371.
Petersen, C. 1974. "The 'Anarchlings' Who Bark but Never Bite." *Chicago Tribune*, May 24.
Pilgeram, R. 2011. "'The Only Thing That Isn't Sustainable... Is the Farmer': Social Sustainability and the Politics of Class among Pacific Northwest Farmers Engaged in Sustainable Farming." *Rural Sociology* 76, no.3: 375-393.
Pirog, R., and N. McCann. 2009. *Is Local Food More Expensive? A Consumer Price Perspective on Local and Non-Local Foods Purchased in Iowa*. Ames, IA: Leopold Center.
Pisani Gareau, T., N. DeBarros, M. Barbercheck, and D. Mortensen. 2009. *Conserving Wild Bees in Pennsylvania*. CODE#UF023R3M04/10payne5005. State College, PA: Pennsylvania State University, Agricultural Communications and Marketing.
Polanyi, K. 1957. *The Great Transformation: The Political and Economic Origins of Our Time*. Boston: Beacon Press. K・ポラニー（野口建彦・栖原学訳）『新訳　大転換―市場社会の形成と崩壊―』東洋経済新報社、2009年。

Pollan, M. 2006. *The Omnivore's Dilemma: A Natural History of Four Meals*. New York: Penguin. M・ポーラン（ラッセル秀子訳）『雑食動物のジレンマ―ある４つの食事の自然史―』（上・下）東洋経済新報社、2009年。

Pratt, Jeffery. 2008. "Food Values: The Local and the Authentic." *Hidden Hands in the Market: Ethnographies of Fair Trade, Ethical Consumption, and Corporate Responsibility*. Special issue of *Research in Economic Anthropology* 28: 53-70.

――. 2009. "Incorporation and Resistance: Analytical Issues in the Conventionalization Debate and Alternative Food Chains." *Journal of Agrarian Change* 9, no.2: 155-174.

Pretty, J. 1998. *The Living Land: Agriculture, Food, and Community Regeneration in Rural Europe*. London: Earthscan Publications.

Pritchard, B., D. Burch, and G. Lawrence. 2007. "Neither 'Family' nor 'Corporate' Farming: Australian Tomato Growers as Farm Family." *Journal of Rural Studies* 23: 75-87.

Putnam, R. 2000. *Bowling Alone: The Collapse and Revival of American Community*. New York: Simon and Schuster. R・D・パットナム（柴内康文訳）『孤独なボウリング―米国コミュニティの崩壊と再生』柏書房、2006年。

Raftery, I. 2011. "Young Farmers Find Huge Obstacles to Getting Started." *New York Times*, November 12.

Ramde, D. 2011. "More Young People See Opportunities in Farming." *USA Today*, December 22. http://www.usatoday.com/money/industries/food/story/2011-12-24/young-people-farming/52163914/1. Accessed July 19, 2012.

Reed, Matthew. 2001. "Fight the Future! How the Contemporary Campaigns of the UK Organic Movement Have Arisen from Their Composting of the Past." *Sociologia Ruralis* 41, no.1: 131-145.

Rosenbaum, D. E. 1984. "States' Actions of EDB in Food Resulting in Pattern of Confusion." *New York Times*, February 18.

Rosin, C., and H. Campbell. 2009. "Beyond Bifurcation: Examining the Conventions of Organic Agriculture in New Zealand." *Journal of Rural Studies* 25: 35-47.

Russell, H. S. 1976. *A Long, Deep Furrow: Three Centuries of Farming in New England*. Lebanon, NH: University Press of New England.

Sandilands, C.1993. "On 'Green' Consumerism: Environmental Privatization and 'Family Values.'" *Canadian Women's Studies* 13, no.3: 45-47.

Saunders, C., A. Barber, and G. Taylor. 2006. "Food Miles-Comparative Energy/Emissions Performance of New Zealand's Agricultural Industry." Christchurch, New Zealand: Lincoln University. Report No.285.

Sayre, L. 2011. "The Politics of Organic Farming: Populists, Evangelicals, and the Agriculture of the Middle." *Gastronomic: The Journal of Food and Culture* 11, no.2: 38-47.

Schor, J. B. 1991. *The Overworked American: The Unexpected Decline of Leisure*. New York: Basic Books. J・B・ショア（森岡孝二・成瀬龍夫・青木圭介・川人博訳）『働きすぎのアメリカ人―予期せぬ余暇の減少―』窓社、1993年。

――.1996. "Summary of 'The Insidious Cycle of Work and Spend.'" In *The Consumer Society*, ed. N. R. Goodwin, F. Ackerman, and D. Kiron. Washington, D.C.: Island Press.

―. 1998. *The Overspent American: Upscaling, Downshifting, and the New Consumer.* New York: Basic Books. J・B・ショア（森岡孝二監訳）『消費するアメリカ人―なぜ要らないものまで欲しがるか―』岩波書店、2011年。
―. 2010. *Plentitude: The New Economics of Wealth.* New York: Penguin. J・B・ショア（森岡孝二監訳）『プレニテュード―新しい「豊かさ」の経済学―』岩波書店、2011年。
Schor, J. B., and C. Fitzmaurice. 2015. "Sharing, Collaborating, and Connecting: The Emergence of the Sharing Economy." In *Handbook of Research on Sustainable Consumption*, ed. Lucia A. Reisch, and John Thøgersen. Northhampton, MA: Edward Elgar.
Schor, J. B., and C. J. Thompson, eds. 2014. *Sustainable Lifestyles and the Quest for Plentitude: Case Studies of the New Economy.* New Haven: Yale University Press.
Schurman, R., and W. Munro. 2009. "Targeting Capital: A Cultural Economy Approach to Understanding the Efficacy of Two Anti-Genetic Engineering Movements." *American Journal of Sociology* 115, no.1: 155-202.
Seyfang, G. 2006. "Ecological Citizenship and Sustainable Consumption: Examining Local Organic Food Networks." *Journal of Rural Studies* 22: 383-395.
Shabecoff, P. 1983. "Florida's Ban on 26 Food Products Prompts EPA Pesticide Investigation." *New York Times*, December 22.
Sierra, L., K. Klonsky, R. Strochlic, S. Brody, and R. Molinar. 2008. *Factors Associated with Deregistration among Organic Farmers in California.* Davis, CA: Sustainable Agriculture Research and Education Program.
Silverman, G. 2011. "Local Farmers Question the Economic Benefit of Organic Label." *Medill Reports*, May 26. Chicago: Northwestern University.http://news.medill.northwestern.edu/chicago/news.aspx?id=186782. Accessed July 19, 2012.
Small, M. 2009. *Unanticipated Gains: Origins of Network Inequality in Everyday Life.* Oxford: Oxford University Press.
Soil Association Certification. 2013. http://www.sacert.org/. Accessed March 4, 2015.
Stock, P. V.2007. "'Good Farmers' as Reflexive Producers: An Examination of Family Organic Farmers in the U.S. Midwest." *Sociologia Ruralis* 47, no.2: 83-102.
Swedberg, Richard. 2003. "The Case for an Economic Sociology of Law" *Theory and Society* 32: 1-37.
Thirsk, J. 1997. *Alternative Agriculture: A History from the Black Death to the Present Day.* Oxford: Oxford University Press.
Thompson, C., and G. Coskuner-Balli. 2007a. "Countervailing Market Responses to Corporate Co-optation and the Ideological Recruitment of Consumption Communities." *Journal of Consumer Research* 34, no.2: 135-152.
―. 2007b. "Enchanting Ethical Consumerism: The Case of Community Supported Agriculture." *Journal of Consumer Culture* 7: 275-303.
Thompson, C., and .M. Press. 2014. "How Community-Supported Agriculture Facilitates Reembedding and Reterritorializing Practices of Sustainable Consumption." In Schor and Thompson, *Sustainable Lifestyles and the Quest for Plentitude*, 125-147.

Trauger, A., C. Sachs, M. Barbercheck, K. Brasier, and N. E. Kiernan. 2010. "'Our Market Is Our Community': Women Farmers and Civic Agriculture in Pennsylvania, USA." *Agriculture and Human Values* 27: 43-55.

UMass Extension. 2012. "Tomato and Potato Late Blight." University of Massachusetts, Amherst, Center for Agriculture. http://extension.umass.edu/vegetable/diseases/tomato-late-blight. Accessed July 19, 2012.

Upright, C. B. 2012. "New-Wave Cooperatives Selling Organic Food: The Curious Endurance of an Organizational Form." PhD dissertation, Department of Sociology, Princeton University. Available at http://arks.princeton.edu/ark:/88435/dsp012f75r8052.

U.S. Congress. 1982. "Organic Farming Act of 1982: Hearing before the Subcommittee on Forests." H.R. 5618, 97th Congress, 2nd Session. http://www.archive.org/stream/organicfarmingaooenergoog#page/no/mode/2up. Accessed July 18, 2012.

USDA. 1980. "Report and Recommendations on Organic Farming." http://www.nal.usda.gov/afsic/pubs/USDAOrgFarmRpt.pdf. Accessed July 18, 2012.

———. 2009 "2007 Census of Agriculture: Farm Numbers." *2007 Census of Agriculture*. http://www.agcensus.usda.gov/Publications/2007/Online_Highlighrs/Fact_Sheets/Farm_Numbers/farm_numbers.pdf. Accessed July 19, 2012.

———. 2014. "2012 Census Publications." *2012 Census of Agriculture*. http://www.agcensus.usda.gov/Publications/2012/. Accessed May 19, 2015.

Vanac, Mary. 2013. "Kathleen Merrigan Abruptly Resigns." *Columbus Dispatch*, March 15. Available at http://www.dispatch.com/content/blogs/the-bottom-line/2013/03/usda-deputy-secretary-kathleen-merrigan-resigns.html. Accessed December 15, 2015.

Veblen, Thorstein. 1912 [1899]. *The Theory of the Leisure Class*. New York: MactMillan. T・ヴェブレン（村井章子訳）『有閑階級の理論』筑摩書房、2016年。

Velthius, O. 2004. "An Interpretive Approach to the Meaning of Prices." *Review of Austrian Economics* 17, no.4: 371-386.

Venkataraman, B. 2009. "Late Blight Yields Bitter Harvest." *Boston Globe*, July 31. http://www.boston.com/news/local/massachusetts/articles/2009/07/31/disease_that_spawned_irelands_potato_famine_hits_new_england/?page=2. Accessed July 19, 2012.

Wacquant, L. 2004. *Body and Soul: Notebooks of an Apprentice Boxer*. Oxford: Oxford University Press.

Walten, J. 1992. "Making the Theoretical Case." In *What Is a Case? Exploring the Foundations of Social Inquiry*, ed. C. Ragin and H. Becker. Cambridge: Cambridge University Press.

"Walz, E. 2004. "Final Results of the Fourth National Organic Farmers' Survey: Sustaining Organic Farms in a Changing Organic Marketplace." Santa Cruz, CA: Organic Farming Research Foundation. http://ofrf.org/publications/pubs/4thsurvey_results.pdf. Accessed July 19, 2012.

Warner, M. 2005. "What Is Organic? Powerful Players Want a Say." *New York Times*, November 1.

———. 2006. "Wal-Mart Eyes Organic Foods." *New York Times*, May 12.

Weber, J., and M. Ahearn. 2012. "Farm Household Well-Being: Labor Allocations and Age." U.S. Department of, Agriculture, Economic Research Service. http://www.ers.usda.gov/topics/farm-economy/farm-household-well-being/labor-allocations-age.aspx. Accessed July 19, 2012.

Weise, E. 2009. "On Tiny Plots, A New Generation of Farmers Emerges." *USA Today*, July 14. http://www.usatoday.com/news/nation/environment/2009-07-13-young-farmers_N.htm. Accessed July 19, 2012.

Weiss, Brad. 2011. "Making Pigs Local: Discerning the Sensory Character of Place." *Cultural Anthropology* 26, no.3: 438-461.

Wherry, F. F. 2012. "Performance Circuits in the Marketplace." *Politics and Society* 40, no.2: 203-221.

Winders, B. 2009. *The Politics of Food Supply: U.S. Agricultural Policy in the World Economy*. New Haven: Yale University Press.

Wood, Spencer D., and Jess Gilbert. 2000. "Returning African American Farmers to the Land: Recent Trends and a Policy Rationale." *Review of Black Political Economy* 27, no.4: 43-64.

Young, K. 2015. "Sales from U.S. Organic Farms Up 72 Percent, USDA Reports." U.S. Department of Agriculture, Census of Agriculture, September 17. http://www.agcensus.usda.gov/Newsroom/2015/09_17_2015.php. Accessed January 4, 2016.

Youngberg, G., and S. P. DeMuth. 2013. "Organic Agriculture in the United States: A 30 Year Retrospective." *Renewable Agriculture and Food Systems* 28, no.4: 294-328.

Zelizer, V. A. 1988. "Beyond the Polemics on the Market: Establishing a Theoretical and Empirical Agenda." *Sociological Forum* 3, no.4: 614-634.

――. 2005. *The Purchase of Intimacy*. Princeton, NJ: Princeton University Press.

――. 2006. "Money, Power, and Sex." *Yale Journal of Law and Feminism* 18: 303-315.

――. 2007. "Pasts and Futures of Economic Sociology." *American Behavioral Scientist* 50, no.8: 1056-1069.

――. 2010. *Economic Lives: How Culture Shapes the Economy*. Princeton, NJ: Princeton University Press.

――. 2012. "How I Became a Relational Economic Sociologist and What Does That Mean?" *Politics and Society* 40, no.2: 145-174.

邦訳書のあるものについては、古典が多いので、初訳書ではなく、現在入手可能な新しい訳書を掲載した（岩佐和幸の検索による）。

索　引

A&P supermarket chain　A＆Pスーパーマーケット・チェーン……61
ARS（the USDA's Agricultural Research Service）農務省農業研究部……45
BPP（Black Panther Party）ブラックパンサー党……32
CES（the Cooperative Extension Center）協同農業改良普及センター……47
CSA（the Community Supported Agriculture）コミュニティが支える農業……18, 20, 94-95, 100-101, 104-107, 110-112, 115-116, 119-121, 123, 135, 146-147, 149-156, 159, 170, 173-174, 177-178, 183, 186, 191-192, 196, 207, 214, 221-223, 225, 227-230, 233-235, 238, 245-247
DDT（pesticide）農薬DDT……31
EPA（Environmental Protection Agency）環境保護局……37
IPM（the Integrated Pest Management）総合的（病虫害）管理……115, 160, 168, 185
IFOAM（The International Federation of Organic Agriculture）国際有機農業連盟……233, 241
M&M Mars　Ｍ＆Ｍマース社……68
NAS（the National Academy of Sciences）米国科学アカデミー……119
NGO……41, 47-48, 50, 152
NOFA（Northeast Organic Farming Association）東北部有機農業協会……176
NOP（the National Organic Program）全国有機プログラム……5, 194-195, 242, 249
NOSB（the National Organic Standards Board）全国有機基準委員会……50
NRDC（National Resource Defense Council）天然資源防御協議会……38
NYFC（National Young Farmers Coalition）全国青年農業者連盟……140
OFA（the Organic Farming Act of 1982）有機農業法……249
OFPA（Organic Foods Production Act of 1990）有機食品生産法……41-42, 48-56
OTA（the Organic Trade Association）有機トレード協会……54-56
USDA（the U.S. Department of Agriculture）（アメリカ農務省）……95
WIC（Women, Infants, and Children Assistance from the USDA's Food and Nutrition Service）女性・乳幼児・児童食料栄養支援事業……174

あ行

アグラリアニズム agrarianism……130, 138, 144, 181-182, 187, 215
アグリビジネス agribusiness……vii, 30, 34-35, 39, 41, 48, 52, 55-56, 63-67, 69, 71, 118, 130, 177, 184, 225-227, 236, 242, 245-246, 248-249
アグロエコロジー agroecology……58-59, 70, 72, 78, 80, 82, 186
アグロインダストリアル企業……142
アラール Alar（daminozide）ダミノジッド（植物成長管理剤）……38-39
アースバウンド農園 Earthbound Farm……64, 72
アブラムシ aphids……167, 172, 188
『生きている土』（バルフォア卿）Living Soil, The（Balfour）……29
イギリス Britain（United Kingdom）……x, 21, 25-29, 225, 248, 252
遺伝子組み換え作物 genetically engineered crops……6, 50, 245
ヴァーダントエーカーズ果樹園 Verdant Acres Orchards……185, 188
ヴァーモント州 Vermont……x, 74, 91, 93, 100, 141, 244
ヴィリディアン農園 Viridian Farm……105, 106, 111, 124, 146, 158, 159
ウォルトディズニー社 Walt Disney Company……61

ウォルマート Walmart……24, 55, 57, 61-63, 65-66, 77, 145, 162, 225-226
エアルームトマト heirloom（traditional, non hybridized）tomatoes……120
エボリューショナリーオーガニック農園 Evolutionary Organics……170
エルシニア症 yersiniosis……36
オバマ・バラクObama, Barack……51
オルタナティブ農業……viii, 19, 59, 62, 77, 81, 134, 138, 190-191, 197, 205-206, 208, 210-213, 215-216, 218, 220-221, 223-224, 226-227, 233, 236
　社会的消費とオルタナティブ農業……212
オールドタイムス農園 Old Times Farm……105-106, 119, 123, 145-147, 155, 159
卸売業者……107

か行

カウツキー、カール Kautsky, Karl……27
囲い込み運動 enclosure movement……25
化石燃料……180, 224, 233-234
家畜……28-29, 43, 47, 49, 59, 88, 106, 186-187, 232, 243, 248
合衆国 United States……45, 57, 83, 91, 93, 95, 184, 194, 200, 213, 215, 225, 235, 243-244, 246-247
環境倫理……180-181, 184
慣行農法化 conventionalization……117, 197, 213, 215
間作 intercropping……13, 165
企業的アグリビジネス……66
規模の経済……6, 71, 224
キュウリ虫 cucumber beetles……167, 172
クインシー農園 Quincy Farm……142
クラフト Craft……24, 56, 68
グレイトフルハーベスト農園 Grateful Harvest Farm……106, 137, 157, 204
経済社会学 economic sociology……viii-ix, 10-12, 82, 89, 147, 205, 249, 251
ケロッグ Kellogg……66-69, 77
郊外化 suburbanization……90
工業化 industrialization……vii-viii, 7, 19, 25, 27, 29-31, 36, 55, 62, 78, 122, 125, 208-209, 226-227, 232-233
工業的有機 industrial……viii, 6-7, 9, 62, 65 69, 73, 79, 92, 177
工業的有機農業 industrial organic agriculture……8
小売店……8, 19-20, 30, 38, 62-63, 67, 69, 74-75, 110, 146-147, 176-177, 226, 233
公正食料運動 Equitable Food Initiative……232
合成（化学）肥料 fertilizers, synthetic (chemical)……vii, 25-30, 33-34, 39, 44, 47, 71, 95, 157, 233, 243, 248
抗生物質（家畜用）antibiotics, fed to livestock……37
国内フェアトレード協会 Domestic Fair Trade Association……231
黒人農家 Black farmers……16
コマツナ komatsuna……118, 236
コミュニティ community……vii-x, 15, 17-21, 48, 58, 73-75, 78, 81, 90, 97, 121-123, 126, 130-131, 135, 137, 142, 144-145, 147, 149, 150, 152-153, 155-156, 162, 165, 167, 173-174, 177, 190, 196-197, 201, 204, 208-209, 212-215, 219-223, 226, 228, 230, 232-233, 236-237, 249, 251
コネティカット州 Connecticut……x, 93, 101, 114, 141, 244
コロラドハムシ potato beetles……166-167, 170, 172, 181, 188
昆虫 insects……43, 115, 171

さ行

サスティナブルハーベスト農園 Sustainable Harvest Farm……108, 140, 157
殺菌剤 fungicides……25, 52, 112-114, 117, 168
サボイキャベツ yukina savoi……118
サルモネラ菌 salmonella……37
持続可能性 sustainability……4, 7, 58-60, 63-64, 66, 69, 71-73, 78, 80, 89, 95, 109,

索引　273

171, 184, 186, 188, 192, 195, 197, 204-205, 207, 209-211, 219-220, 223, 226, 230-236, 249
市場向け菜園 market gardening……90
社会運動 social movements……4, 7, 10, 17, 27, 32-33, 86-87
自由主義……133
需給サイクル……153
シュタイナー、ルドルフ Steiner, Rudolf……27, 29, 39, 55
食品生協 food coops……8, 211
食への恐怖……36, 43
除草剤 herbicides……vii, 25, 37, 71, 201
ジョンソンファミリー農園 Johnson Family Farm……106, 116, 160, 168
新自由主義 neoliberalism……5-6, 46, 207-218, 221, 236, 249-250
人民の公園……31-32
スイス……95
スターバックス Starbucks……24
ストーンバーンズ食料農業センター Stone Barns Center for Food and Agriculture……140
ストーニーフィールド農園 Stonyfield Farm……64
砂嵐 Dust Bawl (1930s)……28, 248
スーパーマーケット……21, 57, 63, 118, 155, 160, 172, 174, 206, 211, 213, 217, 225-226, 229, 234
スーパーマーケット有機……17, 57-58, 68, 71, 74, 77, 82, 98, 176
スローフード Slow food……88, 114
政治経済学 political economy……ix, 4, 10, 17, 81-82, 138, 156, 205-206, 245-246, 249-250
生物学的病害虫管理……43
生物多様性 biodiversity……25, 50, 104, 119-120
ゼネラルミルズ General Mills……66-68
千宝菜 senposai……118
旋毛虫病 trichinosi……37
専門化 specializations……244

た行

タアサイ totosoi……118
大恐慌 Great Depression……218
対抗文化 counterculture……63, 65, 67, 213
第2次世界大戦 World War II……90, 93, 242, 251
堆肥 manures……26
『たわごと　その要因』B. S. Factor, The……34
直売 direct marketing……7, 94, 223-224
『沈黙の春』Silent Spring (Carson)……31
ディーンフーズ Dean Foods……56, 64, 68
ディガーズ Diggers……31-32
同質化 homogenization……72-74, 78
ドール Dole……67
土壌 soil……25, 27-31, 33, 39, 43, 50, 52, 59, 72, 103, 105, 108-109, 112-113, 117, 144, 200, 204, 248-249
　土壌肥沃度の維持 maintenance of soil fertility……49
土壌協会 Soil Association……29, 44
トゥルーフレンド農園 True Friends Farm……106, 174
トマト胴枯れ病 tomato blight……113, 115-117, 165, 178, 185, 188

な行

二極分化 bifurcation……viii-ix, 2, 4, 7-9, 12-14, 17, 42, 78-79, 81-82, 86, 89, 90, 92, 94-96, 98, 116, 125, 147, 151, 162, 242, 249
二臭化エチレン EDB（ethylene dibromide）……37
日本 Japan……95
ニューエイジの精神性 New Age spirituality……29
ニューイングランド New England……viii-x, 2, 12, 14-16, 18-19, 62, 71, 75, 79-82, 90-92, 94, 97-101, 103-105, 108-109, 111-112, 115, 119, 121, 125, 127, 132, 134, 139, 141, 155, 159-160, 168, 174, 182, 185, 187, 198, 220,

239-240, 242, 244-246
ニューディール改革 New Deal reforms……218
ニューハンプシャー州 New Hampshire……x, 90, 93, 244
ニューヨーク州北部 New York, upstate……142
ニッチ市場 niche markets……vii, 7, 46, 48, 53, 55-56, 61, 63, 79, 81-82, 91, 95, 206, 212, 214, 236
ニクソン政権 Nixon Administration……35, 118
ネットワーク networks……9-11, 13-14, 20, 79, 88-90, 173, 177, 190-191, 208, 213-214, 221-222, 228, 232
ノースカロライナ州 North Carolina……88-89
農業公正化プロジェクト Agricultural Justice Project……231
『農業聖典』（ハワード）Agricultural Testament, An (Howard)……28
農業法（2008年）Farm Bill (2008)……142, 207
農場からテーブルへの運動……235
農場労働者 farmworkers……60, 70, 76, 78, 89, 107, 127, 128, 133, 134, 190, 209
農薬 pesticides……vii, 3, 5-7, 33, 37-38, 44, 47, 51, 72, 95, 99, 106, 109, 115-117, 130, 157, 160, 163-166, 187-188, 190, 193, 195, 201, 203-204, 210, 224, 232-233, 243, 245

は行

ハインツ社 Heinz (H. J.) Company……34, 61, 67, 68
「バイオダイナミック農法」"biodynamic" farming……27
パイオニア農園 Pioneer Farm……104, 106, 127, 132, 147, 155, 157-158, 161, 174
ハッピーヘン牧場 Happy Hen Pastures……106, 132
パルナッソス農園……106, 157, 158

ハフリー実験 Haughley Experiments……29
ハムグリムシ leaf miners……167
バルフォア卿夫人 Balfour, Lady Evelyn……28-29, 105
ハワード卿 Howard, Sir Albert……27-28, 44
ヒスパニック Hispanic……91
ピースフルバレー果樹園 Peaceful Valley Orchards……106, 115,-117, 147, 160, 168
被覆作物 cover crops……13, 163
ファーマーズマーケット farmers' market……2, 4, 8, 20-21, 30, 75-76, 78, 80-81, 94, 104, 107, 111, 115, 121, 138, 147, 155-156, 159, 163-164, 175-176, 185, 225-226, 233, 240
フェアトレード・ラベル fair trade labeling……211, 232
ブランド信仰 brand loyalty……66
プレンティテュード・モデル Plentitude models……219-220, 229
ブッシュ政権 Bush (George W.) administration……102
ベアネイキッド・ブランド Bear Naked brand……69
『閉鎖的循環』Closing Circle, The (Commoner)……30
ヘリテイジハーベスト農園 Heritage Harvest Farm……106, 119, 123, 132, 158, 161
放射線照射 irradiation……50
保守……29-30, 39, 43, 133-134
ホーメル Hormel……67
ホールフーズ・マーケット Whole Foods Market……2, 4, 21, 31, 57, 61, 69, 81, 145-146, 159, 162, 197, 211, 225-226, 232
ボツリヌス中毒 Botulism……36, 37
ホライズンオーガニック乳業 Horizon Organic Dairy……56, 64
ボランティア……105, 123, 139, 149-150, 152, 156, 177-178, 207, 222, 229, 234

ポランニー・カール Polanyi, Karl……5
ポリフェイス農園 Polyface Farm
　（Virginia）……158-159

ま行
『マグナカルタ宣言』Magna Carta
　Manifesto, The（Linebaugh）……26
マルクーゼ，ヘルベルト Marcuse,
　Herbert……63, 226
マルクス，カール Marx, Karl……27, 247,
　249
マクドナルド社 McDonald's……24
ミューアグレン・ブランド Muir Glen
　brand……67-68
メーン州 Maine……x, 91, 93, 244
モノカルチュア monoculture……96

や行
ヤッピー運動……24
有機基準……4-6, 41, 49-51, 53, 61, 65, 158,
　163, 242, 249
有機市場 organic market……8-11, 13-14,
　19, 42, 47, 56-58, 66, 70-71, 78-79,
　81-82, 94, 96, 98, 145, 171, 183-184,
　202, 241
有機食品 organic foods……vii, 7, 21, 24-25,
　27, 33, 35, 38-39, 41-43, 47-49, 51-56,
　58, 61-65, 69, 72, 74-75, 77-78, 82, 92,
　104, 142-143, 170, 175-177, 183, 211,
　217, 226, 233, 242
有機食品の市場 market for organic foods
　……47, 61, 62, 63, 67
有機農業の二極分化 bifurcation of organic
　agriculture……7, 242, 249
有機農業の歴史 history of organic
　agriculture……8, 42, 56, 72, 249
有機農業の再定義 redefinition……55, 61, 63
有機農業の規定 regulation of organic
　agriculture……x, 3, 5, 9, 42, 242
有機農業の社会運動 social movement
　roots of organic agriculture……4, 7
有機認証 organic certification……2, 24,
　48-49, 74, 105, 114-116, 136-137,
　151-152, 157-159, 161-165, 168-171,
　173, 183, 185, 190, 192, 194, 200,
　202-204, 224, 240, 243, 245
官僚主義 bureaucracy……159
有機ラベル organic label……3-4, 17-18, 53,
　74-75, 164, 174, 180, 194, 232, 244
優生学 eugenics……29
養豚 hog farming……44
ヨトウムシ cutworms……110

ら行
「ライフスタイル」農業 "lifestyle" farming
　……110
「ライフスタイル」農場……97
ランズセイク農園 Land's Sake Farm……
　79, 116-117, 129
ラフィングブルック農園 Laughing Brook
　Farm……106, 157-158
ラフィングストック農園 Laughing Stock
　Farm……154
硫酸銅（農薬）copper sulfate（pesticide）
　……51-52, 112-113, 117, 171, 183, 243
輪作 rotation of crops……26, 43, 47, 132,
　163, 182, 195
レーガン政権 Reagan administration……
　44-46
レストラン restaurants……42, 88, 100, 107,
　120-121, 146-147, 155, 186, 187, 204,
　206-207
「ローカル」食 "local" foods……62
ローカル・ハーベスト Local Harvest……95
ローカリズム localism……209, 210, 212,
　218, 228, 237, 249
労働市場 labor markets……11, 220, 230
ロデイル Rodale, J. J.……28-29, 32-34, 252
ロードアイランド州 Rhode Island……x,
　100, 141, 244
ロビン・フッド公園委員会 Robin Hood's
　Park Comission……31
ロングデイズ農園 Long Days Farm……
　106, 121, 168

索引　275

著者
コノー・J・フィッツモーリス（Connor J. Fitzmaurice）
　現在：ボストン大学（Boston University）社会学科大学院生（Ph.D.候補）

ブライアン・J・ガロー（Brian J. Gareau）
　Ph.D.（カリフォルニア大学サンタクルズ校）
　現在：ボストン大学（Boston College）社会学科（社会学・国際研究教室）准教授

監訳者
村田　武（むらた　たけし）
　2016年北海道大学大学院農学院博士後期課程修了
　九州大学・金沢大学名誉教授　博士（経済学）・博士（農学）
　主著：『現代ドイツの家族農業経営』筑波書房、2016年

レイモンド・A・ジュソーム Jr.（Raymond A. Jussaume Jr.）
　1987年コーネル大学大学院修了
　Ph.D.（Development Sociology）
　博士論文題目（Part-Time Farming in Okayama Japan）
　現在：ミシガン州立大学社会学科教授
　主著：Causes and Consequences of Japanese Part-Time Farming. Ames, Iowa, Iowa State University Press, 1991

訳者（担当章）
村田　武（はじめに・序）

関根佳恵（せきね　かえ）（第Ⅰ部　第1章・第2章）
　2011年京都大学大学院経済学研究科博士課程修了
　博士（経済学）
　現在：愛知学院大学大学院経済学研究科准教授
　主著：The Contradictions of Neoliberal Agri-Food: Corporations, Resistance, and Disasters Japan. WV, West Virginia University Press, 2016（Co-authored with Alessandro Bonanno）

岩佐和幸（いわさ　かずゆき）（第3章）
　2002年京都大学大学院経済学研究科博士後期課程修了
　博士（経済学）
　現在：高知大学人文社会科学部教授
　主著：『マレーシアにおける農業開発とアグリビジネス─輸出指向型開発の光と影─』法律文化社、2005年

著者紹介

佐藤加寿子（さとう　かずこ）（第Ⅱ部　まえがき・第4章）
　1997年九州大学大学院農学研究科博士後期課程単位取得退学
　博士（農学）
　現在：弘前大学農学生命科学部准教授
　主著：『新大陸型資本主義国の共生農業システム：アメリカとカナダ』農林統計協会、
　　2011年（共著）、『転換期の水田農業：稲単作地帯における挑戦』農林統計協会、
　　2017年（共編著）

戴　容秦思（だい　ようしんし）（第5章前半・第7章）
　2014年広島大学大学院生物圏科学研究科博士後期課程修了
　博士（農学）
　現在：広島大学学術院農学ユニット特任助教
　主論文：「中国の巨大乳業における企業結合プロセス」『流通』、35:15-32、2014年。「中
　　国における酪農生産の変貌と乳業の生乳調達の実態」『農業市場研究』、24（4）:11-21、
　　2016年。

高梨子文恵（たかなし　ふみえ）（第5章後半・第6章）
　2009年鹿児島大学大学院連合農学研究科博士課程修了
　博士（農学）
　現在：弘前大学農学生命科学部国際園芸学科准教授
　主著：「ハノイ市安全野菜フードシステムにおける中間組織」秋葉まり子編著『ベト
　　ナム農村の組織と経済』弘前大学出版会、2015年

溝手芳計（みぞて　よしかず）（結論・補遺）
　1984年京都大学大学院経済学研究科博士後期課程単位修得退学
　現在：駒澤大学経済学部教授
　主著：『グローバル資本主義と農業』（共著、加瀬良明編、「第6章　グローバル化・リー
　　ジョナル化とEUの農業・農政－食品アグリビジネスとの関連を中心に－」を担当）
　　筑波書房、2008年

現代アメリカの有機農業とその将来
ニューイングランドの小規模農場

2018年5月28日　第1版第1刷発行	
著　者	コノー・J・フィッツモーリス
	ブライアン・J・ガロー
監訳者	村田武／レイモンド・A・ジュソーム・Jr
発行者	鶴見 治彦
発行所	筑波書房
	東京都新宿区神楽坂2-19 銀鈴会館
	〒162-0825
	電話03（3267）8599
	郵便振替00150-3-39715
	http://www.tsukuba-shobo.co.jp

定価はカバーに表示してあります

印刷／製本　平河工業社
ISBN978-4-8119-0537-2 C3061